测绘地理信息科技出版资金资助

基于非差观测模型的 BDS/GNSS 网络 RTK 理论与方法

Theory and Methods of BDS/GNSS Network RTK Algorithm Based on Undifferenced Observation Model

高 猛 著

测绘出版社

·北京·

内容简介

本书对BDS/GNSS网络RTK算法的定位理论和各类误差处理方法做了系统的介绍和研究。主要内容有：讨论了BDS/GNSS网络RTK定位的有关理论基础；介绍了BDS/GNSS定位中各类误差的特性及误差处理方法，重点分析了网络RTK定位中各类误差的处理方法；介绍了BDS/GNSS参考站间多频整周模糊度确定的理论和算法；提出了参考站网非差整周模糊度单历元快速计算方法，并建立参考站网覆盖范围内高精度BDS/GNSS非差观测模型进行流动站误差处理；提出了BDS/GNSS流动站多频非组合载波相位整周模糊度解算方法。

本书的主要读者对象为从事卫星大地测量，特别是高精度GNSS实时动态定位算法方面的研究人员及从事测绘技术和相关专业的高等学校师生。

图书在版编目(CIP)数据

基于非差观测模型的BDS / GNSS网络RTK理论与方法 / 高猛著. —北京：测绘出版社，2020.6

ISBN 978-7-5030-4316-1

Ⅰ. ①基… Ⅱ. ①高… Ⅲ. ①卫星导航—全球定位系统 Ⅳ. ①P228.4

中国版本图书馆CIP数据核字(2020)第103377号

责任编辑 陈西娅　**封面设计** 谷通佳雨　**责任校对** 石书贤　**责任印制** 吴芸

出版发行	测绘出版社	**电　　话**	010—83543965(发行部)
社　　址	北京市西城区三里河路50号		010—68531609(门市部)
邮政编码	100045		010—68531363(编辑部)
电子信箱	smp@sinomaps.com	**经　　销**	新华书店
印　　刷	北京华联印刷有限公司		
成品规格	169mm×239mm	**网　　址**	www.chinamaps.com
印　　张	11.375	**字　　数**	219千字
版　　次	2020年6月第1版	**印　　次**	2020年6月第1次印刷
印　　数	0001—1000	**定　　价**	60.00元

书　　号 ISBN 978-7-5030-4316-1

本书如有印装质量问题，请与我社联系调换。

前 言

网络实时动态(RTK)技术作为全球导航卫星系统(GNSS)高精度实时动态定位的重要手段得到了广泛的应用。目前,网络 RTK 技术一般使用传统的双差模型。它需要在参考站网中选择主参考站进行双差组合,虽然可以实现用户的高精度误差改正,但双差模型造成了测站与卫星间的相关性,这给数据处理增加了难度,限制了网络 RTK 技术作业的灵活性。如果网络 RTK 技术使用非差观测模型,整个参考站网将不再区分主参考站和辅站,参考站网覆盖范围内的误差改正模型直接利用参考站间的非差整周模糊度、载波相位观测值及已知的参考站坐标建立。流动站使用的则是参考站网提供的非差误差改正信息,不再受传统双差模型的限制。基于非差观测模型的网络 RTK 技术不仅克服了双差网络 RTK 技术带来的测站与卫星间的相关性,而且也能够在算法上实现不同连续运行基准站(continuously operating reference station,CORS)网之间的融合,使网络 RTK 技术的作业方式更加灵活,适用于在参考站网覆盖区域内实现统一的 BDS/GNSS(北斗系统与其他导航卫星系统组合)高精度实时动态定位算法。

本书介绍了基于非差观测模型的 BDS/GNSS 网络 RTK 算法,能够利用参考站间的非差载波相位整周模糊度、载波相位观测值及已知的参考站坐标建立高精度非差误差改正模型,并利用非差误差改正数实现流动站的厘米级定位。基于非差观测模型的 BDS/GNSS 网络 RTK 算法不仅克服了测站与卫星间的相关性,而且也能够实现 CORS 网间的融合和作业灵活,同时可以促进国内网络 RTK 技术的发展,具有非常重要的理论意义和现实意义。

本书共 6 章。第 1 章为概论,简要介绍了网络 RTK,并对载波相位差分技术和精密单点定位(precise point positioning,PPP)技术做了较为系统的总结,使读者对两种技术有概要了解。第 2 章介绍了网络 RTK 技术中使用到的 GNSS 定位理论知识。第 3 章介绍了网络 RTK 技术中涉及的定位误差。第 4 章为网络 RTK 技术的参考站模糊度解算方法,首先介绍了比较具有代表性的参考站模糊度解算方法,然后重点介绍了 BDS/GNSS 参考站双差整周模糊度解算方法和参考站网非差整周模糊度单历元快速计算方法。第 5 章为基于非差观测模型的 BDS/GNSS 参考站区域误差改正方法，首先介绍了已有的以双差为主的误差改正方法，然后介绍了基于非差观测模型的区域误差改正方法。第 6 章为 BDS/GNSS 网络 RTK 流动站整周模糊度解算，主要介绍已有的流动站模糊度解算方法和多频非组合载波相位整周模糊度解算方法。通过以上 6 章内容的介绍，使读者对基于非差观测模型的 BDS/GNSS 网络 RTK 理论和方法会有一个较为全面的了解。

本书的主要读者对象为从事卫星大地测量，特别是高精度 GNSS 实时动态定位算法方面的研究人员及高等学校从事测绘技术和相关专业的师生。由于笔者水平有限，加之时间仓促，书中难免存在诸多不足与不妥之处，敬请读者批评指正。本书是以笔者博士期间的研究成果为主体内容撰写的，在此感谢我的恩师徐爱功教授，以及葛茂荣老师和祝会忠老师。

目 录

CONTENTS

第1章　绪　论

1.1　基于非差观测模型的BDS/GNSS网络RTK的发展背景与意义

1.1.1　基于非差观测模型的BDS/GNSS网络RTK的发展背景

20世纪50年代，世界上第一颗人造卫星的成功发射，标志着科学发展的又一个新纪元的开始，它极大地促进了空间技术的发展，特别是全球导航卫星系统(global navigation satellite system，GNSS)，而导航卫星定位技术也随之成为人类获取位置信息和时间信息的重要手段。导航卫星定位技术是采用导航卫星对地面、海洋、空中和空间用户进行导航定位的技术。导航卫星定位技术能够实现全球性、全天候、高精度的导航定位，并在军事、空间技术、国民经济建设等领域得到了广泛的应用。

目前，应用最广泛的GNSS是美国的全球定位系统(global positioning system，GPS)。我国的北斗导航卫星系统(BeiDou navigation satellite system，BDS)已经正式向全球提供无源定位、导航和授时服务。联合国全球卫星导航系统国际委员会(International Committee on Global Navigation Satellite System，ICG)认定的GNSS四大核心供应商分别为中国的BDS、美国的GPS、俄罗斯的格洛纳斯系统(global navigation satellite system，GLONASS)和欧洲的伽利略系统(Galileo)。北斗导航卫星系统按照“先区域、后全球，先有源、后无源”的建设思路，实施“三步走”的发展战略稳步推进系统建设(杨元喜 等，2014)。2012年年底，北斗系统正式向全世界公开宣布提供无源定位、导航和授时服务(施闯 等，2012)。截至2020年6月23日，BDS在轨工作卫星包括15颗BDS-2卫星和30颗BDS-3卫星，BDS已经开始向全球提供服务。

GNSS定位时会受到与卫星有关的误差、与信号传播有关的误差和与测站有关的误差的影响，如果不能有效地消除或削弱这几类误差，这将极大地影响GNSS定位的精度(高星伟 等，2012)。为了满足高精度实时动态定位的需求，高精度实时动态定位技术成为导航卫星定位技术的研究热点。

载波相位动态实时(real-time kinematic，RTK)差分技术和精密单点定位(precise point positioning，PPP)技术是比较重要的GNSS高精度实时动态定位手段。RTK定位技术分为常规RTK定位技术和网络RTK定位技术，常规RTK定位技术是一种基于单参考站和高精度载波相位观测值的实时动态定位技术，利用参考站的已知坐标及参考站和流动站的双差组合消除或削弱各种观测误差，进一步确定双差载波相位整周模糊度，最终得到高精度的定位结果。单参考站 RTK 技术的有效作业范围有限，一般为 10 千米左右，由于参考站和流动站距离超过一定范围之后，卫星轨道误差和大气延迟误差的相关性变弱，经过双差组合之后不能被有效地消除或削弱，残余的误差严重干扰着双差整周模糊度的确定，因此，作业范围与定位精度之间的矛盾是单参考站 RTK 定位的最大缺点（李征航 等，2016）。为了克服常规 RTK 定位技术的不足，随着网络技术、计算机技术、无线通信技术的迅速发展，网络 RTK 技术应运而生。网络 RTK 技术有效克服了单参考站 RTK 技术作业范围的不足，已经成为 GNSS 高精度实时动态定位服务的核心手段。网络 RTK 又称为多参考站 RTK，它是在一个区域内建立多个参考站，然后利用参考站网高精度的载波相位观测数据对流动站用户观测值的误差进行改正，并得到高精度的流动站定位结果（刘经南 等，1999）。PPP 技术是在一般单点定位的基础上发展起来的一种新的定位方式，主要利用国际 GNSS 服务（International GNSS Service，IGS）等组织发布的或个人解算得到的精密卫星轨道与精密卫星钟差产品，综合考虑各项误差模型的精确改正，对单台 GNSS 接收机采集的相位和伪距观测值进行非差定位解算，估计出一些系统误差后直接得到用户高精度的国际地球参考架坐标的一种定位方法（李星星，2013）。

由于网络 RTK 技术有许多优点，能够实时为覆盖区域内的各种工程、科研、社会经济等需求提供可靠的服务，因此，网络 RTK 技术得到了广泛的应用（刘经南 等，2003）。网络 RTK 技术能够实现高精度定位的基础是连续运行基准站（continuously operating reference station，CORS）的建立。目前诸多国家都建立了 CORS 网络，如美国、加拿大、德国、日本等都建立了自己国家的 CORS 系统，我国许多省份也都建立了或正在建设自己的 CORS 系统。网络 RTK 算法作为网络 RTK 技术最核心的部分，受到国内外许多 GNSS 高精度实时动态定位研究者的关注，取得了很多成果，有效地促进了网络 RTK 技术的应用和发展。

网络 RTK 算法需要解决 3 个核心问题，即参考站间双差载波相位整周模糊度的确定、区域范围内误差改正模型的建立和流动站误差的消除及流动站双差载波相位整周模糊度的确定（祝会忠，2012）。参考站间双差载波相位整周模糊度的确定是网络 RTK 区域误差改正模型建立的前提条件，网络 RTK 参考站一般相距几十千米以上，简单地通过双差组合进行误差处理不能有效地消除或削弱参考站间的电离层延迟误差、对流层延迟误差等与距离相关的误差的影响，残余的误差远远大于双差载波相位整周模糊度的 0.5 倍波长，即便是在参考站坐标已知的条件下，参考站间的双差载波相位整周模糊度也很难被可靠地确定。针对参考站间双差载波相位整周模糊度解算困难的问题，许多学者已经采用了许多方法加以应对，并取得了不错的效果。参考站间双差载波相位整周模糊度被准确确定之后，进一步利用载波相位观测值、已知的参考站坐标和参考站间双差载波相位整周模糊度建立网络 RTK 区域范围内的误差改正模型。区域误差改正模型主要是对电离层延迟误差、对流层延迟误差和卫星轨道等误差进行高精度的误差建模，并内插或拟合出网络 RTK 区域范围内流动站所收到的误差信息，以便有效消除或削弱流动站的误差。流动站载波相位观测值的观测误差经过高精度的网络 RTK 区域误差改正模型改正之后，观测误差得到了消除或大幅度的削弱，此时流动站双差载波相位整周模糊度的确定过程与单参考站 RTK 技术类似，利用常规的模糊度解算方法可以确定流动站双差载波相位整周模糊度，进一步得到高精度的定位结果。

网络 RTK 技术一般使用传统的双差模型，它需要在参考站网中选择主参考站，主参考站和其他参考站的观测数据需要进行站星间双差组合。参考站网覆盖范围内的误差改正模型是基于双差模型的，流动站在误差处理过程中需要与内插或拟合出的区域误差改正信息相统一，即流动站星间双差组合形式与参考站星间双差组合形式一致。基于双差模型的网络 RTK 技术虽然可以实现流动站的高精度误差改正，但双差模型造成了测站和卫星间的相关性，双差观测值间的相关性给数据处理增加了难度，如果忽略测站和卫星间这种相关性进行网络 RTK 定位，网络 RTK 的数学模型将变得不再严密。网络 RTK 定位过程中，流动站会在网络 RTK 参考站网范围内进行大幅度的移动，因此需要频繁地在参考站网范围内变换主参考站，这不仅限制了网络 RTK 作业方式的灵活性，而且也将参考站网分成了独立的参考站子网，各子网独立地为流动站提供误差改正，不能实现参考站网覆盖区域统一的高精度实时动态定位。如果网络 RTK 算法使用非差观测模型将不再进行主参考站和其他参考站的观测数据的站星间双差组合，整个参考站网不再区分主参考站和辅站，所有参考站的地位都一样。参考站网覆盖范围内的误差改正模型是基于非差观测模型建立的，直接利用参考站间的非差载波相位整周模糊度、载波相位观测值及已知的参考站坐标建立网络 RTK 区域范围内的误差改正模型。流动站使用的是参考站网提供的非差误差改正信息，流动站不再受传统双差模型的限制，可以任意进行星间单差组合，而且流动站在参考站网范围内进行移动时，不再需要频繁地变换主参考站，所有参考站都一样，不再区分主、辅参考站。基于非差观测模型的网络 RTK 技术不仅克服了双差网络 RTK 技术带来的测站和卫星间的相关性，而且也能够在算法上实现不同 CORS 网之间的融合，使网络 RTK 技术的作业方式更加灵活，适用于在参考站网覆盖区域内实现统一的 BDS/GNSS(北斗导航系统与其他导航系统组合)高精度实时动态定位算法。

1.1.2 基于非差观测模型的 BDS/GNSS 网络 RTK 的意义

全球导航卫星系统作为获取位置信息和时间信息的重要工具，正在逐渐发展和完善。目前，应用最广泛的全球导航卫星系统是美国的全球定位系统。我国的北斗导航卫星系统已经正式向全球提供无源定位、导航和授时服务。GNSS 定位由于受卫星轨道、钟差及大气延迟等误差的影响，不能满足高精度定位的应用需求。基于区域参考站网的高精度实时动态定位方法是目前提高 GNSS 定位精度，实现高精度实时动态定位服务的重要手段。

基于区域参考站网的 GPS 高精度实时动态定位方法比较成熟，主要包括 GPS 网络 RTK 方法和区域增强实时精密单点定位方法。这些方法的核心思想都是用参考站的已知坐标，得到各种误差对参考站观测值的影响，然后实现这些误差在相应区域的函数逼近，即误差模型。将这种误差模型用于相应区域的用户误差改正，能够实现用户的实时模糊度固定，达到厘米级的实时定位精度。

网络 RTK 方法和精密单点定位方法作为目前高精度实时动态定位的重要手段，有其各自的优缺点。

1. 网络 RTK 技术的优缺点

网络 RTK 技术利用参考站的观测值建立区域误差改正模型，根据参考站建立的误差改正模型可计算区域内流动站用户观测值的误差改正数，网络 RTK 流动站用户的观测值经过误差改正之后可用于高精度动态定位。流动站用户不需要自己建立误差模型或使用国际 GNSS 服务的精密星历和卫星钟差对各种误差进行改正或估计，流动站定位解算的未知参数较少，仅包括位置参数和整周模糊度参数。网络 RTK 技术进行实时定位的精度高，能够实时得到厘米级的定位精度。同常规的单站 RTK 技术相比，网络 RTK 技术覆盖范围更大、作业成本较低，并且提高了流动站的定位精度。

目前网络 RTK 中一般都使用传统的双差方法进行流动站双差观测值误差改正，定位精度与作业距离密切相关，需要从参考站网中选择一个参考站作为主参考站进行差分观测值的组成。整个参考站网按照双差模式进行双差误差改正，各子网独立进行双差模糊度的解算和双差误差改正数的计算。因此，不同子网的改正数是不一致的，或者说整个 CORS 网同一时刻的误差改正数不是基于统一模型得到的，可能造成不同子网流动站定位结果间相对精度降低。双差模型造成了测站和卫星间的相关性，双差观测值间的相关性给数据处理增加了难度，如果忽略测站和卫星间这种相关性进行网络 RTK 定位，网络 RTK 的数学模型将变得不再严密。而且，实际作业过程中流动站会在网络 RTK 参考站网范围内进行大幅度移动，频繁地在参考站网范围内变换主参考站是不可避免的，这不仅限制了作业方式的灵活性，而且也将参考站网分成了独立的参考站子网，各子网独立地为流动站提供误差改正，不能为参考站网覆盖区域提供统一的高精度定位服务，使高精度实时动态定位服务局限于一定数目参考站的覆盖范围内，难以满足大量测站必须整体处理的客观需求。

此外，组成1个双差观测值需要使用4个非差观测值，只要丢失了1个非差观测值，其他3个观测值就无法使用，数据利用率较低。一些数据质量好的观测值会因为与之配对的数据出了问题而无法使用。再者，双差观测值间的相关性给数据处理增加了难度。若不顾及双差相关性，仍将其视为独立观测值，就会损害理论上的严密性。组成双差观测组合时，需要选择观测时间较长、高度角合适的基准卫星，当基准卫星下落到低高度角或是在视场中消失时，就出现了需要变换基准卫星的问题。

2. 精密单点定位的优缺点

精密单点定位有许多优点，例如，可用观测信息比较多、能够直接得到测站在地心参考系统的坐标、各测站的观测值不相关等。但精密单点定位的缺点也很明显，例如，观测方程中需要解算的参数较多，观测误差不能采用差分方法进行消除或削弱，必须利用完善的误差改正模型对观测误差加以改正。此外，开始作业时初始定位收敛时间长，必须有高精度的IGS卫星轨道和卫星钟差产品，还需估计天顶对流层延迟误差等参数。初始定位需要较长的观测时间，是因为伪距观测值的精度不高(主要是所利用的MW组合观测值受噪声影响比较大)，窄巷相位组合观测值的波长较短导致模糊度难以确定。并且，在实时定位方面精密单点定位的精度不如网络RTK方法的，特别是在高程方向的定位精度较差。

如何克服双差网络RTK定位与精密单点定位的缺点，使二者对作业者来说能够很好地统一起来，充分发挥出各自的优点，一直是高精度实时动态定位研究者关心的问题。使用观测值的非差误差改正数进行网络RTK定位，既可以充分利用参考站网进行区域内流动站用户的高精度误差改正，又可以在参考站网覆盖区域内利用观测值的非差误差改正数进行精密单点定位，该问题就可迎刃而解。如果在网络RTK定位中使用非差观测模型，则流动站用户不需要选择主参考站来进行双差观测值的组合，整个参考站网不再区分主参考站和辅站，所有参考站的地位都一样。参考站网覆盖范围内的误差改正模型将直接利用参考站间的非差载波相位整周模糊度、载波相位观测值及已知的参考站坐标进行建立，流动站不再受传统双差模型的限制，可以任意进行星间单差组合。一个参考站上一颗卫星的误差改正数包含了所有的误差改正信息，各参考站的误差改正数是独立的，可以方便地通过网络进行播发和流动站接收。利用非差误差改正数可以使网络RTK的作业方式更加灵活、兼容性好，在用户端可以很方便地与精密单点定位方法统一。

研究基于非差观测模型的网络RTK算法正是本书的目标之一，它不仅克服了双差网络RTK方法带来的测站和卫星间的相关性误差，而且也能够在算法上实现不同CORS网之间的融合，使网络RTK的作业方式更加灵活，适用于在参考站网覆盖区域内实现统一的BDS/GNSS高精度实时动态定位算法。其还能够综合网络RTK定位和精密单点定位的优点，克服二者的缺点，实现这两种高精度实时动态定位技术的统一。因此，基于非差观测模型的 BDS/GNSS 网络 RTK 算法的研究具有十分重要的理论意义和现实意义。

1.2 GNSS 高精度实时动态定位

由于 GNSS 卫星和接收机的硬件问题及接收环境问题使卫星信号的生成和接收会产生误差，卫星信号经过电离层、对流层等传播介质的时候会受到折射、反射等作用而使信号中包含误差，这些误差的存在会大大减低 GNSS 定位的精度(魏子卿 等，1988)。GNSS 高精度实时动态定位技术是 GNSS 定位技术的研究热点，消除和削弱 GNSS 定位中各种误差影响是高精度实时动态定位需要完成的一项非常重要的工作。目前，RTK 技术和精密单点定位技术正是通过各种误差的确定和消除来实现 GNSS 高精度实时动态定位的。

1.2.1 常规 RTK 技术

常规 RTK 技术是基于载波相位观测值的一种实时动态差分定位技术。常规 RTK 技术进行定位作业时，以一个已知坐标的测站为参考站，流动站用户在参考站周围作业，两站相距一般不超过 15 km。在不大的范围内(不超过 15 km)参考站和流动站的同步观测值，具有相近的卫星轨道误差、电离层延迟误差和中性大气延迟误差等误差影响。将参考站和流动站的同步观测数据做双差组合后，消除了接收机钟误差和卫星钟误差，而流动站的卫星轨道误差、电离层延迟误差和中性大气延迟误差被大大削弱，从而获得高精度的双差观测值，可进行流动站双差整周模糊度的解算，得到厘米级的定位结果。常规 RTK 定位系统当中的硬件除了参考站和流动站接收设备外，还需要有数据通信设备。参考站实时地将参考站坐标和载波相位观测数据，通过数据通信链路播发给在周围工作的流动站用户。流动站用户使用动态双差定位的作业模式计算出流动站坐标。常规 RTK 定位如图 1.1 所示。

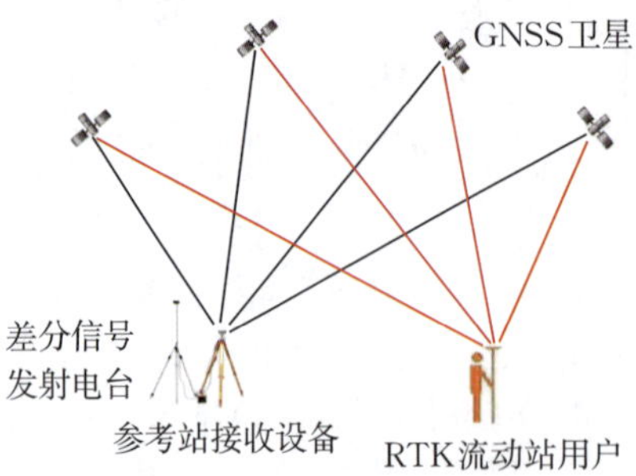

图 1.1 常规 RTK 定位

1.2.2 网络 RTK 技术

常规的单站 RTK 技术能够实时得到高精度的定位结果，并且能满足多种工程应用的要求，但是它还有许多明显的缺陷和不足之处，例如需要的硬件设备比较多，初始化时间长，作业成本大，操作烦琐，流动站与参考站的作业距离有限且若区域较大需多次迁移参考站等。为了克服常规 RTK 技术的不足和缺陷，满足更多的工程和科研要求，同时随着网络技术、计算机技术、无线通信技术的迅猛发展，大量数据的实时传输和处理成为可能，网络 RTK 技术应运而生，成为了目前 GNSS 高精度实时动态定位的重要手段。

GNSS 网络 RTK 定位又称为多参考站 RTK 定位，是在一定的区域内建立多个(一般为 3 个或 3 个以上)GNSS 参考站，对该地区构成网状覆盖，并以这些参考站为基准，计算和发播改正信息，对该地区内的流动站用户进行实时改正的定位方式(刘经南 等，1999)。网络 RTK 技术定位的目的是解决差分 GNSS 定位中，流动站离参考站距离较远的情况下，差分观测值的某些残余误差大(中性大气延迟误差、电离层延迟误差等)，无法实现精确定位的问题。所采用的方法是利用流动站周围参考站的观测数据和已知坐标，计算出流动站处的误差改正数，并进行流动站误差改正。网络 RTK 技术的优势是参考站网覆盖范围大、作业成本低、精度和可靠性高、应用范围广、初始化时间短，甚至可以单历元得到高精度的定位结果。网络 RTK 技术包括了为覆盖范围内的流动站用户实时提供高精度 GNSS 定位结果的一系列技术，主要是连续运行 GNSS 参考站网络、计算机网络通信、无线通信、GNSS 高精度定位和实时定位技术等。

网络 RTK 系统由参考站网、数据处理中心、数据通信链路和用户部分组成。网络 RTK 的参考站网一般由多个参考站组成，参考站上大部分情况下都配备多频 GNSS 接收机、数据通信设备和气象观测仪器等。可以利用高精度的 GNSS 数据处理软件采用静态定位方法获得参考站的精确坐标。参考站上的高质量接收机全天候不断地进行连续观测，然后使用数据通信设备实时地将观测数据传送给数据处理中心。数据处理中心首先对各参考站的数据进行处理，待参考站整周模糊度确定之后，实时建立区域误差改正模型。网络 RTK 系统的通信方式可分为单向数据通信和双向数据通信。参考站网与数据处理中心之间的数据通信可采用数字数据网(digital data network，DDN)或无线通信等方法进行。流动站用户和数据处理中心之间的数据通信可通过全球移动通信系统(GSM)、通用分组无线业务(GPRS)、码分多址(CDMA)以及今后的 5G 等数字通信方式进行。网络 RTK 系统如图 1.2 所示。

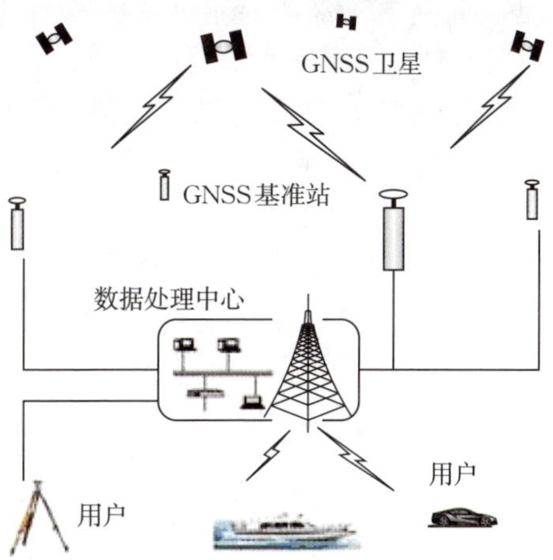

图 1.2　网络 RTK 系统示意

1.2.3　精密单点定位技术

通常 GNSS 单点定位是利用伪距观测值和广播星历的卫星轨道及相关改正

对独立的一台 GNSS 接收机进行位置确定。由于各种观测误差的影响,这种单点定位的精度较低,只能适用于一般的导航定位需求。精密单点定位技术是在一般单点定位的思想上发展起来的一种高精度定位方式,主要是利用精密卫星轨道、卫星钟差及双频测码伪距和载波相位观测值,估计出一些系统误差后得到精密定位结果。根据卫星轨道和卫星钟差的精度及观测数据质量等不同,定位精度为亚米到厘米不等。

精密单点定位在低轨卫星定轨、大范围的科学考察、国土资源调查等方面具有广泛的应用。精密单点定位的参数估计方法一般可使用最小二乘方法和卡尔曼滤波方法。最小二乘方法只适用于静态精密单点定位,卡尔曼滤波方法能够比较准确地反映用户的运动状态,更适合于精密单点定位的参数估计。与双差定位模式相比,由于无法采用差分定位的方式消除观测误差的影响,因此,精密单点定位必须利用完善的误差改正模型对各种误差加以改正。

精密单点定位中,如果没有周跳发生,则模糊度参数是不变的,而卫星钟差、接收机钟差、电离层延迟误差、中性大气延迟误差等是随时间变化的。在精密单点定位的数据处理中,主要考虑中性大气延迟和钟差参数的随机模型,电离层延迟可以使用双频数据的无电离层组合消除或削弱。中性大气延迟误差经过误差改正模型改正后,仍然存在一部分残余误差的影响。中性大气延迟误差的残余误差可采用一阶高斯-马尔可夫过程、随机游走过程等模型,也可采用分段线性估计的方法进行参数估计。在双差定位中,可采用双差组合的方法消除卫星钟差和接收机钟差的影响,而在精密单点定位中,钟差是要作为未知参数来进行处理或估计的。因为精密单点定位不采用双差组合的方法对各种观测误差进行消除或削弱,只能利用模型改正和参数估计的方法消除或削弱观测误差的影响。所以,精密单点定位观测值周跳的探测和修复、野值点的剔除等都比双差定位更加困难。

在 GNSS 高精度实时动态定位方法中,RTK 技术是采用双差的定位模式,可以消除卫星钟误差和接收机钟误差,消除绝大部分的中性大气延迟误差、电离层延迟误差、卫星轨道误差。精密单点定位不采用双差的方式进行各种误差的消除或削弱,只能通过模型改正和参数估计的方法进行误差处理。因此,二者的定位模式是不相同的。RTK 定位与精密单点定位的不同点如下。

(1)作业时间。RTK 定位需要的初始化时间短,只需几分钟甚至单历元即可完成,精密单点定位的初始化需要十几分钟或是几十分钟。

(2)观测数据利用率。RTK 定位采用双差模式,数据利用率较低,四个非差观测值才能组成一个双差观测值,保留的观测信息少。精密单点定位数据利用率高,可以保留更多的观测信息,在某些特殊的应用中,如时间传递,就必须采用非差的精密单点定位模式来确定接收机的钟差。

(3)观测模型。RTK 定位采用双差定位模式,可利用差分定位的方式消除和削弱观测值的各种误差影响。精密单点定位不采用差分方法对各种观测误差进行消除或削弱，因此，观测模型比较复杂，还必须使用完善的误差改正模型。

(4)观测值周跳探测与修复的工作量。RTK 定位中，大部分情况下利用双差观测值进行周跳的探测与修复，因此，周跳的探测与修复比较容易。如果是单历元网络 RTK 定位则不需要进行周跳的探测与修复。精密单点定位只能使用一个测站的观测数据，并且伪距观测值的质量决定了周跳探测与修复质量的好坏，所以周跳探测与修复的工作量较大。

(5)定位参数数量。RTK 定位当中需要估计的参数较少，经过双差组合后，各种误差的影响已经很小，不需要对各种误差进行估计，待估参数中只有位置参数和整周模糊度参数。精密单点定位中需要解算的参数除了测站的位置参数和模糊度参数外，还有接收机钟差和中性大气延迟误差等参数。并且，由于受误差残差的影响，模糊度的确定问题也更加复杂。

综上所述，网络 RTK 定位与精密单点定位有诸多不同之处。如果能够很好地将二者统一起来，充分发挥出各自的优点，实现优势互补，就可以促进高精度实时动态定位技术的进一步发展和更广泛的应用。

1.3 网络 RTK 算法

由于基于区域参考站网的高精度实时动态定位方法可为参考站网范围内的流动站用户提供高精度的定位服务，因此受到了国内外学者的广泛重视，并进行了大量的研究工作，取得了丰富的研究成果。网络 RTK 方法是应用最广泛的基于区域参考站网的高精度实时动态定位方法。该方法利用载波相位观测值、已知的参考站坐标和准确固定的参考站间载波相位整周模糊度建立网络 RTK 定位区域范围内的误差改正模型，并内插或拟合出网络 RTK 定位区域范围内流动站所受到的误差，流动站载波相位观测值的观测误差经过高精度的网络 RTK 定位区域误差改正模型改正之后，观测误差得到了消除或大幅度的削弱，进一步可解算流动站载波相位整周模糊度，实时得到厘米级精度的定位结果。

网络 RTK 算法是网络 RTK 技术的理论基础，网络 RTK 算法的核心是：参考站间双差载波相位整周模糊度的确定、网络 RTK 定位区域范围内误差改正模型的建立和流动站误差的消除，以及流动站双差载波相位整周模糊度的确定。参考站间双差载波相位整周模糊度的正确确定是网络 RTK 定位区域误差改正模型建立的前提条件，利用高精度网络 RTK 定位区域范围内的误差改正模型可以有效消除或削弱流动站的误差，进一步可以实现流动站载波相位整周模糊度的准确解算。

1.3.1 网络 RTK 参考站间整周模糊度确定

网络 RTK 参考站间整周模糊度的解算过程是一种误差和整周模糊度分离的过程，因此对误差的处理是关键。对于电离层延迟误差、对流层延迟误差等与距离相关的误差，短距离条件下利用站星间的双差组合可以进行有效的消除或削弱其影响，而对于距离较远的网络 RTK 参考站而言，经过站星间的双差组合之后，残余的误差大于载波相位整周模糊度的半个波长，很难将误差和整周模糊度分离开来，即便是已知参考站坐标的条件下，载波相位整周模糊度也很难被可靠地确定。针对参考站间双差载波相位整周模糊度解算困难的问题，学者们已经采用了许多方法加以应对，并取得了不错的效果。

Han(1997)是国内较早研究参考站间整周模糊度解算的学者，在其博士论文中深入探究了利用 GPS 测码伪距和载波相位观测值的 MW 组合模型求解波长较长的宽巷整周模糊度。由于当时的测码伪距精度不是很高，因此固定宽巷整周模糊度需要很长的观测时间。宽巷整周模糊度固定之后，进一步利用不受电离层延迟误差一阶项影响的无电离层组合模型进行窄巷整周模糊度的参数解算，进一步获得原始频率整周模糊度。

Gao 等(1997)针对前后两天的大气延迟误差具有较强的相关性的规律，利用前一天的大气信息对当前观测历元大气进行误差建模，以便实现参考站间误差与整周模糊度的有效分离，进一步确定参考站间的载波相位整周模糊度，这种方法在大气活动剧烈的情况下，其结果的可靠性不能得到有效保障。

Sun 等(1999)提出了一种序贯最小二乘平差算法，该方法的主要思想是首先用序贯最小二乘平差来求解宽巷模糊度，然后确定无电离层组合的模糊度，最后确定原始载波相位的模糊度。但是此方法还是需要约一个小时的数据解算才能固定模糊度。

Hern 等(2000)在韩绍伟提出的方法的基础上提出了一种改进算法。该方法认为大气中的自由电子密度可用实时随机游走过程来表示。例如在太阳固定的参考框架中来估计时，自由电子的密度基本上是一个固定的值(一天之中在平均纬度和太阳最大活动条件下，仅为正负 10%的变化)，实时估计出电离层的层析模型后，用模型改正观测值。确定参考站网整周模糊度的过程也是首先确定宽巷整周模糊度，然后固定 L1、L2 载波相位的双差整周模糊度。

高星伟(2002)在参考站已知位置，模糊度具有整数特性的基础上，充分利用 GPS 双频载波相位整周模糊度之间的整数线性约束关系，提出了参考站间基线单历元整周模糊度搜索算法，其主要思想为：不解算方程组，直接利用参考站坐标已知、模糊度为整数和双频整周模糊度间的线性关系对参考站间的整周模糊度进行搜索。该方法能够克服单历元情况下，因参考站间整周模糊度解算的未知数个数多于方程个数，方程组秩亏而无法解算的问题。因为是在单历元进行参考站的整周模糊度搜索，所以不受周跳和电离层突变的影响。

Dai 等(2003)针对大气延迟误差在时间和空间上具有较强相关性的特点，提出了一种利用参考站间已固定整周模糊度的卫星辅助解算当前历元其他卫星的整周模糊度解算方法。该方法利用已固定整周模糊度的卫星进行大气延迟误差建模，之后进行参考站间新升起卫星和信号中断卫星的载波相位整周模糊度解算。

Hu 等(2005)研究了附加电离层延迟参数的双差载波相位整周模糊度解算方法。该方法的主要思想是为了减小电离层误差，增加一个电离层参数到双频卫星观测值对中，使用双频伪距和载波相位观测值估计电离层参数，并充分利用参考站坐标已知，不求解坐标参数的条件。

唐卫明(2006)研究了一种逐级固定的参考站间模糊度解算方法。该方法使用测码伪距和载波相位观测值进行双差宽巷整周模糊度的计算，并利用测码伪距和载波相位观测值的双差无电离层组合得到双差宽巷整周模糊度的精度，以确定其搜索范围，利用距离反算的方法实现宽巷模糊度的准确固定，利用模糊度固定的宽巷模糊度计算大气延迟误差，进一步确定双差窄巷模糊度，最终参考站间的原始频率双差整周模糊度可以通过双差窄巷整周模糊度和宽巷整周模糊度的线性组合得到。

周乐韬等(2007)提出了一种网络 RTK 参考站间整周模糊度滤波算法。该方法利用多路径效应的太阳日周期性特点，将多路径效应误差修正值加入测码伪距和载波相位观测值的无电离层组合观测模型中，实现宽巷整周模糊度的快速准确解算，之后在无电离层组合模型中将 L1 频率双差整周模糊度和天顶对流层延迟误差作为未知参数进行滤波处理，最后搜索确定 L1 双差整周模糊度。

罗孝文等(2007)提出一种采用选权拟合的正则化方法。该方法利用参考站已知准确坐标的条件作为约束，设计出正则化矩阵，使法矩阵的病态性得到较大的改善，只用几个历元的数据求解，能较准确得到模糊度的浮点解。在此基础上，结合最小二乘模糊度降相关平差(least-squares ambiguity decorrelation adjustment, LAMBDA)方法可以快速地确定参考站间整周模糊度。

祝会忠等(2012b)在高星伟提出的单历元模糊度解算方法的基础上，提出了一种参考站间整周模糊度单历元改进方法，可以实现 GPS 长距离参考站间整周模糊度的实时单历元解算。该方法利用弥散性误差和非弥散性误差的特点得到了两个参考站间双差载波相位模糊度间的整数关系，利用这两个整数线性关系可在整周模糊度备选值中快速搜索确定双差宽巷整周模糊度。双差宽巷整周模糊度一旦确定，L1 频率载波相位整周模糊度和 L2 频率载波相位整周模糊度的关系可以被唯一确定，进一步利用线性约束关系进行原始频率双差整周模糊度的搜索与确定。

Li 等(2015)提出了一种失败率可控的长距离参考站间的整周模糊度确定方法。该方法在确定参考站间双差宽巷整周模糊度之后,进一步将相对电离层延迟误差参数加入卡尔曼滤波窄巷模糊度参数估计模型中,不仅增加了观测模型的强度,而且提高了浮点解的精度,并避免了传统的无电离层组合模型放大噪声的影响,利用可控错误概率等限制因素实现窄巷模糊的准确确定。

张明(2015)提出一种网解模式下对流层加权、电离层约束的参考站间模糊度固定方法。该方法根据测站间的高差对天顶对流层湿延迟参数进行约束,以提高观测方程中对流层延迟参数精度。此外,还利用区域电离层延迟模型对电离层参数约束,并将闭合网的参考站间模糊度和为零的约束条件,以多基线网解模式隐式地约束参考站模糊度参数。这些约束条件可提高窄巷模糊度浮点解精度,从而提高参考站初始化速度。

上述研究工作和成果主要是基于双差模式的 GPS 网络 RTK 方法。在双差 GPS 网络 RTK 的基础上又发展出了基于非差误差改正模型的 GPS 网络 RTK 方法。这类方法通过转换矩阵将参考站的双差整周模糊度转换为非差整周模糊度。虽然可以实现非差整周模糊度的固定,但随着参考站网中参考站数量的增加,模糊度转换矩阵的维数会随之增大,这将导致数据处理过程中转换矩阵运算困难。

以上介绍的研究成果主要是针对 GPS。目前,BDS 测码伪距噪声为 20～40 cm,载波相位噪声为 1～3 mm。BDS 卫星钟漂为 0.2～2.0 cm/s,虽然总体性能赶不上新一代的 GPS 卫星钟,但与前期的 GPS 卫星钟相当,能够满足高精度导航定位的需求。在 BDS 向亚太地区提供连续无源的导航、定位和授时服务后,学者们已利用 BDS 实测数据进行了网络 RTK 参考站间整周模糊度确定方法的研究。

吕伟才等(2014)提出一种利用宽巷整周模糊度作为约束条件的参考站间载波相位整周模糊度解算方法。该方法首先利用 MW 组合解算宽巷整周模糊度,并将宽巷整周模糊度作为精确值,与无几何模型和无电离层模糊度联合平差单历元解算原始频率的模糊度浮点解,然后将浮点解直接取整获得相应的固定解。

高旺等(2015)利用三频超宽巷或宽巷模糊度波长较长且易于固定的优势,提出了一种基于 BDS 三频宽巷组合的网络 RTK 单历元定位方法。该方法以单个卫星对为研究对象,使用载波、伪距组合及分步解算的三频整周模糊度解算(three carrier ambiguity resolution,TCAR)方法可靠地完成单历元两个超宽巷或宽巷整周模糊度的固定。

祝会忠等(2016)提出了 BDS 网络 RTK 参考站双差载波相位整周模糊度单历元解算方法。这种算法在双差载波相位整周模糊度搜索之前使用双频载波相位整周模糊度间的线性关系约束双频载波相位整周模糊度备选值。根据多频载波相位整周模糊度、载波相位观测值与单个频率观测值电离层延迟误差之间的关系,利用整周模糊度备选值计算双差电离层延迟误差,考虑参考站各卫星电离层延迟误差间的空间关系，建立双差电离层延迟误差的线性计算模型，利用双差电离层延迟误差线性计算模型的建立过程搜索和确定网络 RTK 参考站间的 BDS 观测值载波相位的整周模糊度，能够很好地实现 BDS 网络 RTK 中距离参考站间的整周模糊度单历元解算。但是该方法没有充分利用参考站的三频 BDS 观测数据，而且只能针对中短距离的参考站载波相位整周模糊度解算。

1.3.2 流动站观测误差的计算和消除

网络 RTK 参考站间的整周模糊度确定后，能够利用这些整周模糊度计算出高精度的参考站间双差误差，主要是双差中性大气延迟误差、双差电离层延迟误差及双差卫星轨道误差，其计算的精度可以达到厘米级或更高。有了高精度的参考站间相对误差，就可以进行流动站观测值双差误差的计算，并对流动站的双差观测值进行误差改正，这也是网络 RTK 使用参考站网的主要目的。经过误差改正后的流动站观测值，消除或大大削弱了各种误差的影响，然后才能够进行整周模糊度的解算，进而得到高精度的定位结果。因此，流动站双差观测值的误差计算和改正是网络 RTK 算法中一个重要的组成部分。

目前，流动站误差改正的方法主要有两类：一是将电离层延迟误差、中性大气延迟误差、卫星轨道误差等误差分离开，分别建立误差模型，然后根据流动站的位置内插出相应的误差影响；二是把电离层延迟误差、中性大气延迟误差、卫星轨道误差等误差放在一起，不进行误差分离，直接根据流动站相对于几个参考站的位置内插出各种误差的综合影响。

网络 RTK 方法的核心思想都是用参考站的已知坐标，得到各种误差对参考站观测值的影响，然后实现这些误差在相应区域的函数逼近，即误差模型。将这种误差模型用于相应区域的用户误差改正，流动站的观测值经过误差改正后，消除或削弱了误差的影响，之后可以进行整周模糊度的解算，能够实现用户的实时模糊度固定，达到厘米级的实时定位精度。

国内外学者对网络 RTK 误差处理进行了大量研究。Wanninger(1995)提出了一种网络 RTK 电离层延迟误差内插方法。该方法利用拥有三个以上模糊度固定的参考站 CORS 网建立电离层延迟模型，之后内插用户站电离层延迟误差。Wübbena 等(1996)在 Wanninger 方法的基础上，将对流层延迟误差和轨道误差做相同处理，之后对用户站进行误差处理。Han 等(1996)提出了一种利用多参考站消除各种空间相关误差的方法。高星伟(2002)系统研究了 GPS/GLONASS 网络 RTK 方法，利用综合误差内插法进行区域误差计算和改正。唐卫明(2006)详细研究了长距离 GPS 网络 RTK 方法并进行了软件编制，在综合误差内插法的基础上，提出了改进的综合误差内插法。黄丁发等(2007)使用卡尔曼滤波算法进行网络 RTK 参考站整周模糊度的动态解算，利用增强虚拟参考站技术进行流动站误差改正和实现网络 RTK 定位，形成了具有自主知识产权的网络 RTK 软件，即 VENUS 软件。

上述研究工作和成果主要是基于双差模式的 GPS 网络 RTK 方法。在双差 GPS 网络 RTK 的基础上又发展出了基于非差误差改正信息的 GPS 网络 RTK 方法(Ge et al,2010;祝会忠 2012;Zou et al,2013)。这类方法通过转换矩阵将参考站的双差模糊度转换为非差模糊度，然后建立非差误差改正模型，消除了流动站的观测误差，并进行流动站单差模糊度的实时解算。由于采用的非差误差改正数具有测站独立性，使非差网络 RTK 方法突破了参考站个数的限制。但随着参考站数量的增加，模糊度转换矩阵的维数会急剧增长，使转换矩阵运算困难。在 GPS 网络 RTK 之后新发展起来的全球 PPP 方法，存在初始化时间长、模糊度解算困难、模糊度固定后解得的高程精度较低等问题(Laurichesse,2011)。为了克服 PPP 方法的不足之处，研究者提出了利用区域参考站网精化 PPP 误差改正的区域增强方法，可以实现 PPP 模糊度的迅速固定，提高 PPP 实时定位精度和缩短初始化时间(Wübbena et al,2005;Carcanague et al,2011;Li et al,2011,2014;Zhang et al,2011;涂锐,2011)。例如，Li 等(2011,2014)根据参考站的 PPP 固定解得到准确的参考站非差大气延迟误差，并用来改正 PPP 用户的大气延迟误差，在区域参考站网内可获得厘米级精度的定位结果。这种区域增强 PPP 方法与非差网络 RTK 方法非常相似，不同的是非差网络 RTK 不需要精密星历和精密卫星钟差产品。相对于区域增强 PPP 方法，网络 RTK 方法利用参考站观测误差建立区域误差改正模型，然后计算和改正流动站用户的观测误差，用户不需要自己建立误差模型和使用精密星历及卫星钟差对各种误差进行改正或估计，可实时得到厘米级精度的定位结果，并且初始化时间短。

1.3.3 流动站整周模糊度动态确定

网络 RTK 参考站网和流动站载波相位整周模糊度的实时动态解算，是实现网络 RTK 定位的关键。在使用网络 RTK 的区域误差改正方法进行流动站误差改正之后，基本消除或大大削弱了流动站 BDS/GNSS 观测值的观测误差，采用常规 RTK 技术中的载波相位整周模糊度解算方法能够实现网络 RTK 流动站的整周模糊度实时动态解算。

近年来许多研究学者对 GPS 高精度定位中的载波相位整周模糊度解算方法进行了大量的研究。P 码伪距法是使用多个频率的载波相位观测值和 P 码伪距观测值构成多频组合观测值，主要是构造宽巷组合观测值和窄巷组合观测值，扩大组合观测值的波长，以便于解算组合观测值的整周模糊度，三频情况下典型的 P 码伪距法为 TCAR 或逐级整周模糊度解算(cascading integer resolution,CIR)方法。陈小明(1997)将模糊度参数考虑为滤波器的状态，使用卡尔曼滤波器解算载波相位模糊度，即附加模糊度参数的卡尔曼滤波法。高星伟等(2002)利用模糊度为整数及双频整周模糊度间的线性关系，单历元搜索参考站和流动站的载波相位整周模糊度。李博峰等(2009)提出了一种三频模糊度快速解算方法。该方法先以较高成功率快速固定两个超宽巷模糊度，然后用这两个模糊度固定的超宽巷组合与任一窄巷组合构成无几何误差和无电离层延迟的新组合。由于该组合只受随机噪声的影响，通过对多历元浮点模糊度平均值舍入取整即可准确地固定窄巷模糊度。郭海荣等(2011)研究了 BDS 中长基线厘米级 RTK 定位主要误差的估计及削弱方法，利用三频无电离层组合消除电离层延迟误差进行定位，采用附加天顶对流层延迟参数的方法估计对流层延迟误差，并建议对于基线长度超过 100 km 的厘米级 RTK 定位，需研究采用快速精密星历。高星伟等(2012)研究了 BDS、GPS 单系统和双系统融合的高精度相对定位算法，同时介绍了 BDS 和 GPS 的时间系统和坐标系统的统一，以及卫星广播星历与卫星位置计算。试验结果表明当时的 BDS 已经初步具备我国范围内的三维高精度定位导航能力。祝会忠等(2012)利用 GPS 的 L1 载波相位模糊度与宽巷模糊度间的线性约束关系来约束宽巷模糊度备选值，使用模糊度两步搜索方法进行宽巷整周模糊度的搜索，并对双频载波相位观测值进行无电离层组合，将固定了的宽巷整周模糊度代入该无电离层组合观测方程，进行 L1 载波相位模糊度的解算，提高了 GPS 双频整周模糊度的单历元解算效率和成功率，并保持了载波相位模糊度的整数特性。Wübbena 等(2005)和 Li 等(2014)不使用常见的无电离层组合观测值而使用原始观测值，将电离层延迟误差作为参数进行估计。利用电离层延迟误差空间上或时间上的变化特征对电离层参数进行限制，提高了定位收敛的速度，缩短了模糊度固定的时间。李金龙(2014)详细研究了 BDS 多频实时精密定位理论与算法，对三频线性组合观测量理论、三频无几何模糊度解算方法和多系统多频率非组合几何模糊度解算模型及其计算优化算法等内容进行了深入的研究，并对 BDS/GPS 多频 RTK 定位性能进行了评估。高旺等(2015)研究了一种基于 BDS 三频宽巷组合的网络 RTK 方法，用户站可快速固定两个超宽巷或宽巷模糊度，并将得到的对应观测值噪声最小的宽巷模糊度用于定位解算。

1.3.4 利用参考站网的精密单点定位算法

精密单点定位(PPP)技术采用 IGS 提供的精密卫星钟差和精密卫星星历，以减小卫星钟差和轨道误差对定位的影响。但电离层延迟误差(一阶项)需要通过无电离层组合或参数估计的方法进行消除，以对流层延迟为主的中性大气延迟误差需要进行参数估计予以消除，另外还存在卫星硬件延迟误差、接收机钟差等误差需要处理。所以，精密单点定位相对于网络 RTK 定位，存在初始化时间长、实时快速定位的精度较差、模糊度解算困难等问题。为了克服 PPP 的这些不足之处，许多研究学者进行了深入的研究，提出了一些克服缺陷的方法。这些方法的基本思想大多是基于参考站网进行 PPP 的非差误差改正，首先利用参考站网计算出 PPP 用户非差观测值的误差改正数，然后利用这些改正数进行 PPP 用户的观测误差改正，主要是对大气延迟、卫星硬件等误差进行消除和削弱。进而可以有效实现 PPP 的模糊度解算，以达到提高 PPP 实时定位精度和缩短初始化时间的目的。

Wübbena 等(2005)提出了利用参考站网可以克服 PPP 在模糊度固定、初始化时间和实时快速定位精度等方面缺陷的思想，利用数秒的观测时间可提供厘米级精度的 PPP 结果。参考站网使用 Geo++ GNSMART 软件是基于状态空间模型进行区域误差的模型化，这种误差模型化方法的优点是可以将该方法应用于 PPP 模式，能够更好地分离出各种观测误差以改善 PPP 用户定位的精度。参考站网使用基于状态空间的概念进行区域误差模型化，可以为静态或动态 PPP 用户提供厘米级精度的误差改正。由于参考站网的使用，所以 Wübbena 将这种方法称之为 PPP-RTK。理论上，该思想可以使用小规模、区域性或全球性的参考站网进行 PPP 用户的观测误差改正。

Ge 等(2008)分析了全球 IGS 跟踪站的观测数据，并发现双差载波相位整周模糊度是由两个测站上的星间单差模糊度组成，因此，不同测站上同一组卫星的星间单差模糊度应具有近似相等的小数部分。可以利用参考站网估计星间单差模糊度的小数部分，即为星间单差硬件延迟，PPP 用户经过星间单差硬件延迟误差改正后可实现 PPP 模糊度的有效固定。Laurichesse 等(2007)和 Collins 等(2008)提出的方法是将星间单差模糊度的小数部分通过修正卫星钟差的方式发送给 PPP 用户。

Zou 等(2013)指出网络 RTK 定位与 PPP 的原理是相似的，并提出了一种新的方法将参考站网固定的宽巷和窄巷模糊度转换成非差 L1 和 L2 载波相位观测值的模糊度。参考站根据载波相位模糊度计算出参考站的定位误差，并将这些定位误差改正数播发给用户，然后 PPP 用户可以根据已知的参考站分布和用户当前位置自动选择参考站和计算误差改正数。利用计算出的误差改正数改正用户观测值后，就可以采用精密单点定位模式实现快速精密定位，并能够确定 PPP 的模糊度。如果由区域参考站网提供 PPP 用户所需要的轨道和卫星钟差改正数，PPP 用户可以进行精密单点定位，并得到与网络 RTK 技术相当的定位精度。这种方法已经在 PANDA 软件中实现，能够从不同区域的参考站网和观测时间段传输数据，进行 PPP 用户实时模式或事后模式的精密定位。

Li 等(2011)根据参考站的 PPP 固定解得到准确的参考站非差大气延迟误差，然后播发给 PPP 用户，并计算出 PPP 用户的 L1、L2 载波相位观测值的误差改正数或是载波相位组合观测值的误差改正数。PPP 用户的大气延迟误差得到改正之后，即可进行 PPP 模糊度的快速解算。PPP 用户可以采用该方法得到 10 cm 左右的定位精度，在区域参考站网内可获得几个厘米的定位精度。

Laurichesse(2011)介绍了CNES采用非差模糊度解算进行实时PPP精密定位的研究进展。并介绍了使用区域参考站网进行PPP用户精密定位的数据处理策略，即对参考站网的非差伪距和载波相位观测值进行组合，利用这些组合观测值，使用精密卫星星历，可以计算出与观测时间同步的卫星钟差，单台用户接收机使用这些钟差改正数可以实现类似PPP方法的精密定位，并在用户的PPP精密定位中进行了模糊度固定，得到厘米级精度的定位结果。该方法可以用来进行实时定位，其核心是参考站载波相位整周模糊度的卡尔曼滤波器。滤波器通过参考站整周模糊度固定生成卫星轨道和卫星钟差产品，利用这些产品用户可以实时得到与网络RTK技术相当的定位精度。

Carcanague等(2011)将非差模糊度解算应用于RTK定位当中，提出了一种新的流动站用户RTK定位和PPP定位的无缝连接定位方法。使用PPP滤波器估计参考站的非差载波相位模糊度，计算出非差观测值的误差，并将其播发给流动站，能够帮助RTK用户在不同的观测环境下进行定位。这种定位方式能够实现RTK定位模式与PPP定位模式之间的切换。如果参考站的差分数据不可用，流动站用户则可以使用PPP滤波进行定位，双频用户能够实时得到分米级的定位精度，静态情况下单频用户(低成本接收机)可以得到分米级的定位精度。单频用户的PPP滤波器也可以使用欧洲星基增强系统(EGNOS)的电离层延迟改正数或是使用基于测距码的电离层组合观测值。如果参考站接收机的模糊度已经确定，并且可将差分改正信息播发给流动站用户，单频用户使用已知的对流层延迟误差、准确的卫星钟差和卫星轨道误差改正信息一般可实时地获得分米级的定位精度。

1.4 本书的研究内容

本书深入研究了基于非差观测模型的BDS/GNSS网络RTK定位中的基础理论、BDS/GNSS观测值中各类观测误差的影响和处理方法、BDS/GNSS网络RTK参考站间整周模糊度解算及参考站网非差整周模糊度的单历元确定方法、建立参考站网覆盖范围内的高精度BDS/GNSS非差观测模型和区域误差改正方法，以及BDS/GNSS网络RTK流动站多频非组合整周模糊度解算方法。本书的内容包括：

(1)对基于非差观测模型的BDS/GNSS网络RTK定位中的基础理论进行了研究和介绍。介绍了BDS/GNSS时间系统与时间变换、坐标系统与坐标变换；研究了网络RTK定位中使用的BDS/GNSS观测值和观测方程；推导了差分定位的数学模型，非差观测方程的线性化，单差和双差观测值的组成及其观测方程的线性化；阐述了最小二乘参数估计方法和卡尔曼滤波参数估计方法；介绍了网络RTK

定位中的多频线性组合观测理论，并分析了它们各自的特性。

(2)分析了基于非差观测模型的 BDS/GNSS 网络 RTK 定位中的各种误差影响及误差处理方法，并给出 BDS/GNSS 数据处理中常用的误差计算模型。重点对与距离相关的轨道误差、电离层延迟误差和中性大气延迟误差的特性和处理方法做了研究。

(3)研究了 BDS/GNSS 参考站间整周模糊度解算方法。研究了已有的网络 RTK 参考站间双差整周模糊度解算方法，在此基础上利用超宽巷和宽巷长波长及多频整周模糊度之间的整数线性关系，提出了 BDS 参考站三频整周模糊度确定方法和 GPS 参考站双频整周模糊度确定方法，进一步研究了 BDS/GNSS 多频参考站间整周模糊度确定方法。提出了一种长距离 GPS 网络 RTK 参考站间低高度角卫星整周模糊度解算方法，以解决长距离参考站间 GPS 低高度角卫星整周模糊度固定不准确的问题。根据参考站网双差整周模糊度与非差整周模糊度的组合关系，研究了参考站网双差整周模糊度到非差模糊度的单历元快速计算方法。

(4)深入研究了 BDS/GNSS 网络 RTK 区域误差改正方法。根据参考站间的非差整周模糊度、载波相位观测值及已知的参考站坐标，研究了参考站网覆盖范围内的高精度 BDS/GNSS 非差观测模型，进一步利用基于非差观测模型的 BDS/GNSS 参考站间区域误差改正方法进行流动站伪距观测值和载波相位观测值的误差改正，恢复流动站 BDS/GNSS 载波相位模糊度的整数特性。

(5)介绍和研究了常用的动态实时整周模糊度解算算法，包括最小二乘搜索算法、整周模糊度协方差法、单历元整周模糊度搜索方法和分步消元整周模糊度确定方法。学习和借鉴了这些整周模糊度动态解算方法的优点，提出了一种 BDS/GNSS 网络 RTK 流动站多频非组合整周模糊度解算方法，解决了观测值间线性组合放大噪声和逐级模糊度固定的计算冗余等问题，实现了流动站多频整周模糊度的快速准确固定，进一步获得 BDS/GNSS 多系统融合的高精度定位结果。

(6)对基于非差观测模型的 BDS/GNSS 网络 RTK 的相关算法进行程序实现，并利用 BDS/GNSS 实测数据进行了实验。其中，包括 BDS/GNSS 网络 RTK 参考站间多频整周模糊度解算、基于非差观测模型的 BDS/GNSS 参考站间区域误差改正、BDS/GNSS 网络 RTK 流动站多频非组合整周模糊度解算及多系统融合高精度定位。

第2章　基于非差观测模型的BDS/GNSS网络RTK中的定位理论

本章首先介绍了BDS/GNSS时间系统与时间变换、坐标系统与坐标变换，研究了网络RTK定位中使用的BDS/GNSS观测值和观测方程，然后推导了差分定位的数学模型、非差观测方程的线性化、单差和双差观测值的组成及其观测方程的线性化，阐述了最小二乘参数估计方法和卡尔曼滤波参数估计方法，介绍了网络RTK定位中的多频线性组合观测理论并分析它们各自的特性。

2.1　BDS/GNSS时间系统和坐标系统

时间系统和坐标系统是BDS/GNSS高精度实时动态定位的重要基础和基准。对于时间系统，BDS/GNSS的观测量和位置随时间变化，时间记录和时间模型化起着非常重要的作用。对于坐标系统，坐标系对于模型化观测量和解释定位结果是必不可少的。

2.1.1　时间系统与时间变换

1. GPS时

为了精密导航与定位的需要，美国的全球定位系统建立了自己专用的时间系统。该时间系统称为GPS时(GPST)，由GPS主控站的原子钟控制，属于原子时。其秒长与国际单位制(SI)的相同，但与国际单位制的原子时的原点不同，二者关系为

$$\mathrm{GPST}=\mathrm{IAT}-19(\mathrm{s}) \tag{2.1}$$

式中，IAT为国际原子时(international atomic time)。

规定GPS时与协调世界时(coordinated universal time，UTC)的时刻在1980年1月6日0时相一致。由于GPS没有闰秒，所以随着时间的积累，二者之间的差别将表现为秒的整数倍，二者关系为

$$\mathrm{GPST}=\mathrm{IAT}-19(\mathrm{s})+n(\mathrm{s}) \tag{2.2}$$

式中，n为整数，表示闰秒，其具体值由国际地球自转服务和参考系统服务(International Earth Rotation and Reference System Service，IERS)公布。在GPS广播星历中，是以1980年1月6日0时开始起算的GPS周来表示时间，不足一周的时间用秒来表示。

2. 北斗时

与GPS时相类似，我国的北斗导航卫星系统(BDS)也建立了自己专用的原

子时，用于精密导航与定位。BDS 的时间系统为北斗时(BDT)，BDT 采用 SI 秒为基本单位连续累计，不闰秒，起始历元为 2006 年 1 月 1 日 UTC 00 时 00 分 00 秒，采用周和周内秒计数。BDT 通过 UTC 与国际 UTC 建立联系，BDT 与 UTC 的偏差保持在 100 ns 以内。BDT 与 UTC 之间的闰秒信息在导航电文中播报。

3. 民用时与儒略日之间的变换

儒略日(Julian day，JD)定义为从公元前 4713 年 1 月 1 日世界时 12 时起算到所论历元时刻的平太阳日数。

民用时的年、月、日分别用整数 Y、M、D 表示，实数 Hr 表示小时。民用时变换为儒略日的公式为

$$JD = \mathrm{int}(365.25 \cdot y) + \mathrm{int}[30.6001 \cdot (m+1)] + D + Hr/24 + 1\,720\,981.5 \tag{2.3}$$

式中，int 表示取整，Y 和 M 按以下规则计算，即

$$\text{当 } M \leqslant 2, \quad y = Y-1, \quad m = M+12$$
$$\text{当 } M > 2, \quad y = Y, \quad m = M$$

儒略日变换为民用时分成两步进行。首先计算辅助数，即

$$\left.\begin{aligned} a &= \mathrm{int}(JD+0.5) \\ b &= a + 1\,537 \\ c &= \mathrm{int}[(b-122.1)/365.25] \\ d &= \mathrm{int}(365.25 \cdot c) \\ e &= \mathrm{int}[(b-d)/30.6001] \end{aligned}\right\} \tag{2.4}$$

然后，用式(2.5)计算民用时参数，即

$$\left.\begin{aligned} D &= b - d - \mathrm{int}(30.6001 \cdot e) + \mathrm{frac}(JD+0.5) \\ M &= e - 1 - 12 \cdot \mathrm{int}(e/14) \\ Y &= c - 4\,715 - \mathrm{int}[(7+M)/10] \end{aligned}\right\} \tag{2.5}$$

式中，frac 表示取小数部分。作为日期换算的副产品，在一个星期的第几天可以按照式(2.6)得到，即

$$N = \mathrm{mod}[\mathrm{int}(JD+0.5), 7] \tag{2.6}$$

式中，mod 为求余函数，$N=0$ 表示星期一，$N=1$ 表示星期二，以此类推。

4. 儒略日与 GPS 时间之间的变换

在 BDS/GPS 数据处理时，一般是将观测文件中的民用时(年、月、日、时、分、秒)按照上面的公式变换为儒略日，之后再按照式(2.7)和式(2.8)变换为 GPS 周(GPS week)和 GPS 秒(GPS second)，以便与星历中的日期和时间相统一。

$$\mathrm{GPS\_week} = \mathrm{int}[(JD - 2\,444\,244.5)/7.0] \tag{2.7}$$

$$\mathrm{GPS\_second} = (JD - 2\,444\,244.5 - 7 \cdot \mathrm{GPS\_week}) \cdot 86\,400.0 \tag{2.8}$$

5. 北斗时与 GPS 时之间的变换

在 BDS/GNSS 数据处理时首先应统一时间基准，由于北斗时和 GPS 时都属于原子时，因此不闰秒，并且秒长定义相同，两个时间系统的起算点存在差异，GPST 与 BDT 不仅相差 1 356 周外，还始终保持一个 14 秒的系统差，BDT 与 GPST 之间的关系为

$$\text{BDS\_week} = \text{GPS\_week} - 1\,356(\text{周}) \tag{2.9}$$

$$\text{BDS\_second} = \text{GPS\_second} - 14(\text{s}) \tag{2.10}$$

2.1.2　坐标系统与坐标变换

1. 大地直角坐标系

大地直角坐标系一般使用 (X,Y,Z) 表示位置的三维坐标分量，在 BDS/GPS 数据处理中通常使用的是大地直角坐标系。例如 BDS 所采用的 2000 国家大地坐标系(China geodetic coordinate system 2000，CGCS2000)和 GPS 所采用的 WGS-84(world geodetic system 1984)坐标系都属于大地直角坐标系。

2. 大地坐标系

大地坐标系一般使用 (B,L,H) 或 (φ,λ,H) 表示位置的大地纬度、大地经度和大地高，在 BDS/GPS 数据处理中大地坐标系主要作为中间辅助参数或最终结果输出。例如在计算电离层和对流层、大地直角坐标系与测站坐标系之间的变换时，需要用到大地坐标系。

3. 测站坐标系

测站坐标系坐标原点为测站，$Z_e(U)$ 轴沿椭球法线方向向上，$X_e(N)$ 轴指向北，$Y_e(E)$ 轴指向东，属于左手坐标系。一般以 (N,E,U) 表示北、东和天顶的分量。测站坐标系用于卫星方位角和高度角计算、天线高改正、测站偏心改正，其结果用水平与垂直分量表示。

4. 不同大地直角坐标系之间的变换

两个不同大地直角坐标系之间的变换，要综合考虑坐标原点的平移，坐标轴之间的旋转，以及由于两个直角坐标系的刻度单位不相同而引起的尺度变化，即通过平移、旋转和缩放来实现。相应的坐标变换公式为

$$\begin{bmatrix} X_2 \\ Y_2 \\ Z_2 \end{bmatrix} = (1+k)\boldsymbol{R}_x(\Omega_x)\boldsymbol{R}_y(\Omega_y)\boldsymbol{R}_z(\Omega_z)\begin{bmatrix} X_1 \\ Y_1 \\ Z_1 \end{bmatrix} + \begin{bmatrix} \Delta X_0 \\ \Delta Y_0 \\ \Delta Z_0 \end{bmatrix} \tag{2.11}$$

其中

$$\boldsymbol{R}_x(\Omega_x) = \begin{bmatrix} 1 & 0 & 0 \\ 0 & \cos\Omega_x & \sin\Omega_x \\ 0 & -\sin\Omega_x & \cos\Omega_x \end{bmatrix}$$

$$\boldsymbol{R}_y(\Omega_y)=\begin{bmatrix}\cos\Omega_y & 0 & -\sin\Omega_y\\ 0 & 1 & 0\\ \sin\Omega_y & 0 & \cos\Omega_y\end{bmatrix}$$

$$\boldsymbol{R}_z(\Omega_z)=\begin{bmatrix}\cos\Omega_z & \sin\Omega_z & 0\\ -\sin\Omega_z & \cos\Omega_z & 0\\ 0 & 0 & 1\end{bmatrix}$$

式中，(X_1,Y_1,Z_1) 为某位置在坐标系 1 中的直角坐标，(X_2,Y_2,Z_2) 为某位置在坐标系 2 中的直角坐标，ΔX_0、ΔY_0、ΔZ_0 为 3 个平移参数，Ω_x、Ω_y、Ω_z 为绕 X、Y、Z 轴旋转的 3 个旋转角参数，k 为尺度变化参数。

在卫星定位中，旋转角通常很小，当 Ω_x、Ω_y、Ω_z 很小时，旋转矩阵可简化为

$$\boldsymbol{R}_x(\Omega_x)\boldsymbol{R}_y(\Omega_y)\boldsymbol{R}_z(\Omega_z)=\begin{bmatrix}1 & \Omega_z & -\Omega_y\\ -\Omega_z & 1 & \Omega_x\\ \Omega_y & -\Omega_x & 1\end{bmatrix} \tag{2.12}$$

综上所述，当考虑两个坐标系间的平移、旋转和缩放时，两个不同的导航卫星系统的空间直角坐标可用如下的坐标变换公式表示，即

$$\begin{bmatrix}X_2\\ Y_2\\ Z_2\end{bmatrix}=\begin{bmatrix}\Delta X_0\\ \Delta Y_0\\ \Delta Z_0\end{bmatrix}+(1+k)\begin{bmatrix}1 & \Omega_z & -\Omega_y\\ -\Omega_z & 1 & \Omega_x\\ \Omega_y & -\Omega_x & 1\end{bmatrix}\begin{bmatrix}X_1\\ Y_1\\ Z_1\end{bmatrix} \tag{2.13}$$

5. 不同大地坐标系之间的变换

若已知 3 个平移参数 $(\Delta X_0,\Delta Y_0,\Delta Z_0)$、3 个旋转角参数 $(\Omega_x,\Omega_y,\Omega_z)$、尺度变化参数 k，以及长半轴 a、短半轴 b、第一偏心率 e，则可以按照式(2.14)至式(2.16)求出大地改正量

$$\begin{aligned}\Delta\varphi=&\frac{1}{M\sin1''}[(a\Delta e^2+e^2\Delta a)\sin\varphi\cos\varphi+ae^2\Delta e^2\sin^3\varphi\cos\varphi-\\ &\sin\varphi\cos\lambda\Delta x-\sin\varphi\sin\lambda\Delta y+\cos\varphi\Delta z]-\sin\lambda\Omega_x+\cos\lambda\Omega_y\end{aligned} \tag{2.14}$$

$$\Delta\lambda=\frac{1}{N\cos\varphi\sin1''}(\cos\lambda\Delta y-\sin\lambda\Delta x)+\tan\varphi\cos\lambda\Omega_x+\tan\varphi\sin\lambda\Omega_y-\Omega_z \tag{2.15}$$

$$\begin{aligned}\Delta H=&\cos\varphi\cos\lambda\Delta x+\cos\varphi\sin\lambda\Delta y+\sin\varphi\Delta z-\\ &N(1-e^2\sin^2\varphi)\frac{\Delta a}{a}+M(1-e^2\sin^2\varphi)\sin^2\varphi\frac{\Delta e^2}{2(1-a)}-\\ &a\alpha\sin2\varphi\sin\lambda\Omega_x+a\alpha\sin2\varphi\cos\lambda\Omega_y+ak\end{aligned} \tag{2.16}$$

其中

$$f=\frac{a-b}{a}$$

$$\Delta f = f_{\text{new}} - f$$

$$\Delta e^2 = (2 - 2f)(f_{\text{new}} - f)$$

$$M = \frac{a(1-e^2)}{(1-e^2\sin^2\varphi)^{\frac{3}{2}}}$$

$$N = \frac{a}{(1-e^2\sin^2\varphi)^{\frac{1}{2}}}$$

式中，(φ,λ) 为原坐标系的经纬度，f 为第一扁率，M 为原坐标系的子午圈曲率半径，N 为原坐标系的卯酉圈曲率半径，下标 new 表示新坐标系。

求得 $\Delta\varphi$、$\Delta\lambda$、ΔH 后，新的大地坐标为

$$\begin{bmatrix}\varphi_{\text{new}}\\ \lambda_{\text{new}}\\ H_{\text{new}}\end{bmatrix} = \begin{bmatrix}\varphi\\ \lambda\\ H\end{bmatrix} + \begin{bmatrix}\Delta\varphi\\ \Delta\lambda\\ \Delta H\end{bmatrix} \tag{2.17}$$

6. 大地坐标系与大地直角坐标系之间的变换

若已知扁率 f，则可按照式(2.18)实现大地坐标(B,L,H)到大地直角坐标(X,Y,Z)的变换，即

$$\begin{bmatrix}X\\ Y\\ Z\end{bmatrix} = \begin{bmatrix}(N+H)\cos B\cos L\\ (N+H)\cos B\sin L\\ [N(1-e^2)+H]\sin B\end{bmatrix} \tag{2.18}$$

其中

$$e^2 = 2f - f^2$$

若已知长半轴 a 和扁率 f，则可按照式(2.19)实现大地直角坐标(X,Y,Z)到大地坐标(B,L,H)的变换，即

$$\begin{bmatrix}B\\ L\\ H\end{bmatrix} = \begin{bmatrix}\arctan\dfrac{Z+Ne^2\sin B}{(X^2+Y^2)^{\frac{1}{2}}}\\ \arctan\dfrac{Y}{X}\\ \dfrac{(X^2+Y^2)^{\frac{1}{2}}}{\cos B} - N\end{bmatrix} \tag{2.19}$$

式中，B 需要迭代计算，迭代时 B 的初值可取 $B_0 = \arctan\dfrac{Z}{(X^2+Y^2)^{\frac{1}{2}}}$，直到最后两次 B 值之差小于允许的误差为止。

7. 测站坐标系与大地直角坐标系之间的变换

若测站的大地纬度 φ 和大地经度 λ 已知，则可按照式(2.20)实现测站坐标(x,y,z)到大地直角坐标(X,Y,Z)的变换，即

$$\begin{bmatrix} X \\ Y \\ Z \end{bmatrix} = \boldsymbol{R} \begin{bmatrix} -\sin\varphi\cos\lambda & -\sin\lambda & \cos\varphi\cos\lambda \\ -\sin\varphi\sin\lambda & \cos\lambda & \cos\varphi\sin\lambda \\ \cos\varphi & 0 & \sin\varphi \end{bmatrix} \begin{bmatrix} x \\ y \\ z \end{bmatrix} \tag{2.20}$$

若测站的大地纬度 φ 和大地经度 λ 已知，则可按照式(2.21)实现大地直角坐标 (X,Y,Z) 到测站坐标 (x,y,z) 的变换，即

$$\begin{bmatrix} x \\ y \\ z \end{bmatrix} = \boldsymbol{R} \begin{bmatrix} -\sin\varphi\cos\lambda & -\sin\varphi\sin\lambda & \cos\varphi \\ -\sin\lambda & \cos\lambda & 0 \\ \cos\varphi\cos\lambda & \cos\varphi\sin\lambda & \sin\varphi \end{bmatrix} \begin{bmatrix} X \\ Y \\ Z \end{bmatrix} \tag{2.21}$$

8. CGCS2000 坐标系与 WGS-84 坐标系之间的变换

BDS 采用 CGCS2000 坐标系，GPS 采用 WGS-84 坐标系。两个坐标系在坐标原点的尺度、定向相同。在 4 个参考椭球参数中只有扁率有微小差异，参考椭球的扁率差异将引起同一位置在 CGCS2000 坐标系和 WGS-84 坐标系内的坐标变化。为了实现 BDS/GPS 双系统融合定位的坐标基准统一，可利用参考站网中各参考站 CGCS2000 和 WGS-84 坐标系统的已知坐标，求得 BDS 和 GPS 的区域坐标转换参数。流动站在进行双系统融合定位时，利用区域坐标转换参数将 GPS 观测方程中的坐标参数转换到 CGCS2000 坐标系。如果参考站和用户都采用统一定轨后的双系统预报星历，则不需要进行坐标基准的统一。

2.2 BDS/GNSS 网络 RTK 观测值及观测方程

基于非差观测模型的 BDS/GNSS 网络 RTK 算法进行高精度实时动态定位时，使用的最基本观测数据是测码伪距观测值和载波相位观测值。

2.2.1 测码伪距观测值

测距码观测值是卫星发射的测距码传播到用户接收机的时间延迟乘以光速所得的距离观测量，它的精度由信号传播时延的量测精度决定，配备非精密钟的用户接收机，所测得的距离含有误差，所以称为测码伪距观测值。伪距观测值按精度可分为精码(P 码或 Y 码)伪距和粗码(C/A 码)伪距。复制码与接收机测距码相关精度为码元宽的 1%。C/A 码码元宽度为 293 m，测量精度约为 2.9 m；而 P 码码元宽度为 29.3 m，测量精度约为 0.29 m，其比 C/A 码测量精度高一个数量级。因此，称 C/A 码为粗码，P 码为精码。

伪距观测值是通过 BDS 或 GPS 卫星信号传播时延，乘以光速得到的距离观测量。传播时延是由接收机内部跟踪环路，通过比较卫星时钟产生的测距码和接收机复制的结构完全一致的测距码，在相关系数达到最大值时得到的。由于两个测距码是根据卫星时钟和接收机时钟分别产生的，而接收机时钟和卫星时钟都存

在时钟误差，再加上中性大气延迟误差、电离层延迟误差等影响，因此，伪距观测值不等于卫星和接收机之间的几何距离，其关系式即伪距观测方程为

$$P_{m,r}^{s}=\rho_r^s+c\cdot(t_r-t^s)+o_r^s+T_r^s+\kappa_r^s/f_m^2+d_{m,r}-d_m^s+\varepsilon_{P,m,r}^s \tag{2.22}$$

式中，上标 s 为卫星编号；下标 r 为接收机设备编号；下标 m 为频率编号，BDS 包括 B1、B2 和 B3 载波相位的频率，GPS 包括 L1、L2 和 L5 载波相位的频率；$P_{m,r}^s$ 为以米为单位的伪距观测值；ρ_r^s 为卫星到接收机的几何距离；o_r^s 为卫星轨道误差；t_r 为接收机钟差；t^s 为卫星钟差；T_r^s 为以对流层延迟误差为主的中性大气延迟误差；κ_r^s/f_m^2 为电离层延迟误差一阶项，κ_r^s 为卫星信号传播路径上的总电子含量，高阶的电离层延迟误差可忽略不计；$d_{m,r}$ 和 d_m^s 分别为接收机和卫星的硬件延迟；c 为真空中的光速，$c=2.997\,924\,58\times10^8$ m/s；$\varepsilon_{P,m,r}^s$ 为伪距观测值的观测噪声及非模型化误差。式(2.22)中的 $P_{m,r}^s$、o_r^s、ρ_r^s、κ_r^s/f_m^2、T_r^s、$d_{m,r}$、d_m^s 和 $\varepsilon_{P,m,r}^s$ 均以米为单位，t_r 和 t^s 为钟差，以秒为单位。$\rho_r^s=\|\boldsymbol{X}^s-\boldsymbol{X}_r\|$ 为 BDS 或 GPS 卫星到用户接收机的几何距离，$\boldsymbol{X}^s$ 为卫星 s 的位置矢量，$\boldsymbol{X}_r$ 为接收机 r 的位置矢量，ρ_r^s 用卫星与接收机的三维位置坐标表示为

$$\rho_r^s=\sqrt{(x^s-x_r)^2+(y^s-y_r)^2+(z^s-z_r)^2} \tag{2.23}$$

式中，(x^s,y^s,z^s) 为发送信号时刻卫星 s 的三维位置坐标，(x_r,y_r,z_r) 为信号接收时刻接收机 r 的天线相位中心的三维位置坐标。只要有 4 颗卫星的伪距观测值建立观测方程组，就能解得观测站的三维位置坐标和接收机钟差。如果观测到 3 颗卫星的伪距观测值，就能确定二维位置(经度、纬度)和用户接收机钟差。

2.2.2　载波相位观测值

载波是可运载调制信号的高频振荡波，载波除了能够很好地传送卫星的测距码和导航电文，还可以作为一种测距信号来使用，这种测距信号就被称为载波相位观测值。载波相位观测值是接收机测量得到的卫星信号的载波相位与同一测量时刻接收机产生的载波相位的差值。虽然载波相位观测量是卫星与接收机天线之间的载波整周数与载波分数周数之和，但接收机不能把一个整周数与另一个整周数区分开，即接收机只能分辨出小于 1 周的小数周数，所以最好的办法是量测小数周数并保持跟踪接收机相位的变化数，因此，初始相位周数即整周模糊度是未知的。利用载波相位作为观测量进行定位，对未知的整周模糊度必须采用某些方法进行估计和解算。载波相位观测方程为

$$\begin{aligned}\phi_{m,r}^s=\lambda_m\cdot\varphi_{m,r}^s=\rho_r^s+c\cdot(t_r-t^s)-\lambda_m\cdot N_{m,r}^s+b_{m,r}-b_m^s+\\ o_r^s+T_r^s-\kappa_r^s/f_m^2+\varepsilon_{\phi,m,r}^s\end{aligned} \tag{2.24}$$

式中，ϕ 和 φ 分别为以米和周为单位的载波相位观测值；$\lambda_m=c/f_m$ 为载波相位的波长，以米为单位，f_m 为频率，BDS 的 B1、B2 和 B3 的频率分别为 1 561.098

MHz、1 207.140 MHz 和 1 268.520 MHz，GPS 的 L1、L2 和 L5 的频率分别为 1 575.42 MHz、1 227.60 MHz 和 1 176.45 MHz；$\varepsilon^s_{\phi,m,r}$ 为载波相位观测值的观测噪声及非模型化误差；$N^s_{m,r}$ 为整周模糊度，以周为单位；$b_{m,r}$ 和 b^s_m 分别为接收机和卫星的载波相位的硬件延迟及初始相位。其他符号与式(2.22)含义相同。需要注意的是载波相位观测值的电离层延迟误差与伪距观测值的电离层延迟误差大小相等，符号相反。

确定载波相位整周模糊度的数据处理方法称为模糊度解算。对运动中的接收机进行整周模糊度解算的方法也称为整周模糊度在航(on the fly，OTF)解算。

2.3 差分定位数学模型

2.3.1 站间单差

高精度 BDS/GNSS 定位的最有效途径是利用高精度的载波相位观测值，将非差的载波相位观测值相减即构成单差观测值，有卫星间求差、接收机(测站)间求差和历元间求差三种方式。如果要消除卫星钟差、卫星的硬件延迟及初始相位的影响，可在测站间进行单差组合。

将两个测站的载波相位观测方程如式(2.24)相减，则以米为单位的测站 A、B 间的单差观测方程为

$$\begin{aligned}\Delta\phi^p_{m,AB} = \lambda_m \cdot \Delta\varphi^p_{m,AB} = \Delta\rho^p_{AB} + c \cdot \Delta t_{AB} - \lambda_m \cdot \Delta N^p_{m,AB} + \Delta b_{m,AB} + \\ \Delta o^p_{AB} + \Delta T^p_{AB} - \Delta\kappa^s_r / f^2_m + \Delta\varepsilon_{\phi,m}\end{aligned} \tag{2.25}$$

式中，Δ 为单差算子，并且 $\Delta(\cdot) = (\cdot)_A - (\cdot)_B$，如 $\Delta\phi^p_{AB} = \phi^p_A - \phi^p_B$。

站间单差能够消除卫星钟差的影响，同时对卫星轨道误差、以对流层延迟误差为主的中性大气延迟误差和电离层延迟误差也可大大削弱。

设测站数(包括参考站和流动站)为 n_i，同步观测 n^j 颗卫星，观测历元数为 n_t，并取一观测站位固定参考站，则可得到

$$单差观测方程总数 = (n_i - 1)n^j n_t \tag{2.26}$$

$$未知参数总数 = (n_i - 1)(3 + n_t + n^j) \tag{2.27}$$

如果要保证能够得到确定的解，则必须有 $(n_i - 1)n^j n_t \geqslant (n_i - 1)(3 + n_t + n^j)$。而$(n_i - 1) \geqslant 1$，故可得

$$n_t \geqslant \frac{n^j + 3}{n^j - 1} \tag{2.28}$$

可见，必要的观测历元数只与所观测到的卫星数有关，而与测站数无关。例如，当 $n^j = 4$ 时，可得 $n_t = 3$，即在两个或多个观测站上，对同一组卫星至少需要同步观测 3 个历元，这样按式(2.25)进行平差计算时，全部未知参数才能够唯一

确定。

在上述情况下，应有

$$独立观测方程总数 = n_i n^j n_t \tag{2.29}$$

式(2.29)与式(2.26)相比，单差观测方程比非差的独立观测方程减少 $n^j n_t$ 个。例如，在两个测站于 3 个历元同步观测 4 颗卫星的情况下，按式(2.29)可得独立观测方程总数为 24 个，而单差观测方程数为 12 个，比独立观测方程减少 12 个。

2.3.2　星间单差

为了消除测站的接收机钟差和接收机硬件延迟及初始相位的影响，可以采用卫星间求差的方式。由载波相位观测方程式(2.24)可知，以米为单位的星间单差观测方程为

$$\begin{aligned}\Delta\phi_{m,A}^{pq} = \lambda_m \cdot \Delta\varphi_{m,A}^{pq} = \Delta\rho_A^{pq} + c \cdot \Delta t^{pq} - \lambda_m \cdot \Delta N_{m,A}^{pq} - \Delta b_A^{pq} + \\ \Delta o_A^{pq} + \Delta T_A^{pq} - \Delta\kappa_A^{pq}/f_m^2 + \Delta\varepsilon_{\phi,m}\end{aligned} \tag{2.30}$$

式中，Δ 为单差算子，并且 $\Delta(\cdot) = (\cdot)^p - (\cdot)^q$，如 $\Delta\phi_A^{pq} = \phi_A^p - \phi_A^q$。

星间单差能够消除接收机钟差和硬件延迟的影响。如果测站数为 n_i，同步观测 n^j 颗卫星，观测历元数为 n_t，则有

$$单差观测方程总数 = n_i(n^j - 1)n_t \tag{2.31}$$

$$未知参数总数 = (n^j - 1)(3 + n_t + n_i) \tag{2.32}$$

如果要保证能够得到确定的解，则必须有 $(n^j - 1)n_i n_t \geqslant (n^j - 1)(3 + n_t + n_i)$。而 $(n^j - 1) \geqslant 1$，故可得

$$n_t \geqslant \frac{n_i + 3}{n_i - 1} \tag{2.33}$$

可见，必要的观测历元数只与测站数有关，而与所测卫星数无关。上述单差模型的主要优点是消除了接收机钟差和硬件延迟的影响。

上述情况下，应有

$$独立观测方程总数 = n_i n^j n_t \tag{2.34}$$

与式(2.31)相比可知，星间单差观测方程比独立观测方程减少 $n_i n_t$ 个。

2.3.3　站星间双差

在单差观测值之间再求差即可生成双差观测值，有三种不同的双差组合方法，即接收机(测站)与卫星间求差、接收机(测站)与历元间求差及卫星与历元间求差，常用的是站星间求差。由单差载波相位观测方程及双差的定义，假设测站 A 和测站 B 同步观测到 BDS/GNSS 卫星 p、q，将测站 A 和测站 B 上 BDS/GNSS 卫星 p、q 的载波相位观测方程式(2.24)做测站间互差，则可以得到 BDS/GNSS 卫星 p、q 站间单差载波相位观测方程为

$$\Delta\phi_{m,AB}^{p}=\lambda_{m}\cdot\Delta\varphi_{m,AB}^{p}=\Delta\rho_{AB}^{p}+c\cdot\Delta t_{AB}-\lambda_{m}\cdot\Delta N_{m,AB}^{p}+\Delta b_{m,AB}+\Delta o_{AB}^{p}+\Delta T_{AB}^{p}-\Delta\kappa_{AB}^{p}/f_{m}^{2}+\Delta\varepsilon_{\phi,m,AB}^{p} \tag{2.35}$$

$$\Delta\phi_{m,AB}^{q}=\lambda_{m}\cdot\Delta\varphi_{m,AB}^{q}=\Delta\rho_{AB}^{q}+c\cdot\Delta t_{AB}-\lambda_{m}\cdot\Delta N_{m,AB}^{q}+\Delta b_{m,AB}+\Delta o_{AB}^{q}+\Delta T_{AB}^{q}-\Delta\kappa_{AB}^{q}/f_{m}^{2}+\Delta\varepsilon_{\phi,m,AB}^{q} \tag{2.36}$$

式中，上标 p 和 q 为卫星编号；下标 A 和 B 为接收机设备编号；下标 m 为频率编号；Δ 为单差操作符；ϕ 和 φ 分别为以米和周为单位的载波相位观测值；$\lambda=c/f$ 为载波相位的波长，以米为单位，f 为频率，c 为真空中的光速；ρ 为卫星到接收机的几何距离；o 为卫星轨道误差；t 为接收机钟差；T 为以对流层延迟误差为主的中性大气延迟误差；κ/f_m^2 为电离层延迟误差一阶项，κ 为卫星信号传播路径上的总电子含量，高阶的电离层延迟误差可忽略不计；ε 为载波相位观测值的观测噪声及非模型化误差；N 是整周模糊度，以周为单位；b 为接收机的载波相位的硬件延迟及初始相位。星间单差载波相位观测方程消除了卫星钟差和卫星的硬件延迟及初始相位的影响，削弱了电离层延迟误差、对流层延迟误差和卫星轨道误差等误差的影响。

将式(2.35)和式(2.36)进一步做差，可以得到测站 A 和测站 B 上 BDS/GNSS 卫星 p、q 的站星间双差载波相位观测方程，即

$$\Delta\nabla\phi_{m,AB}^{pq}=\lambda_{m}\cdot\Delta\nabla\varphi_{m,AB}^{pq}=\Delta\nabla\rho_{AB}^{pq}-\lambda_{m}\cdot\Delta\nabla N_{m,AB}^{pq}+\Delta\nabla o_{AB}^{pq}+\Delta\nabla T_{AB}^{pq}-\Delta\nabla\kappa_{AB}^{pq}/f_{m}^{2}+\Delta\nabla\varepsilon_{\phi,m,AB}^{pq} \tag{2.37}$$

式中，上标 p 和 q 为卫星编号；下标 A 和 B 为接收机设备编号；下标 m 为频率编号；$\Delta\nabla$ 为双差操作符，$\Delta\nabla(\cdot)=\Delta(\cdot)_{AB}-\Delta(\cdot)_{AB}$，如 $\Delta\nabla\varphi_{AB}^{pq}=\Delta\varphi_{AB}^{p}-\Delta\varphi_{AB}^{q}$；$\phi$ 和 φ 分别为以米和周为单位的载波相位观测值；$\lambda=c/f$ 为载波相位的波长，以米为单位，f 为频率，c 为真空中的光速；ρ 为卫星到接收机的几何距离；o 为卫星轨道误差；T 为以对流层延迟误差为主的中性大气延迟误差；κ/f_m^2 为电离层延迟误差一阶项，κ 为卫星信号传播路径上的总电子含量，高阶的电离层延迟误差可忽略不计；ε 为载波相位观测值的观测噪声及非模型化误差；N 是整周模糊度，以周为单位。

站星间双差载波相位观测方程不仅消除了卫星钟差和卫星的硬件延迟及初始相位的影响，也消除了接收机钟差和接收机的硬件延迟及初始相位的影响，大大削弱了电离层延迟误差、对流层延迟误差和卫星轨道误差等误差的影响。

如果选择一个测站为参考站，并选择一颗卫星为基准卫星，在 n_i 个测站，同步观测 n^j 颗卫星，观测历元数为 n_t，由此可得

$$\text{双差观测方程总数}=(n_i-1)(n^j-1)n_t \tag{2.38}$$

$$\text{未知参数个数}=3(n_i-1)+(n_i-1)(n^j-1) \tag{2.39}$$

如果要保证能够得到确定的解，则必须有 $(n_i-1)(n^j-1)n_t\geqslant 3(n_i-1)+(n_i-1)(n^j-1)$。考虑到 $(n_i-1)\geqslant 1$、$(n^j-1)\geqslant 4$，故可得

$$n_t\geqslant\frac{n^j+2}{n^j-1} \tag{2.40}$$

可见,必要的观测历元只与同步观测的卫星数有关,与测站数无关。站星双载波相位观测方程的主要优点是消除了卫星钟差和接收机钟差的影响,当 A、B 两站相距不太远,测站周围的观测环境相似时,双差组合还可基本消除大气延迟误差及卫星轨道误差的影响。同时,双差组合保留了双差模糊度的整数特性。

与单差类似,双差组合将使观测方程数进一步减少。在上述条件下,由式(2.34)和式(2.38)可得

$$\text{双差观测方程减少数} = (n_i + n^j - 1)n_t \tag{2.41}$$

由式(2.26)和式(2.38)可得

$$\text{双差观测方程减少数} = (n_i - 1)n_t \tag{2.42}$$

例如,当 $n_i = 2$、$n^j = 4$、$n_t = 2$ 时,可得独立观测方程总数为 16,双差观测方程数为 6 个,双差观测方程比独立观测方程减少了 10 个,比单差观测方程减少了 2 个。

根据以上介绍的载波相位差分定位的数学模型,如果要解算模型中的位置参数和模糊度参数就需要多个历元的观测数据,单历元解算的方程组是秩亏的。

2.4　观测方程线性化

2.4.1　非差测码伪距观测方程线性化

若取符号

$$\boldsymbol{\rho}^s = \boldsymbol{X}^s = [x^s \quad y^s \quad z^s]^{\mathrm{T}} \tag{2.43}$$

表示卫星 s 在协议地球坐标系中的瞬时空间直角坐标向量。

$$\boldsymbol{\rho}_r = \boldsymbol{X}_r = [x_r \quad y_r \quad z_r]^{\mathrm{T}} \tag{2.44}$$

表示观测站 r 在同一坐标系中的空间直角坐标向量,可得观测站至卫星的瞬时距离为

$$\rho_r^s = |\boldsymbol{\rho}^s - \boldsymbol{\rho}_r| = \sqrt{(x^s - x_r)^2 + (y^s - y_r)^2 + (z^s - z_r)^2} \tag{2.45}$$

如果进一步假设,$\boldsymbol{X}_0^s$ 为卫星 s 的坐标近似值向量,$\boldsymbol{X}_{r0}$ 为观测站 r 的坐标近似值向量,$\delta\boldsymbol{X}^s = [\delta x^s \ \delta y^s \ \delta z^s]^{\mathrm{T}}$ 为卫星坐标的改正数向量,$\delta\boldsymbol{X}_r = [\delta x_r \ \delta y_r \ \delta z_r]^{\mathrm{T}}$ 为测站 r 坐标的改正数向量,而测站 r 到 BDS/GPS 卫星 s 的方向余弦可表示为

$$\left.\begin{aligned}
\frac{\partial \rho_r^s}{\partial x^s} &= \frac{1}{\rho_{r0}^s}(x_0^s - x_{r0}) = l_r^s \\
\frac{\partial \rho_r^s}{\partial y^s} &= \frac{1}{\rho_{r0}^s}(y_0^s - y_{r0}) = m_r^s \\
\frac{\partial \rho_r^s}{\partial z^s} &= \frac{1}{\rho_{r0}^s}(z_0^s - z_{r0}) = n_r^s
\end{aligned}\right\} \tag{2.46}$$

而

$$\left.\begin{aligned}\frac{\partial\rho_r^s}{\partial x_r}&=-l_r^s\\\frac{\partial\rho_r^s}{\partial y_r}&=-m_r^s\\\frac{\partial\rho_r^s}{\partial z_r}&=-n_r^s\end{aligned}\right\}\tag{2.47}$$

其中

$$\rho_{r0}^s=\sqrt{(x_0^s-x_{r0})^2+(y_0^s-y_{r0})^2+(z_0^s-z_{r0})^2}$$

取一阶项的情况下,式(2.45)可线性化为

$$\rho_r^s=\rho_{r0}^s+[l_r^s\quad m_r^s\quad n_r^s]\cdot[\partial X^s-\partial X_r]\tag{2.48}$$

则测码伪距观测方程式(2.22)可写为

$$\begin{aligned}P_{m,r}^s=&\rho_{r0}^s+[l_r^s\quad m_r^s\quad n_r^s]\cdot[\partial X^s-\partial X_r]+c\cdot(t_r-t^s)+o_r^s+\\&T_r^s+\kappa_r^s/f_m^2+d_{m,r}-d_r^s+\varepsilon_{P,m}\end{aligned}\tag{2.49}$$

在 BDS/GNSS 定位中,可将从卫星导航电文中计算得到的卫星坐标当作已知值,即 $\delta\boldsymbol{X}^s=0$,所以式(2.49)可简化为

$$\begin{aligned}P_{m,r}^s=&\rho_{r0}^s+[l_r^s\quad m_r^s\quad n_r^s]\cdot\begin{bmatrix}\partial x_r\\\partial y_r\\\partial z_r\end{bmatrix}+c\cdot(t_r-t^s)+o_r^s+\\&T_r^s+\kappa_r^s/f_m^2+d_{m,r}-d_r^s+\varepsilon_{P,m}\end{aligned}\tag{2.50}$$

式(2.50)是非差伪距观测方程的线性化形式,在网络 RTK 中可使用该式计算流动站的初始坐标。

2.4.2 非差载波相位观测方程线性化

将式(2.48)代入式(2.24),就能够得到非差载波相位观测方程的线性化形式为

$$\begin{aligned}\phi_{m,r}^s=\lambda_m\cdot\varphi_{m,r}^s=&\rho_{r0}^s+[l_r^s\quad m_r^s\quad n_r^s]\cdot[\partial X^s-\partial X_r]+c\cdot(t_r-t^s)-\\&\lambda_m\cdot N_{m,r}^s+b_{m,r}-b_r^s+o_r^s+T_r^s-\kappa_r^s/f_m^2+\varepsilon_{\varphi,m}\end{aligned}\tag{2.51}$$

在已知卫星瞬时位置坐标的情况下,式(2.51)可表示为

$$\begin{aligned}\phi_{m,r}^s=\lambda_m\cdot\varphi_{m,r}^s=&\rho_{r0}^s+[l_r^s\quad m_r^s\quad n_r^s]\cdot\begin{bmatrix}\partial x_r\\\partial y_r\\\partial z_r\end{bmatrix}+c\cdot(t_r-t^s)-\\&\lambda_m\cdot N_{m,r}^s+b_{m,r}-b_r^s+o_r^s+T_r^s-\kappa_r^s/f_m^2+\varepsilon_{\varphi,m}\end{aligned}\tag{2.52}$$

2.4.3 星间单差观测方程线性化

如果在测站 A 上观测到卫星 p、q，则根据载波相位的星间单差观测方程式(2.30)可得

$$\begin{aligned}\Delta\phi_{m,A}^{pq} &= \lambda_m \cdot \Delta\varphi_{m,A}^{pq} = \Delta\rho_A^{pq} + c \cdot \Delta t^{pq} - \lambda_m \cdot \Delta N_{m,A}^{pq} - \Delta b_A^{pq} + \\ &\quad \Delta o_A^{pq} + \Delta T_A^{pq} - \Delta\kappa_A^{pq}/f_m^2 + \Delta\varepsilon_{\phi,m}\end{aligned} \tag{2.53}$$

如果式(2.53)中的卫星钟差和卫星的硬件延迟及初始相位、卫星轨道误差、电离层延迟误差、以对流层延迟为主的中性大气延迟误差得到改正，忽略多路径效应误差及观测噪声，可将式(2.53)表示为

$$\Delta\varphi_{m,A}^{pq} = \frac{1}{\lambda_m}(\rho_A^p - \rho_A^q) - \Delta N_{m,A}^{pq} \tag{2.54}$$

式中，$\Delta\varphi_{m,A}^{pq}$ 为误差改正后的单差载波相位观测值。将式(2.54)在流动站近似坐标 (x_{A0}, y_{A0}, z_{A0}) 处展开，流动站的位置改正数为 $(\partial x_A, \partial y_A, \partial z_A)$，并设

$$\Delta\tilde{\varphi}_{m,A}^{pq} = \frac{1}{\lambda_m}(\rho_{A0}^p - \rho_{A0}^q) - \Delta N_{m,A}^{pq} \tag{2.55}$$

其中

$$\left.\begin{aligned}\rho_{A0}^p &= \sqrt{(x^p - x_{A0})^2 + (y^p - y_{A0})^2 + (z^p - z_{A0})^2} \\ \rho_{A0}^q &= \sqrt{(x^q - x_{A0})^2 + (y^q - y_{A0})^2 + (z^q - z_{A0})^2}\end{aligned}\right\}$$

则得线性化的星间单差观测方程为

$$\Delta\varphi_{m,A}^{pq} = \frac{1}{\lambda_m}(l_A^p - l_A^q)\partial x_A + \frac{1}{\lambda_m}(m_A^p - m_A^q)\partial y_A + \frac{1}{\lambda_m}(n_A^p - n_A^q)\partial z_A + \Delta\tilde{\varphi}_{m,A}^{pq} \tag{2.56}$$

即

$$\begin{aligned}\Delta\varphi_{m,A}^{pq} &= \frac{1}{\lambda_m}\left[(l_A^p - l_A^q) \quad (m_A^p - m_A^q) \quad (n_A^p - n_A^q)\right]\begin{bmatrix}\partial x_A \\ \partial y_A \\ \partial z_A\end{bmatrix} + \\ &\quad \frac{1}{\lambda_m}(\rho_{A0}^p - \rho_{A0}^q) - \Delta N_{m,A}^{pq}\end{aligned} \tag{2.57}$$

其中

$$l_A^p - l_A^q = \frac{x_{A0} - x^p}{\rho_{A0}^p} - \frac{x_{A0} - x^q}{\rho_{A0}^q}$$

$$m_A^p - m_A^q = \frac{y_{A0} - y^p}{\rho_{A0}^p} - \frac{y_{A0} - y^q}{\rho_{A0}^q}$$

$$n_A^p - n_A^q = \frac{z_{A0} - z^p}{\rho_{A0}^p} - \frac{z_{A0} - z^q}{\rho_{A0}^q}$$

2.4.4 双差观测方程线性化

如果在参考站 A 和流动站 B 上同步观测到卫星 p、q，则由双差载波相位观测方程式(2.37)可得

$$\Delta\nabla\varphi_{m,AB}^{pq}=\frac{1}{\lambda_m}(\rho_B^p-\rho_A^p-\rho_B^q+\rho_A^q)-\Delta\nabla N_{m,AB}^{pq}+\Delta\nabla\varepsilon'_{\varphi,m} \tag{2.58}$$

设式(2.58)中的 $\Delta\nabla N_{m,AB}^{pq}$ 已通过初始化确定，两个测站双差误差的残差可归入观测噪声 $\Delta\nabla\varepsilon'_{\varphi,m}$ 中。将式(2.58)在流动站近似坐标 $(\partial x_{B0},\partial y_{B0},\partial z_{B0})$ 处展开，流动站的坐标改正数为 $(\partial x_B,\partial y_B,\partial z_B)$，并设

$$\Delta\nabla\tilde{\varphi}_{m,AB}^{pq}=\frac{1}{\lambda_m}(\rho_{B0}^p-\rho_A^p-\rho_{B0}^q+\rho_A^q)-\Delta N_{m,AB}^{pq} \tag{2.59}$$

其中

$$\rho_A^p=\sqrt{(x^p-x_A)^2+(y^p-y_A)^2+(z^p-z_A)^2}$$
$$\rho_{B0}^p=\sqrt{(x^p-x_{B0})^2+(y^p-y_{B0})^2+(z^p-z_{B0})^2}$$
$$\rho_A^q=\sqrt{(x^q-x_A)^2+(y^q-y_A)^2+(z^q-z_A)^2}$$
$$\rho_{B0}^q=\sqrt{(x^q-x_{B0})^2+(y^q-y_{B0})^2+(z^q-z_{B0})^2}$$

式(2.59)中忽略了各种与测站间距离相关误差的残差和多路径效应误差的残差。则得线性化的双差载波相位观测方程为

$$\Delta\nabla\varphi_{m,AB}^{pq}=\frac{1}{\lambda_m}(l_B^p-l_B^q)\partial x_B+\frac{1}{\lambda_m}(m_B^p-m_B^q)\partial y_B+\frac{1}{\lambda_m}(n_B^p-n_B^q)\partial z_B+\Delta\tilde{\varphi}_{m,AB}^{pq} \tag{2.60}$$

即

$$\Delta\nabla\varphi_{m,AB}^{pq}=\frac{1}{\lambda_m}\left[(l_B^p-l_B^q)\quad(m_B^p-m_B^q)\quad(n_B^p-n_B^q)\right]\begin{bmatrix}\partial x_B\\ \partial y_B\\ \partial z_B\end{bmatrix}+\frac{1}{\lambda_m}(\rho_{B0}^p-\rho_A^p-\rho_{B0}^q+\rho_A^q)-\Delta N_{m,A}^{pq} \tag{2.61}$$

其中

$$l_B^p-l_B^q=\frac{x_{B0}-x^p}{\rho_{B0}^p}-\frac{x_{B0}-x^q}{\rho_{B0}^q}$$
$$m_B^p-m_B^q=\frac{y_{B0}-y^p}{\rho_{B0}^p}-\frac{y_{B0}-y^q}{\rho_{B0}^q}$$
$$n_B^p-n_B^q=\frac{z_{B0}-z^p}{\rho_{B0}^p}-\frac{z_{B0}-z^q}{\rho_{B0}^q}$$

对于传统的双差模型网络 RTK 算法，参考站网覆盖范围内的误差改正模型是基于双差模型的，流动站在误差处理和整周模糊度解算过程中需要进行测站和卫星间的双差组合，因此需要频繁地选择基准卫星进行站星间双差组合，增加了观测方程线性化的处理难度。基于非差观测模型的网络 RTK 算法直接利用参考站网覆盖范围内的非差误差修正信息进行流动站误差处理，流动站的位置参数和整周模糊度参数直接以非差的形式进行观测方程的线性化，使网络 RTK 数据处理更加简单。

2.4.5　位置参数和模糊度参数的最小二乘解算

根据式(2.57)或式(2.61)，可以进行位置参数和模糊度参数的最小二乘解算。以式(2.61)为例，由式(2.61)可设

$$\Delta\nabla l^{p}=\Delta\nabla\varphi_{m,AB}^{pq}-\frac{f}{c}\left[\rho_{B0}^{p}-\rho_{A}^{p}-\rho_{B0}^{q}+\rho_{A}^{q}\right] \tag{2.62}$$

则式(2.62)写成误差方程式的形式为

$$v^{pq}=\frac{f}{c}\left[(l_{B}^{p}-l_{B}^{q})\quad(m_{B}^{p}-m_{B}^{q})\quad(n_{B}^{p}-n_{B}^{q})\right]\begin{bmatrix}\partial x_{B}\\ \partial y_{B}\\ \partial z_{B}\end{bmatrix}+\Delta\nabla N_{AB}^{pq}+\Delta\nabla l^{pq} \tag{2.63}$$

如果当前历元观测到 n^{j} 颗卫星，误差方程式(2.63)的矩阵形式可表示为

$$\underset{(n^{j}-1)\times 1}{\boldsymbol{v}}=\underset{(n^{j}-1)\times 3}{\boldsymbol{a}}\ \underset{3\times 1}{\delta\boldsymbol{X}}+\underset{(n^{j}-1)\times(n^{j}-1)}{\boldsymbol{b}}\ \underset{(n^{j}-1)\times 1}{\Delta\nabla\boldsymbol{N}}+\underset{(n^{j}-1)\times 1}{\Delta\nabla\boldsymbol{l}} \tag{2.64}$$

其中

$$\underset{(n^{j}-1)\times 1}{\boldsymbol{v}}=\left[v^{1}\quad v^{2}\quad\cdots\quad v^{n^{j}-1}\right]^{\mathrm{T}}$$

$$\left.\begin{aligned}\frac{\partial\Delta\nabla\rho_{AB}^{pq}}{\partial x_{B}}&=\frac{f}{c}\cdot\frac{x_{B0}-x^{p}}{\rho_{B0}^{p}}-\frac{f}{c}\cdot\frac{x_{B0}-x^{q}}{\rho_{B0}^{q}}\\ \frac{\partial\Delta\nabla\rho_{AB}^{pq}}{\partial y_{B}}&=\frac{f}{c}\cdot\frac{y_{B0}-y^{p}}{\rho_{B0}^{p}}-\frac{f}{c}\cdot\frac{y_{B0}-y^{q}}{\rho_{B0}^{q}}\\ \frac{\partial\Delta\nabla\rho_{AB}^{pq}}{\partial z_{B}}&=\frac{f}{c}\cdot\frac{z_{B0}-z^{p}}{\rho_{B0}^{p}}-\frac{f}{c}\cdot\frac{z_{B0}-z^{q}}{\rho_{B0}^{q}}\end{aligned}\right\}$$

$$\underset{(n^{j}-1)\times 3}{\boldsymbol{a}}=\begin{bmatrix}\dfrac{\partial\Delta\nabla\rho_{AB}^{12}}{\partial x_{B}} & \dfrac{\partial\Delta\nabla\rho_{AB}^{12}}{\partial y_{B}} & \dfrac{\partial\Delta\nabla\rho_{AB}^{12}}{\partial z_{B}}\\ \dfrac{\partial\Delta\nabla\rho_{AB}^{13}}{\partial x_{B}} & \dfrac{\partial\Delta\nabla\rho_{AB}^{13}}{\partial y_{B}} & \dfrac{\partial\Delta\nabla\rho_{AB}^{13}}{\partial z_{B}}\\ \vdots & \vdots & \vdots\\ \dfrac{\partial\Delta\nabla\rho_{AB}^{1n^{j}}}{\partial x_{B}} & \dfrac{\partial\Delta\nabla\rho_{AB}^{1n^{j}}}{\partial y_{B}} & \dfrac{\partial\Delta\nabla\rho_{AB}^{1n^{j}}}{\partial z_{B}}\end{bmatrix}$$

$$\underset{(n^j-1)\times(n^j-1)}{\boldsymbol{b}}=\begin{bmatrix}1 & 0 & \cdots & 0\\ 0 & 1 & \cdots & 0\\ \vdots & \vdots & \ddots & \vdots\\ 0 & 0 & \cdots & 1\end{bmatrix}$$

$$\underset{(n^j-1)\times 1}{\Delta\nabla\boldsymbol{N}}=\begin{bmatrix}\Delta\nabla N^1 & \Delta\nabla N^2 & \cdots & \Delta\nabla N^{n^j-1}\end{bmatrix}^{\mathrm{T}}$$

$$\underset{(n^j-1)\times 1}{\Delta\nabla\boldsymbol{l}}=\begin{bmatrix}\Delta\nabla l^1 & \Delta\nabla l^2 & \cdots & \Delta\nabla l^{n^j-1}\end{bmatrix}^{\mathrm{T}}$$

$$\underset{3\times 1}{\delta\boldsymbol{X}}=\begin{bmatrix}\delta x & \delta y & \delta z\end{bmatrix}^{\mathrm{T}}$$

其最小二乘解为

$$\begin{bmatrix}\delta\boldsymbol{X}\\ \Delta\nabla\boldsymbol{N}\end{bmatrix}=-\left[\begin{bmatrix}\boldsymbol{a} & \boldsymbol{b}\end{bmatrix}^{\mathrm{T}}\boldsymbol{P}\begin{bmatrix}\boldsymbol{a} & \boldsymbol{b}\end{bmatrix}\right]^{-1}\begin{bmatrix}\boldsymbol{a} & \boldsymbol{b}\end{bmatrix}^{\mathrm{T}}\boldsymbol{P}\Delta\nabla\boldsymbol{l} \tag{2.65}$$

式中，$\boldsymbol{P}$ 为权矩阵，如果观测值的单位权方差为 σ^2，假设测站 A 和 B 于观测历元 t 时刻，共有 n^j 颗卫星，那么权矩阵就可表示为

$$\underset{(n^j-1)\times(n^j-1)}{\boldsymbol{P}}=\frac{1}{2\sigma^2}\cdot\frac{1}{n^j}\cdot\begin{bmatrix}n^j-1 & -1 & \cdots & -1\\ -1 & n^j-1 & \cdots & -1\\ \vdots & \vdots & \ddots & \vdots\\ -1 & -1 & \cdots & n^j-1\end{bmatrix} \tag{2.66}$$

如果两个测站上对共视卫星的观测历元数为 n_t，则根据误差方程组，能够得到

$$\boldsymbol{V}=\begin{bmatrix}\boldsymbol{A} & \boldsymbol{B}\end{bmatrix}\begin{bmatrix}\delta\boldsymbol{X}\\ \Delta\nabla\boldsymbol{N}\end{bmatrix}+\boldsymbol{L} \tag{2.67}$$

其中

$$\boldsymbol{A}=\begin{bmatrix}a_1 & a_2 & \cdots & a_{n_t}\end{bmatrix}^{\mathrm{T}}$$

$$\boldsymbol{B}=\begin{bmatrix}b_1 & b_2 & \cdots & b_{n_t}\end{bmatrix}^{\mathrm{T}}$$

$$\boldsymbol{L}=\begin{bmatrix}\Delta\nabla l_1 & \Delta\nabla l_2 & \cdots & \Delta\nabla l_{n_t}\end{bmatrix}^{\mathrm{T}}$$

$$\boldsymbol{V}=\begin{bmatrix}v_1 & v_2 & \cdots & v_{n_t}\end{bmatrix}^{\mathrm{T}}$$

由此，相应的法方程及其解，可表示为

$$\boldsymbol{N}\Delta\boldsymbol{Y}+\boldsymbol{U}=0 \tag{2.68}$$

$$\Delta\boldsymbol{Y}=-\boldsymbol{N}^{-1}\boldsymbol{U} \tag{2.69}$$

其中

$$\Delta\boldsymbol{Y}=\begin{bmatrix}\delta\boldsymbol{X}_2 & \Delta\nabla\boldsymbol{N}\end{bmatrix}^{\mathrm{T}}$$

$$\boldsymbol{N}=\begin{bmatrix}\boldsymbol{A} & \boldsymbol{B}\end{bmatrix}^{\mathrm{T}}\boldsymbol{P}\begin{bmatrix}\boldsymbol{A} & \boldsymbol{B}\end{bmatrix}$$

$$\boldsymbol{U}=\begin{bmatrix}\boldsymbol{A} & \boldsymbol{B}\end{bmatrix}^{\mathrm{T}}\boldsymbol{PL}$$

2.5　参数估计方法

2.5.1　最小二乘参数估计

BDS/GNSS 网络 RTK 进行高精度实时动态定位中的待估参数包括时变参数和时不变参数。设 $\boldsymbol{X}$ 为时变参数向量，包括电离层延迟误差和对流层延迟误差等时变参数；$\boldsymbol{Y}$ 为时不变参数向量，包括整周模糊度等时不变参数；$\boldsymbol{P}$ 为权矩阵；$\boldsymbol{V}$ 为改正数向量；$\boldsymbol{L}$ 为观测值向量。则观测方程可描述为

$$\boldsymbol{AX}+\boldsymbol{BY}=\boldsymbol{L}+\boldsymbol{V},\ \boldsymbol{P} \tag{2.70}$$

观测方程式(2.70)对应的法方程为

$$\begin{bmatrix}\boldsymbol{A}^{\mathrm{T}}\boldsymbol{PA} & \boldsymbol{A}^{\mathrm{T}}\boldsymbol{PB}\\ \boldsymbol{B}^{\mathrm{T}}\boldsymbol{PA} & \boldsymbol{B}^{\mathrm{T}}\boldsymbol{PB}\end{bmatrix}\begin{bmatrix}\boldsymbol{X}\\ \boldsymbol{Y}\end{bmatrix}=\begin{bmatrix}\boldsymbol{N}_{xx} & \boldsymbol{N}_{xy}\\ \boldsymbol{N}_{yx} & \boldsymbol{N}_{yy}\end{bmatrix}\begin{bmatrix}\boldsymbol{X}\\ \boldsymbol{Y}\end{bmatrix}=\begin{bmatrix}\boldsymbol{A}^{\mathrm{T}}\boldsymbol{PL}\\ \boldsymbol{B}^{\mathrm{T}}\boldsymbol{PL}\end{bmatrix} \tag{2.71}$$

对于时变参数向量 $\boldsymbol{X}$，可以采用参数消去法将其消掉，若 $\boldsymbol{Z}=\boldsymbol{N}_{yx}\boldsymbol{N}_{xx}^{-1}$，将其用于法方程式(2.71)的变换可得

$$\begin{bmatrix}\boldsymbol{I} & 0\\ -\boldsymbol{Z} & \boldsymbol{I}\end{bmatrix}\begin{bmatrix}\boldsymbol{N}_{xx} & \boldsymbol{N}_{xy}\\ \boldsymbol{N}_{yx} & \boldsymbol{N}_{yy}\end{bmatrix}\begin{bmatrix}\boldsymbol{X}\\ \boldsymbol{Y}\end{bmatrix}=\begin{bmatrix}\boldsymbol{N}_{xx} & \boldsymbol{N}_{xy}\\ 0 & \widetilde{\boldsymbol{N}}_{yy}\end{bmatrix}\begin{bmatrix}\boldsymbol{X}\\ \boldsymbol{Y}\end{bmatrix}=\begin{bmatrix}\boldsymbol{A}^{\mathrm{T}}\boldsymbol{PL}\\ \widetilde{\boldsymbol{B}}^{\mathrm{T}}\boldsymbol{PL}\end{bmatrix} \tag{2.72}$$

其中

$$\boldsymbol{J}=\boldsymbol{AN}_{xx}^{-1}\boldsymbol{A}^{\mathrm{T}}\boldsymbol{P}$$

$$\widetilde{\boldsymbol{N}}_{yy}=\boldsymbol{B}^{\mathrm{T}}(\boldsymbol{I}-\boldsymbol{J})^{\mathrm{T}}\boldsymbol{P}(\boldsymbol{I}-\boldsymbol{J})\boldsymbol{B}$$

$$\widetilde{\boldsymbol{B}}=(\boldsymbol{I}-\boldsymbol{J})\boldsymbol{B}$$

最终可得到新的法方程为

$$\widetilde{\boldsymbol{B}}^{\mathrm{T}}\boldsymbol{P}\widetilde{\boldsymbol{B}}\boldsymbol{Y}=\widetilde{\boldsymbol{B}}^{\mathrm{T}}\boldsymbol{PL} \tag{2.73}$$

新的法方程式(2.73)等价于一个新的观测方程，即

$$\widetilde{\boldsymbol{B}}\boldsymbol{Y}=\boldsymbol{L}+\boldsymbol{U},\ \boldsymbol{P} \tag{2.74}$$

此时式(2.74)只剩下时不变参数向量 $\boldsymbol{Y}$，即只含有整周模糊度参数，测站坐标、接收机钟差及对流层延迟误差等时变参数向量 $\boldsymbol{X}$ 已经被消除掉，因此可首先估计出不变参数向量 $\boldsymbol{Y}$，之后再由式(2.75) 估计时变参数向量 $\boldsymbol{X}$，即

$$\boldsymbol{X}=\boldsymbol{N}_{xx}^{-1}(\boldsymbol{A}^{\mathrm{T}}\boldsymbol{PL}-\boldsymbol{N}_{xy}\boldsymbol{Y}) \tag{2.75}$$

2.5.2　卡尔曼滤波参数估计

卡尔曼滤波是基于一组观测序列 $\boldsymbol{L}_k(k=1,2,\cdots,n)$ 及动力学模型信息求解状态向量的最优估值。BDS/GNSS 网络 RTK 技术进行高精度实时动态定位时，需要建立滤波的状态方程和观测方程，即

$$\left.\begin{aligned}\boldsymbol{X}_{k+1}&=\boldsymbol{\Phi}_{k+1,k}\boldsymbol{X}_k+\boldsymbol{\Gamma}_k\boldsymbol{W}_k\\ \boldsymbol{L}_{k+1}&=\boldsymbol{H}_{k+1}\boldsymbol{X}_{k+1}+\boldsymbol{V}_{k+1}\end{aligned}\right\}\tag{2.76}$$

式中，$\boldsymbol{X}_{k+1}$ 为 $t(k+1)$ 时刻的状态向量；$\boldsymbol{\Phi}_{k+1,k}$ 为从 $t(k)$ 时刻至 $t(k+1)$ 时刻系统状态的转移矩阵；$\boldsymbol{\Gamma}_k$ 为系统噪声的驱动矩阵；$\boldsymbol{W}_k$ 为系统激励噪声；$\boldsymbol{L}_{k+1}$ 为 $t(k+1)$ 时刻的观测向量；$\boldsymbol{H}_{k+1}$ 为观测方程的系数矩阵；$\boldsymbol{V}_{k+1}$ 为观测噪声。

进行高精度实时动态定位时，观测数据的采样间隔较小，短时间内可以将上述动力学模型进行简化，通常可简化为常速模型，噪声假定为零均值的高斯白噪声，即 $\boldsymbol{W}_k$ 和 $\boldsymbol{V}_k$ 满足下面等式，即

$$\begin{cases}E(\boldsymbol{W}_k)=0,\mathrm{Cov}(\boldsymbol{W}_k,\boldsymbol{W}_j)=E(\boldsymbol{W}_k\boldsymbol{W}_j^{\mathrm{T}})=\boldsymbol{Q}_k\delta_{kj}\\ E(\boldsymbol{V}_k)=0,\mathrm{Cov}(\boldsymbol{V}_k,\boldsymbol{V}_j)=E(\boldsymbol{V}_k\boldsymbol{V}_j^{\mathrm{T}})=\boldsymbol{R}_k\delta_{kj}\\ \mathrm{Cov}(\boldsymbol{W}_k,\boldsymbol{V}_j)=E(\boldsymbol{W}_k\boldsymbol{V}_j^{\mathrm{T}})=0\end{cases}\tag{2.77}$$

式中，$\boldsymbol{Q}_k$ 为系统噪声序列的方差矩阵，$\boldsymbol{R}_k$ 为系统量测噪声的方差矩阵；δ_{kj} 为克罗内克函数，其满足

$$\delta_{kj}=\begin{cases}1 & (k=j)\\ 0 & (k\neq j)\end{cases}$$

状态向量 $\boldsymbol{X}_{k+1}$ 的估值 $\hat{\boldsymbol{X}}_{k+1}$ 可以按照下面的步骤进行求解：

(1)状态预测

$$\hat{\boldsymbol{X}}_{k+1}(\lhd)=\boldsymbol{\Phi}_{k+1,k}\hat{\boldsymbol{X}}_k(\rhd)\tag{2.78}$$

(2)状态估计

$$\hat{\boldsymbol{X}}_{k+1}(\rhd)=\hat{\boldsymbol{X}}_{k+1}(\lhd)+\boldsymbol{K}_{k+1}(\boldsymbol{L}_{k+1}-\boldsymbol{H}_{k+1}\hat{\boldsymbol{X}}_{k+1}(\lhd))\tag{2.79}$$

(3)滤波增益

$$\boldsymbol{K}_{k+1}=\boldsymbol{P}_{k+1}(\lhd)\boldsymbol{H}_{k+1}^{\mathrm{T}}(\boldsymbol{H}_{k+1}\boldsymbol{P}_{k+1}(\lhd)\boldsymbol{H}_{k+1}^{\mathrm{T}}+\boldsymbol{R}_{k+1})^{-1}\tag{2.80}$$

(4)预测方差矩阵

$$\boldsymbol{P}_{k+1}(\lhd)=\boldsymbol{\Phi}_{k+1,k}\boldsymbol{P}_k(\rhd)\boldsymbol{\Phi}_{k+1,k}^{\mathrm{T}}+\boldsymbol{\Gamma}_k\boldsymbol{Q}_k\boldsymbol{\Gamma}_k^{\mathrm{T}}\tag{2.81}$$

(5)估计方差矩阵

$$\boldsymbol{P}_{k+1}(\rhd)=(\boldsymbol{I}-\boldsymbol{K}_{k+1}\boldsymbol{H}_{k+1})\boldsymbol{P}_{k+1}(\lhd)\tag{2.82}$$

式中，$\boldsymbol{X}_k(\lhd)$ 为更新前的估值，$\boldsymbol{X}_k(\rhd)$ 为更新后的估值。根据给定的系统状态初值 $\hat{\boldsymbol{X}}_0$ 和方差矩阵 $\boldsymbol{P}_0$，根据 $t(k+1)$ 时刻的观测方程 $\boldsymbol{L}_{k+1}$，就可以递推计算并得到 $t(k+1)$ 时刻状态向量 $\boldsymbol{X}_{k+1}$ 的估值 $\hat{\boldsymbol{X}}_{k+1}$。

卡尔曼滤波是一个不断预测与修正的过程，它具有时间更新和观测更新两个明显的信息更新过程。上述经典的卡尔曼滤波与最小二乘估计方法是等价的，并可由最小二乘推导得出。

2.6　BDS/GNSS 多频线性组合

在 BDS/GNSS 高精度实时动态定位时，利用多频观测值可以得到长波长、弱电离层影响及低噪声影响的组合观测值，这些特殊的组合观测值的整周模糊度解算效率和可靠性远远优于原始频率载波相位观测值对应的整周模糊度。BDS 作为全球首个全星座播发三频导航卫星信号的导航卫星系统，多频观测信息极大地改善了导航卫星系统的观测冗余度，有助于载波相位整周模糊度高效、可靠地固定。

根据组合观测值的定义，可以得到 BDS 和 GPS 三频组合伪距和载波相位非差观测值的表达式为

$$P^s_{(i,j,k),r}=\frac{i\cdot f_1\cdot P^s_{1,r}+j\cdot f_2\cdot P^s_{2,r}+k\cdot f_3\cdot P^s_{3,r}}{i\cdot f_1+j\cdot f_2+k\cdot f_3}\tag{2.83}$$

$$\phi^s_{(i,j,k),r}=\frac{i\cdot f_1\cdot \phi^s_{1,r}+j\cdot f_2\cdot \phi^s_{2,r}+k\cdot f_3\cdot \phi^s_{3,r}}{i\cdot f_1+j\cdot f_2+k\cdot f_3}\tag{2.84}$$

$$\varphi^s_{(i,j,k),r}=i\cdot\varphi^s_{1,r}+j\cdot\varphi^s_{2,r}+k\cdot\varphi^s_{3,r}\tag{2.85}$$

式中，上标 s 为卫星编号，下标 r 为接收机设备编号，下标 (i,j,k) 为组合观测值频率系数，P 为以米为单位的伪距观测值，ϕ 和 φ 分别为以米和周为单位的载波相位观测值，$P^s_{(i,j,k),r}$ 为三频组合伪距观测值，$\phi^s_{(i,j,k),r}$ 和 $\varphi^s_{(i,j,k),r}$ 为以米和周为单位的三频组合载波相位观测值，f 为载波相位的频率。

由式(2.22)和式(2.24)及组合观测值的定义，可以进一步得到 BDS 和 GPS 三频组合伪距和载波相位的观测方程为

$$\begin{aligned}P^s_{(i,j,k),r}=&\rho^s_r+c\cdot(t_r-t^s)+o^s_r+T^s_r+\beta_{(i,j,k)}\cdot\kappa^s_r/f_1^2+\\&d_{(i,j,k),r}-d^s_{(i,j,k)}+\varepsilon^s_{P,(i,j,k),r}\end{aligned}\tag{2.86}$$

$$\begin{aligned}\phi^s_{(i,j,k),r}=&\lambda_{(i,j,k)}\cdot\varphi^s_{(i,j,k),r}=\rho^s_r+c\cdot(t_r-t^s)-\lambda_{(i,j,k)}\cdot N^s_{(i,j,k),r}+\\&b_{(i,j,k),r}-b^s_{(i,j,k)}+o^s_r+T^s_r-\beta_{(i,j,k)}\cdot\kappa^s_r/f_1^2+\varepsilon^s_{\phi,(i,j,k),r}\end{aligned}\tag{2.87}$$

其中

$$f_{(i,j,k)}=i\cdot f_1+j\cdot f_2+k\cdot f_3$$

$$\lambda_{(i,j,k)}=\frac{c}{f_{(i,j,k)}}$$

$$N^s_{(i,j,k),r}=i\cdot N^s_{1,r}+j\cdot N^s_{2,r}+k\cdot N^s_{3,r}$$

$$\beta_{(i,j,k)}=\frac{f_1^2(i/f_1+j/f_2+k/f_3)}{i\cdot f_1+j\cdot f_2+k\cdot f_3}$$

式中，$f_{(i,j,k)}$ 和 $\lambda_{(i,j,k)}$ 为三频组合载波相位观测值对应的频率和波长，$N^s_{(i,j,k),r}$ 为三频组合载波相位观测值对应的整周模糊度，$\beta_{(i,j,k)}$ 为三频组合观测值相对于 BDS 的 B1 频率或 GPS 的 L1 频率电离层延迟误差一阶项的电离层延迟因子，其

他符号与式(2.83)、式(2.84)和式(2.85)的含义相同。

一般认为 BDS 和 GPS 三个频率上的载波相位观测值精度相等,即

$$\sigma_{\varphi 1}=\sigma_{\varphi 2}=\sigma_{\varphi 3}=\sigma_{\varphi} \tag{2.88}$$

则由误差传播定律可以得到三频组合载波相位观测值的方差为

$$\sigma^2_{\phi_{(i,j,k)}}=\frac{(i\cdot f_1)^2\cdot\sigma^2_{\phi 1}+(j\cdot f_2)^2\cdot\sigma^2_{\phi 2}+(k\cdot f_3)^2\cdot\sigma^2_{\phi 3}}{(i\cdot f_1+j\cdot f_2+k\cdot f_3)^2}=\mu^2_{(i,j,k)}\cdot\sigma^2_{\phi} \tag{2.89}$$

其中

$$\mu^2_{(i,j,k)}=\frac{(i\cdot f_1)^2+(j\cdot f_2)^2+(k\cdot f_3)^2}{(i\cdot f_1+j\cdot f_2+k\cdot f_3)^2}$$

式中,$\mu_{(i,j,k)}$ 为三频组合载波相位观测值观测噪声的系数因子。而对于伪距观测值,若以 BDS 为例,考虑到 BDS 的 B3 频率上的码速高于 B1 和 B2 频率上的码速,因此 P_3 精度高于 P_1 和 P_2,即

$$\sigma_{P1}=\sigma_{P2}=\sigma_P \tag{2.90}$$

$$\sigma_{P3}=n\cdot\sigma_P \tag{2.91}$$

则由误差传播定律可以得到三频组合伪距相位观测值的方差为

$$\sigma^2_{P_{(i,j,k)}}=\frac{(i\cdot f_1)^2\cdot\sigma^2_{P1}+(j\cdot f_2)^2\cdot\sigma^2_{P2}+(k\cdot f_3)^2\cdot\sigma^2_{P3}}{(i\cdot f_1+j\cdot f_2+k\cdot f_3)^2}=\mu^2_{(i,j,k),P}\cdot\sigma^2_P \tag{2.92}$$

其中

$$\mu^2_{(i,j,k),P}=\frac{(i\cdot f_1)^2+(j\cdot f_2)^2+(k\cdot n\cdot f_3)^2}{(i\cdot f_1+j\cdot f_2+k\cdot f_3)^2}$$

式中,n 为小于 1 的实数因子,对于 BDS 和 GPS,一般取 0.2;$\mu^2_{(i,j,k),P}$ 为三频组合伪距观测值观测噪声的系数因子。

利用 BDS 和 GPS 三个频率的载波相位观测值进行组合,可以得到一系列具有较长波长的宽巷和超宽巷组合观测值。表 2.1 和表 2.2 分别给出了 BDS 和 GPS 常用的超宽巷和宽巷组合观测值的系数、波长、电离层延迟因子和组合观测值的观测噪声的系数因子特性。

表 2.1 BDS 超宽巷和宽巷组合

(i,j,k)	λ/m	$\beta_{(i,j,k)}$	$\mu_{(i,j,k)}$	$\mu_{(i,j,k),P}$
(1,0,0)	0.192 0	1	1	1
(0,1,0)	0.248 3	1.672 4	1	1
(0,0,1)	0.236 3	1.514 7	1	0.2
(1,−1,0)	0.847 0	−1.293 2	5.58	5.58
(1,0,−1)	1.024 7	−1.230 6	6.88	5.40
(0,−1,1)	4.884 2	−1.591 5	28.53	20.10

表 2.2　GPS 超宽巷和宽巷组合

(i,j,k)	λ/m	$\beta_{(i,j,k)}$	$\mu_{(i,j,k)}$	$\mu_{(i,j,k),P}$
(1,0,0)	0.190 3	1	1	1
(0,1,0)	0.244 2	1.646 9	1	1
(0,0,1)	0.254 8	1.793 3	1	0.2
(1,−1,0)	0.861 9	−1.283 3	5.74	5.74
(1,0,−1)	0.751 4	−1.339 1	4.93	3.99
(0,−1,1)	5.861 0	−1.718 6	33.24	24.44

BDS 的 B2、B3 频率的超宽巷组合观测值对应的波长约为 4.884 2 m，其电离层延迟误差的影响是 B1 频率电离层延迟误差的 1.591 5 倍；B1、B2 和 B1、B3 频率的宽巷组合观测值对应的波长约为 0.847 0 m 和 1.024 7 m，二者的电离层延迟误差影响较接近，其载波相位和伪距组合观测值的观测噪声小于 B2、B3 超宽巷组合观测值的观测噪声。GPS 的 L2、L5 频率的超宽巷组合观测值对应的波长约为 5.861 0 m，其电离层延迟误差的影响约是 B1 频率电离层延迟误差的 1.7 倍；L1、L2 和 L1、L5 频率的宽巷组合观测值对应的波长约为 0.861 9 m 和 0.751 4 m，其载波相位和伪距组合观测值的观测噪声小于 B2、B3 超宽巷组合观测值的观测噪声。

载波相位观测值与伪距观测值进行线性组合之后可以得到 MW（Melbourne-Wübbena）组合观测值，现以 BDS 的 B1 和 B2 频率或 GPS 的 L1 和 L2 频率的伪距观测值和载波相位观测值为例计算

$$MW_r^s=\frac{c\cdot\varphi_{1,r}^s-c\cdot\varphi_{2,r}^s}{f_1-f_2}-\frac{f_1\cdot P_{1,r}^s+f_2\cdot P_{2,r}^s}{f_1+f_2} \tag{2.93}$$

$$N_{12,r}^s=\frac{(f_1-f_2)\cdot MW_r^s}{c} \tag{2.94}$$

式中，上标 s 为卫星编号，下标 r 为接收机设备编号，下标 1 和 2 为组合观测值频率系数，MW 为 MW 组合观测值，N_{12} 为宽巷观测值的整周模糊度，P 为以米为单位的伪距观测值，φ 为以周为单位的载波相位观测值，f 为载波相位的频率，c 为真空中的光速。

式（2.93）中卫星钟差和接收机钟差、大气延迟误差、卫星轨道误差和站星间几何距离得到了有效的消除，宽巷观测值的整周模糊度只受观测噪声的影响，适合进行长距离参考站间载波相位整周模糊度的解算。由于 MW 组合的特殊性，式（2.93）和式（2.94）已被用于载波相位整周模糊度解算和周跳修正等算法。

第3章　基于非差观测模型的BDS/GNSS网络RTK中的定位误差

本章深入分析了基于非差观测模型的BDS/GNSS网络RTK定位中的各种观测误差、误差处理方法及BDS/GNSS数据处理中常用的误差计算模型，并对BDS/GNSS的轨道误差、区域大气延迟误差的特性和处理方法进行了深入的研究。

BDS/GNSS卫星发射的信号传播到用户接收机设备过程中会受到诸多误差的影响，这些误差严重影响着BDS/GNSS的测码伪距和载波相位观测值，无法获得高精度的定位结果。误差按照来源大体可分为三类：一类是与卫星有关的误差，一类是与信号传播有关的误差，还有一类是与接收机和测站有关的误差。

3.1　与卫星有关的误差

BDS/GNSS卫星在中高轨道运行，由于受地球重力场的影响，增加了卫星运行轨道的精确模型化难度。同时因为卫星工作环境与地面不同，以及卫星的硬件设备特别是卫星钟和卫星天线会存在硬件上的误差，都会影响到卫星信号的播发和卫星位置的确定，从而产生与卫星相关的误差。与卫星有关的误差主要包括卫星钟差、卫星轨道误差、相对论效应误差、卫星天线相位中心偏差及变化和天线相位缠绕。

3.1.1　卫星钟差

卫星钟差是卫星钟频率漂移引起的卫星钟时间与GNSS标准时之间的差值。各GNSS系统都具有地面监控站，地面监控站通过对GNSS卫星的观测，可计算出卫星钟差，然后使用多项式模拟出卫星钟的变化。

利用模拟卫星钟差变化的多项式，用户就可以将有偏差的卫星钟时间改正为正确的GNSS系统时间。其中二项式的计算公式为

$$t = t_s - \Delta t_s \tag{3.1}$$

$$\Delta t_s = a_0 - a_1 \cdot (t - t_{oe}) + a_2 \cdot (t - t_{oe})^2 \tag{3.2}$$

式中，t为卫星信号发射时刻的BDS或GPS时间，单位为秒；t_s为卫星信号发射时刻的卫星码相位时间，单位为秒；Δt_s为卫星钟时间相对于BDS或GPS时间的偏差，单位为秒；t_{oe}为由星历提供的数据基准时间；a_0、a_1和a_2为由星历提供的

卫星钟差改正参数。

需要注意的是在计算 $t-t_{oe}$ 时，由于BDS和GPS通常使用周和周内秒进行时间表示，BDS和GPS的时间间隔一周即604 800 s，所以在计算系统时间时，如果 $t-t_{oe}>302\ 400$ s，则 t 应减去604 800 s；如果 $t-t_{oe}<-302\ 400$ s，则 t 应加上604 800 s。

常规的双差模式的网络RTK定位中，卫星钟差可以通过参考站与流动站间双差组合进行消除。而基于非差观测模型的网络RTK定位，由于在参考站与流动站之间没有进行双差组合，卫星钟差对观测值的影响无法得到消除。本书的处理方法是流动站直接利用非差观测模型计算的包含卫星钟差的非差误差信息，将观测值中的卫星钟差消除。

3.1.2 卫星轨道误差

卫星星历中的卫星轨道信息是BDS和GPS定位中的重要起算数据。卫星轨道误差的大小取决于轨道计算的数学模型、所用的软件、所使用的跟踪网规模、跟踪站的分布及跟踪站数据观测时间的长短。

BDS由地球静止轨道(geostationary earth orbit，GEO)卫星、倾斜地球同步轨道(inclined geo-synchronous orbit，IGSO)卫星和中圆地球轨道(medium earth orbit，MEO)卫星组成。GEO卫星轨道高度为35 786 km，轨道倾角分别为58.75°、80°、110.5°、140°和160°；IGSO卫星轨道高度为35 786 km，轨道倾角为55°；MEO卫星轨道高度为21 528 km，轨道倾角为55°。而GPS仅由中圆地球轨道(MEO)卫星组成，GPS卫星的轨道高度为20 200 km，轨道倾角为55°。目前，BDS广播星历卫星轨道的精度为3～5 m，事后精密星历卫星轨道的精度优于10 cm，BDS的IGSO卫星和MEO卫星的卫星轨道精度高于GEO卫星，这主要是由于GEO卫星相对于地面跟踪网几何变化较小、几何构型较差导致的。GPS广播星历卫星轨道的精度为1～2 m，事后精密星历卫星轨道的精度为3～5 cm。BDS的跟踪网规模、分布及数量不及GPS，因此BDS卫星轨道的精度低于GPS卫星轨道的精度。2015年8月9日，第18、19颗北斗导航卫星首次实现星间链路，标志着我国成功验证了全球导航卫星星座自主运行的核心技术，星间链路将实现BDS自主导航，提高测定轨道和授时精度，并减少对地面布站的依赖，BDS的卫星轨道精度将会得到进一步的提高。

在BDS/GNSS网络RTK定位当中，卫星轨道误差的影响与测站之间距离有关。可将含有卫星轨道误差的几何距离计算值表示为 ρ，无轨道偏差的几何距离计算值表示为 ρ'，Ref_A 是已知精确坐标的参考站位置点，U 为流动站用户位置点，S 为卫星位置点，$\Delta\vec{\boldsymbol{X}}_A$ 为 Ref_A 和 U 的距离向量。设 $\boldsymbol{\xi}$ 为卫星轨道误差在流动站到卫星方向上的误差分量，垂直于该方向的轨道误差分量为 $\vec{\boldsymbol{\eta}}$。$\vec{\boldsymbol{\eta}}$ 又可以分解为垂直分量$\vec{\boldsymbol{\eta}}_1$和垂直于分量$\vec{\boldsymbol{\eta}}_1$的分量$\vec{\boldsymbol{\eta}}_2$,平面$O$为参考站、流动站及卫星$S$三点所确定的平面,图 3.1 给出了卫星轨道误差与距离的关系。

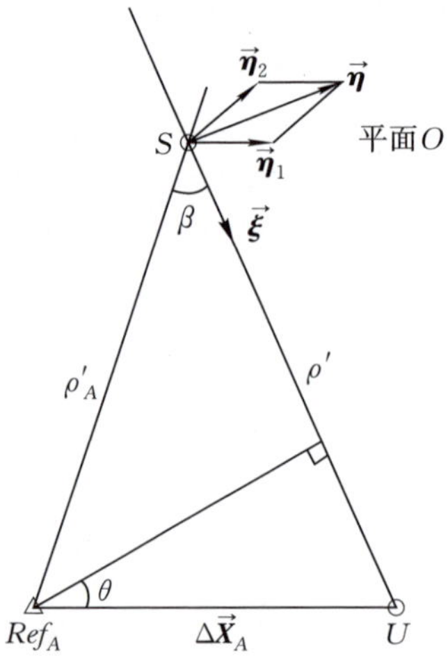

图 3.1 卫星轨道误差与距离的关系

卫星轨道误差对Ref_A和U的卫星到接收机几何距离的影响分别为

$$\left.\begin{aligned}&\Delta\rho_A=\rho'_A-\rho_A=|\vec{\boldsymbol{\xi}}|\cdot\cos\beta-|\vec{\boldsymbol{\eta}}_1|\cdot\sin\beta\\&\Delta\rho=\rho'-\rho=|\vec{\boldsymbol{\xi}}|\end{aligned}\right\}\tag{3.3}$$

进一步可以得到卫星轨道误差与距离的关系为

$$\left.\begin{aligned}&\rho'_A\cdot\sin\beta=|\Delta\vec{\boldsymbol{X}}_A|\cos\theta\\&d\rho_A-d\rho=-|\vec{\boldsymbol{\xi}}|\cdot(1-\cos\beta)-\frac{1}{\rho'_A}|\vec{\boldsymbol{\eta}}_1|\cdot|\Delta\vec{\boldsymbol{X}}_A|\cdot\cos\theta\end{aligned}\right\}\tag{3.4}$$

式中,ρ_A为ρ'_A的近似值,$\vec{\boldsymbol{\eta}}_2$和$\Delta\vec{\boldsymbol{X}}_A$互相垂直。若参考站$Ref_A$和流动站$U$的站间距为$\Delta\vec{\boldsymbol{X}}_A=150\ \text{km}$,则有$\beta\approx\dfrac{150}{\rho_0}$,$\rho_0$为卫星轨道高度。

BDS 由 GEO、IGSO 和 MEO 卫星组成,GPS 由 MEO 卫星组成,不同系统、不同类型卫星的卫星轨道高度不同,详细情况如式(3.5)所示,即

$$\left.\begin{aligned}&\rho_0=35\ 786,\text{BDS GEO/IGSO}\\&\rho_0=21\ 528,\text{BDS MEO}\\&\rho_0=20\ 200,\text{GPS}\end{aligned}\right\}\tag{3.5}$$

将式(3.5)代入$\beta\approx\dfrac{150}{\rho_0}$中可以得到

$$\left.\begin{aligned}&\beta\approx0.004\ 2,\text{BDS GEO/IGSO}\\&\beta\approx0.007\ 0,\text{BDS MEO}\\&\beta\approx0.007\ 4,\text{GPS}\end{aligned}\right\}\tag{3.6}$$

将式(3.6)代入式(3.4)第二等式的首项可以得到

$$\left.\begin{aligned}&|\vec{\boldsymbol{\xi}}|(1-\cos\beta)<10.0\times10^{-6}|\vec{\boldsymbol{\xi}}|,\text{BDS GEO/IGSO}\\&|\vec{\boldsymbol{\xi}}|(1-\cos\beta)<3.0\times10^{-5}|\vec{\boldsymbol{\xi}}|,\text{BDS MEO}\\&|\vec{\boldsymbol{\xi}}|(1-\cos\beta)<3.0\times10^{-5}|\vec{\boldsymbol{\xi}}|,\text{GPS}\end{aligned}\right\}\tag{3.7}$$

目前,BDS 广播星历卫星轨道的精度为 3～5 m,GPS 广播星历卫星轨道的精度为 1～2 m。以 BDS 三类卫星中轨道精度较差的 GEO 卫星为例,如果 BDS 的 GEO 卫星到接收机方向的轨道误差为 5 m,参考站与流动站间距为 150 km,则式(3.4)中第一项对两个站间单差观测值的影响不足 0.05 mm;如果 GPS 的卫星到接收机方向的轨道误差为 2 m,则式(3.4)中第一项对两个站间单差观测值的影响不足 0.06 mm,由于此项误差影响较小,可以忽略不计。同样的条件下,第二项中,对于 BDS 的 GEO 卫星和 GPS 卫星,该误差对间距 150 km 的参考站与流动站单差观测值的最大影响,取最大值操作符 max 且使 $\cos\theta<1$,式(3.4)第二等式的尾项可以简化为

$$\left.\begin{aligned}\max\left(\frac{1}{\rho_A}\cdot|\vec{\boldsymbol{\eta}}_1|\cdot|\Delta\vec{\boldsymbol{X}}_A|\cdot\cos\theta\right)&=\frac{1}{35\,786\text{ km}}\cdot5\text{ m}\cdot150\text{ km}\\&\approx0.021\text{ m},\ \text{BDS GEO/IGSO}\\\max\left(\frac{1}{\rho_A}\cdot|\vec{\boldsymbol{\eta}}_1|\cdot|\Delta\vec{\boldsymbol{X}}_A|\cdot\cos\theta\right)&=\frac{1}{21\,528\text{ km}}\cdot5\text{ m}\cdot150\text{ km}\\&\approx0.035\text{ m},\ \text{BDS MEO}\\\max\left(\frac{1}{\rho_A}\cdot|\vec{\boldsymbol{\eta}}_1|\cdot|\Delta\vec{\boldsymbol{X}}_A|\cdot\cos\theta\right)&=\frac{1}{20\,200\text{ km}}\cdot5\text{ m}\cdot150\text{ km}\\&\approx0.037\text{ m},\ \text{GPS}\end{aligned}\right\}\tag{3.8}$$

由式(3.8)可知,若使用广播星历,卫星轨道误差对 150 km 站间距的单差观测值的最大影响约为 0.02 m。对于 BDS/GNSS 观测数据,BDS 载波相位中 B1 载波相位的波长约为 0.19 m,B2 载波相位的波长约为 0.25 m,B3 载波相位的波长约为 0.24 m,B1、B2 宽巷组合载波相位的波长约为 0.84 m;GPS 载波相位中 L1 载波相位的波长约为 0.19 m,L2 载波相位的波长约为 0.24 m,L5 载波相位的波长约为 0.25 m,L1、L2 宽巷组合载波相位的波长约为 0.86 m。由于 BDS 和 GPS 原始频率、宽巷及超宽巷组合载波相位观测值的波长的一半小于广播星历的误差,而且在站间单差的基础上继续进行星间互差,卫星轨道误差将得到进一步削弱。式(3.8)中虽然给出了 GPS 卫星的轨道误差大于 BDS 卫星的轨道误差,但实际上,GPS 卫星轨道精度远优于 5 m。因此广播星历的卫星轨道误差不会影响参考站载波相位整周模糊度的解算。因此,一般在 BDS/GNSS 网络 RTK 系统的参考站之间距离小于 150 km 的时候,直接用广播星历就可以满足解算参考站间整周模糊度的要求。同时从式(3.4)、式(3.5)和式(3.6)可知,在一定区域范围的

BDS/GNSS 网络 RTK 系统可以利用广播星历提供的卫星轨道进行参考站间载波相位整周模糊度的确定。

卫星轨道误差对网络 RTK 定位精度的影响程度与流动站用户和参考站间的距离相关。如果同时使用多个参考站，流动站与参考站单差观测值的轨道误差可以通过一个特定的线性组合来消除和削弱。由于通信设备的限制，流动站用户一般不能同时得到多个参考站的观测数据，因此线性组合法很难应用。可用适当的误差改正模型计算出与距离相关误差的改正数，其中含有卫星轨道误差改正数，进而能够削弱用户的卫星轨道误差。网络 RTK 定位中多采用模型改正的方法处理卫星轨道误差，也可以用简单的内插方法，例如综合误差内插法，将卫星轨道误差包含在综合误差中，直接用内插方法计算和改正流动站的卫星轨道误差。在基于非差观测模型 BDS/GNSS 网络 RTK 算法中，可以利用非差观测模型计算观测值包含卫星轨道误差的非差误差，然后利用误差内插方法可得到流动站非差观测误差，并进行流动站卫星轨道误差的改正。

3.1.3 相对论效应

相对论效应是由于卫星钟和接收机钟所处运动速度和重力位不同而引起的卫星钟和接收机钟之间产生相对时延误差现象。卫星信号受到广义相对论效应影响，即多普勒频移和引力频移两部分。以 GPS 为例，因为 GPS 卫星振荡器的频率(10.23 MHz)是可以控制的，可以比标准频率慢一些(慢 0.004 5 MHz)。所以可将卫星钟频率人为地减小约 0.004 5 MHz 以消除相对论效应影响。这样，修正了相对论效应影响的常数部分。但由于地球的运动、卫星轨道高度等影响因素不断变化，经调整卫星钟频率以改正相对论效应后，仍然有一些相对论效应的残余影响。这些残余影响是微小常数项及周期项部分，常数项包含在卫星钟漂参数中，由周期项的影响而引起的距离改正为 δ_{rel}，即

$$\delta_{\text{rel}} = -\frac{2\sqrt{aGM}}{c} e \sin E \tag{3.9}$$

式中，a 为卫星轨道长半轴，GM 为万有引力系数，E 和 e 分别为卫星轨道的偏近点角和偏心率，c 为光速。

也可采用下面等价公式改正，即

$$\delta_{\text{rel}} = -\frac{2\boldsymbol{X}_s \dot{\boldsymbol{X}}_s}{c} \tag{3.10}$$

式中，$\boldsymbol{X}_s$ 为卫星的位置向量，$\dot{\boldsymbol{X}}_s$ 为卫星的速度向量。

3.1.4 卫星天线相位中心偏差及其变化

BDS/GNSS 定位过程中使用的测码伪距和载波相位观测是相对于卫星和测

站接收机的天线相位中心计算得到的，利用轨道产品计算出的卫星坐标是相对于卫星质心的，因此为了获得高精度的定位结果需要针对天线相位中心和卫星质心不一致的情况进行误差处理。卫星天线的质心与相位中心之间的不符值为卫星的天线相位中心偏差（phase center offset，PCO），卫星天线的瞬时相位中心和平均相位中心之间的不符值为卫星的天线相位中心变化（phase center variation，PCV）。

目前，GPS 的天线相位中心改正模型较为完善。从 2006 年 11 月 5 日开始，IGS 采用新的 GPS 卫星 igs05 天线相位中心改正模型，卫星的天线相位中心偏差改正也由相对模型转变为绝对模式，在进行卫星的天线相位中心偏差改正时，卫星的天线相位中心偏差产品的选取需要与精密轨道产品一致。IGS 的 igs05 天线相位中心改正模型以 1°为梯度依次给出了 0°至 14°各颗 GPS 卫星对应天顶的天线相位中心变化值，用户根据此信息可计算出对应的卫星的天线相位中心变化值。

由于 BDS 刚刚建立，BDS 卫星的天线相位中心偏差和卫星的天线相位中心变化改正模型没有 GPS 成熟。BDS 的天线相位中心改正策略一般有如下两种：第一种为多模 GNSS 实验工程（multi-GNSS experment，MGEX）和硬件制造商只利用经验值改正卫星的天线相位中心偏差；第二种为欧洲空间局（European Space Agency，ESA）采用 MGEX 监测网络 BDS 跟踪站的三频观测数据，利用 B1-B2 和 B1-B3 无电离层组合观测值进行解算，得到 BDS 的 IGSO 卫星和 MEO 卫星的天线相位中心偏差和天线相位中心变化改正值。

对于基于非差观测模型 BDS/GNSS 网络 RTK 定位而言，通过参考站和流动站差分改正之后，卫星天线相位中心偏差和卫星天线相位中心变化的残差影响可以忽略不计。

3.1.5 天线相位缠绕

BDS 卫星发射的信号为右旋圆极化（RHCP）的电磁波，GPS 卫星发射的信号为右旋极化（RCP）的电磁波，卫星或接收机的天线绕中心轴的旋转会造成载波相位观测值大小的改变，其改变值的大小同卫星发射信号的天线和接收机接收信号的天线方位有关系。由于卫星天线或接收机天线的旋转运动而引起相位观测值变化，这种现象称为相位缠绕。

相位缠绕的改正模型为

$$\delta\phi = \mathrm{sign}(\boldsymbol{\zeta})\cos^{-1}(\boldsymbol{D}'\cdot\boldsymbol{D}/(|\boldsymbol{D}'||\boldsymbol{D}|)) \tag{3.11}$$

其中

$$\boldsymbol{\zeta} = \boldsymbol{k}(\boldsymbol{D}'\times\boldsymbol{D})$$

$$\boldsymbol{D}' = \bar{\boldsymbol{x}}' - \bar{\boldsymbol{k}}(\bar{\boldsymbol{k}}\cdot\bar{\boldsymbol{x}}') - \bar{\boldsymbol{k}}\times\bar{\boldsymbol{y}}'$$

$$\boldsymbol{D} = \bar{\boldsymbol{x}} - \bar{\boldsymbol{k}}(\bar{\boldsymbol{k}}\cdot\bar{\boldsymbol{x}}) - \bar{\boldsymbol{k}}\times\boldsymbol{y}$$

式中，sign(•)为符号运算符，$(\bar{x}',\bar{y}',\bar{z}')$为星固坐标系下的单位向量，$(\bar{x},\bar{y},\bar{z})$为测站坐标系下的单位向量，$\bar{k}$为卫星到接收机的单位向量。

Wu 等(1993)研究发现，相位缠绕对于短基线相对定位的影响可以忽略不计，但当基线相距 4 300 km 时，相位缠绕的影响最大可达到 4 cm。对网络 RTK 定位而言，参考站与参考站之间、参考站与流动站之间的距离远没有超过 1 000 km，因此，相位缠绕的影响可以不予考虑。

3.2 与信号传播有关的误差

BDS/GNSS 的卫星信号是一种电磁波信号，BDS/GNSS 卫星信号在真空中的传播速度为光速，当前所采用的光速为 $2.997\,924\,58\times10^8$ m/s。但卫星信号由卫星传播至用户接收机的传播空间并非真空，在卫星信号传播过程中充满着以大气为介质的空间。卫星信号要到达地球表面的用户接收机，需要穿过地球表面的大气层，这个大气层中包括了自由电子组成的电离层和对卫星信号影响呈中性的对流层和平流层，大气层使在其中传播的卫星信号的传播方向、速度和强度发生变化，从而使卫星信号传播的过程与真空中传播的过程不同，产生卫星信号传播过程中的误差。由于接收机周围环境的影响，卫星信号在到达接收机之前可能会受到地表等其他物体反射再与卫星信号叠加被接收机接收，这样也会产生一定的误差影响。

对卫星信号传播影响较大的大气层主要是高度在 50 km 以上的由自由电子组成的电离层和高度在 50 km 以下的中性大气层。卫星信号依次经过电离层和中性大气层，其传播速度会发生变化，传播路径也产生了弯曲，严重影响着观测值，因此在高精度定位过程中需要进行大气延迟误差处理。

3.2.1 电离层延迟误差

电离层大气中的大量自由电子使卫星信号在其中传播时产生延迟。卫星信号中载波为单一频率电磁波，电离层对其产生相延迟；伪距码为多种频率波的叠加，电离层对其产生群延迟。电离层的活动受到太阳黑子数的强烈影响。太阳耀斑是太阳庞大的爆炸性的能量释放，它的快速增长和旋转，最有可能产生太阳黑子。太阳黑子的数量和变化量大致以 11 年为一个周期。电离层一般指高度在 50 km 以上的大气层。电离层中的物质受到太阳紫外线及其他射线的照射，使电离层中的物质以离子和自由电子的形式存在。BDS/GNSS 的卫星信号在通过电离层过程中，电离层将使卫星信号发生折射，信号传播速度和传播路径均发生变化。电离层对 BDS/GNSS 卫星信号的影响与信号传播路径上的电子密度和卫星信号的频率有关。电离层将使经过的测码伪距观测值产生群延迟，使测码伪距观测值的传播速度变慢，电离层将使经过的载波相位观测值产生相位延迟，使载波相位观测值传播速度加快。大气延迟误差对 BDS/GNSS 的观测值影响较大，因此在 BDS/GNSS 高精度定位过程中必须要进行电离层延迟误差处理。

电离层延迟误差对 BDS/GNSS 的测码伪距观测值和载波相位观测值的影响分别为

$$\delta_P = \frac{40.3}{f^2} TEC \tag{3.12}$$

$$\delta_\phi = -\frac{40.3}{f^2} TEC \tag{3.13}$$

式中，下标 P 和 ϕ 分别表示测码伪距和载波相位观测值，f 为载波相位观测值的频率，TEC 为卫星信号沿传播方向上的总电子含量。式(3.12)和式(3.13)只顾及了 f^2 项电离层延迟误差的影响，电离层延迟误差造成的路径弯曲已被忽略。电离层延迟误差的影响是 BDS/GNSS 定位误差中影响最大的误差源之一，不仅误差值比较大，而且变化比较复杂，没有模型能够很好地描述它。电离层延迟对不同频率的卫星信号带来的误差影响是不同的，并且电离层延迟误差具有空间相关性，因此，可以通过对观测值双差组合的差分方法进行消除或削弱。不过在双差观测值中仍然会存在双差电离层延迟误差的残差影响，其残差影响与两个测站间的距离有关。在 BDS/GNSS 差分定位当中，如果测站与参考站间距离过长，电离层延迟误差的残差就会较大。除了利用观测值差分组合的方法减弱电离层延迟误差之外，还可通过电离层模型对电离层延迟误差加以改正，常用的模型如下所述。

1. 单层电离层模型

单层电离层模型是假设大气层所有活跃电子都集中在一个固定的单层，一般选择为高度在 350 km 的大气层，并且天顶电离层延迟误差大小与总的电子含量成比例。单层电离层模型可以表示为以地磁纬度和太阳入射角为参数的二维天顶电离层延迟多项式模型，在实际应用中，大多采用二阶多项式。单层电离层模型只能消除 50%左右的电离层延迟误差，对于突变的、较大的电离层延迟误差非常有效，但是无法模型化短期的局部电离层扰动。

2. 卫星对卫星和历元对历元的电离层模型

卫星对卫星和历元对历元的高精度电离层延迟误差改正模型作为一种电离层延迟误差的处理方法，很多学者都对其做了相应的研究(Webster et al，1992；Wanninger，1995；Han et al，1996)。该模型中用户的电离层延迟误差可以根据周围多个参考站电离层延迟误差内插得到。在模型建立过程中，需要计算穿刺点和 TEC 到 VTEC 的转换。在一定的区域内，可以简单地根据测站的平面位置，内插用户处的单差 TEC 值或双差 TEC 值。该模型一般首先要确定参考站的模糊度，然后计算相对于基准卫星和参考站的 TEC 值。但是这种模型只能向流动站用户提供单差或是双差的 TEC 计算结果，不能向用户提供非差电离层延迟误差改正数或是非差的 TEC 值。

3. 电离层模型改正

电离层模型改正中使用最广泛的是克罗布歇(Klobuchar)模型(Klobuchar, 1987)，该电离层延迟误差改正模型属于一种单层经验改正模型，将夜间所受的电离层延迟误差看成常数项，白天所受的电离层延迟误差利用与地方时有关的余弦函数进行模拟，因此 Klobuchar 模型由一个常数项和一个余弦函数组成，其具体形式为

$$T = D + A\cos\frac{2\pi(t-T)}{p} \tag{3.14}$$

其中

$$A = \sum_{n=0}^{3}\alpha_n\varphi^2$$

$$P = \sum_{n=0}^{3}\beta_n\varphi^2$$

$$D = 5\ \text{ns}$$

$$T = 14\ \text{h}$$

式中，A、P 分别为余弦函数的振幅和周期，D、T 分别为 Klobuchar 模型的常数项，α_n、β_n 为广播星历第四子帧提供的参数，φ 为传播路径与中心电离层穿刺点的地磁纬度，t 为电离层下点的地方时。一般认为这种模型只能改正 50%～60%的电离层延迟误差影响，因此，在网络 RTK 定位中处理电离层延迟误差时，该模型只能用来计算参考站电离层延迟误差的初值，以便于计算模糊度初值，进行参考站整周模糊度解算。

4. 双频线性组合改正

电离层延迟误差与载波相位观测值的频率有关系，因此电离层具有弥散特性。利用电离层延迟误差的弥散特性，可以进行双频线性组合改正消除电离层延迟误差一阶项。由式(2.24)可以得到 GPS 的 L1 频率和 L2 频率的载波相位观测值的简化观测方程为

$$\left.\begin{aligned}\varphi_1 &= \rho_1 - \frac{C}{f_1}\\ \varphi_2 &= \rho_2 - \frac{C}{f_2}\end{aligned}\right\} \tag{3.15}$$

式中，下标 1、2 表示频率，ρ 为卫星到接收机的真实几何距离连同与频率无关的观测误差的总和，f 为载波相位观测值的频率，C 为电离层延迟误差。

将式(3.15)中的 L1 频率和 L2 频率的载波相位观测值进行线性组合，组合系

数取为 a_1 和 a_2，则有双频载波相位线性组合观测值为

$$\begin{aligned}\varphi_{12} &= a_1\varphi_1 + a_2\varphi_2 \\ &= a_1\rho_1 + a_2\rho_2 - \left(\frac{a_1}{f_1} + \frac{a_2}{f_2}\right)C_I\end{aligned} \tag{3.16}$$

为了消除双频载波相位线性组合观测值受到的电离层延迟误差一阶项，组合系数 a_1 和 a_2 需要满足式(3.17)，即

$$\frac{a_1}{f_1} + \frac{a_2}{f_2} = 0 \tag{3.17}$$

满足式(3.17)的组合系数有无穷多组，通常选取如下组合系数来消除一阶项电离层延迟误差，即

$$\varphi_{12} = \frac{f_1^2}{f_1^2 - f_2^2}\varphi_1 - \frac{f_1 f_2}{f_1^2 - f_2^2}\varphi_2 \tag{3.18}$$

此外，新的模型和数学方法的引入，对于电离层延迟误差的研究与消除起了极大的促进作用。许多现代电离层延迟误差改正模型的建立一般都需要 CORS 网的支持，并且模型构建比较复杂，若应用于网络 RTK 定位中，则需要一个较长的时间来建立误差改正模型。BDS/GPS 网络 RTK 定位中，电离层模型改正不能完全消除参考站和流动站所受的电离层延迟误差，残余的电离层延迟误差影响着载波相位整周模糊度的确定，定位结果受到电离层延迟误差的干扰，双频线性组合改正虽然消除了电离层延迟误差的一阶项，但双频线性组合一方面放大了噪声，另一方面也打破了载波相位整周模糊度的整数特性。基于非差观测模型 BDS/GNSS 网络 RTK 定位中对参考站间电离层延迟误差的处理策略是将电离层延迟误差作为历元参数进行参数估计，并采用参数消去法对历元间的电离层延迟误差参数进行数据处理，以减弱电离层延迟误差对参考站间整周模糊度的影响，以便准确可靠地确定参考站间载波相位整周模糊度。对于流动站的电离层延迟误差，先计算出参考站观测值的非差误差改正数，其中包含有参考站上的电离层延迟误差，根据参考站观测值的非差误差改正数计算出流动站观测值的非差误差改正数，并进行流动站观测值的误差改正，同时能够消除或削弱流动站观测值的非差电离层延迟误差。也可在参考站整周模糊度单历元确定之后，分离出参考站的非差电离层延迟误差，然后建立区域非差电离层延迟误差改正模型，进行流动站非差电离层延迟误差改正数的计算和误差改正，实现流动站载波相位整周模糊度的准确解算。

3.2.2　对流层延迟误差

BDS/GNSS 的卫星信号在经过高度在 50 km 以下的大气层时会出现信号折射。这部分的大气层主要由对流层和平流层组成。由于卫星信号的折射主要发生在对流层部分，因此将信号在这部分的大气折射影响称为对流层延迟。以对流层

延迟误差为主的中性大气延迟误差是基于非差观测模型 BDS/GNSS 网络 RTK 定位中最大的误差源之一。中性大气延迟是由于中性大气层对电磁波的折射，而产生电磁波传播路径比几何距离长的现象。中性大气延迟误差主要受空气的温度、气压、湿度等因素的影响。中性大气延迟中 80%的信号延迟发生在对流层，因此，通常可称为对流层延迟，本书也将其称为对流层延迟。对流层大气对 15 GHz 以内的射电频率呈中性，信号传播产生非色散延迟。所以电磁波在对流层的传播时间只与对流层大气的折射率及电磁波传播方向有关，对流层延迟的影响与电磁波频率无关，对流层是由中性非发散物质组成，对流层延迟误差对测码伪距观测值和载波相位观测值的延迟影响相同。

对流层中折射率略大于 1，并随着高度的增加而逐渐减小，主要是因为大气密度随着高度增加而逐渐减小。由于对流层折射延迟的影响，在测站天顶方向(高度角为 90°)，BDS/GNSS 卫星信号的传播误差达到 2.5 m 左右，在高度角为 10°时延迟误差可达 20 m 左右。因此，在 BDS/GNSS 高精度实时动态定位中必须考虑对流层延迟误差的影响。

对流层延迟误差通常可表示为天顶方向对流层延迟误差和与高度角相关的投影函数的乘积。对流层延迟误差的 90%是由大气中干燥气体引起的，其余 10%是由水汽引起的。由该大气层中的干燥气体引起的延迟称为对流层干延迟干分量，由该大气层中的水汽引起的延迟称为对流层延迟湿分量，因此对流层延迟误差由对流层干延迟误差和对流层湿延迟误差组成。进一步将对流层延迟误差用一个映射函数、天顶对流层干延迟误差和天顶对流层湿延迟误差表示，即

$$d_{\mathrm{trop}} = d_{z,\mathrm{dry}} \cdot M_{\mathrm{dry}}(E) + d_{z,\mathrm{wet}} \cdot M_{\mathrm{wet}}(E) \tag{3.19}$$

式中，d_{trop} 为对流层延迟误差，$d_{z,\mathrm{dry}}$ 和 $d_{z,\mathrm{wet}}$ 分别为天顶对流层干延迟误差和天顶对流层湿延迟误差，$M_{\mathrm{dry}}(E)$ 和 $M_{\mathrm{wet}}(E)$ 分别为对应于天顶对流层干延迟误差和天顶对流层湿延迟误差的映射函数。

利用对流层延迟误差模型改正后，对流层延迟影响干分量部分的改正精度可以达到厘米级(唐卫明，2006)，而湿分量部分的残余影响还比较大。因此，在精密定位中，还需要将对流层延迟误差影响当作一个参数进行估计。

常见的对流层天顶延迟误差模型有霍普菲尔德(Hopfield)模型(Hopfield，1969)，萨斯塔莫伊宁(Saastamoinen)模型(Saastamoinen，1973)和布莱克(Block)模型(Block，1978)。如果能够提供比较准确的测站气象元素，Saastamoinen 模型和 Block 模型等都能对干分量做出比较好的改正。但由于水汽分布不均匀且随时间变化，所以对湿分量延迟改正精度较差。以上对流层延迟误差改正模型虽然在表达形式上不同，但用同一套气象数据求得的天顶对流层延迟之差一般很小，当高度角大于 30°时，用不同模型求得的对流层延迟误差相差几个毫米；高度角小于 15°时，求得的对流层延迟误差相差也可以到几个厘米，为对流层延迟误差的

0.1%～0.5%(刘基余,1993)。

有了天顶对流层延迟误差改正之后,利用与高度角相关的投影函数就可计算各 BDS/GNSS 卫星对流层延迟误差的初值。常用的投影函数有 Marini、CFA、MTT、GMF 函数等。各种映射函数的参数比较如表 3.1 所示。

表 3.1 各种映射函数的参数比较

映射函数模型	Marini	CFA	MTT	NMF	UNSW931	GMF
建立模型所使用数据的来源	指数模型	标准大气	探空气球	探空气球	标准大气	全球数值天气模型
大气层假设	平行平面层	平行平面层	平行平面层	平行平面层	球对称大气层	平行平面层
选用参数	常参数	地面气象参数	温度、测站地理位置	测站地理位置、观测日期	地面气象参数	测站地理位置、观测日期
参数列表	无	无	无	有	无	全球格网

对流层延迟误差的改正精度目前只能达到厘米级,主要是因为水汽在时间和空间上的随机变化。这种随机变化仅靠建立一种数学模型来精确地描述是非常困难的。目前在许多 BDS/GNSS 连续跟踪参考站上都安装了水汽辐射计,来精确测定对流层湿分量的变化。

对流层大气的空间状态很复杂,而实测气象参数如温度、压强、湿度等随高度的分布状况又是 GNSS 技术等空间科学研究工作中必不可少的资料。因此,研究人员根据大量高空探测的数据和理论,建立了一种特性随高度平均分布的最接近实际大气的大气模型,称为"标准大气"。美国 1976 年的标准大气(U.S. Standard Atmosphere,1976)表示了中等太阳活动期间,由地面到高空 1 000 km 高度的理想化、静态的中纬度平均大气结构,这个标准大气在 50 km 以下部分与国际标准化组织的标准大气相同,我国国家标准机构也规定取这个标准大气 30 km 以下部分作为国家标准。目前,许多的 GNSS 解算软件都使用了标准大气气象参数。

对流层延迟误差改正模型是假设大气是处于流体静力平衡状态下的理想气体而近似得到的,所以,利用改正模型不能很好地模拟实际的对流层延迟误差影响。在没有水汽辐射仪观测数据的情况下,提高对流层延迟误差模拟精度的主要方法是附加未知参数法(葛茂荣 等,1996)。主要的对流层延迟误差估计方法有单参数方法、多参数方法、随机游走法、分段线性方法等。

相比于电离层延迟误差,对流层延迟误差的变化比较平缓,因此可以很好地利用对流层延迟误差模型进行模拟,也可将天顶对流层延迟误差作为分段常数参数进行估计处理。

1. 对流层模型改正

Saastamoinen 模型是最常用的对流层延迟误差改正模型，其具体形式为

$$d_{\text{trop}}=\frac{0.002\,277\cdot P}{f(B,h)}+0.002\,277\cdot\frac{\left(0.05+\dfrac{1\,255}{T+273.15}\right)e}{f(B,h)} \tag{3.20}$$

其中

$$f(B,h)=1-0.002\,66\cos(2\cdot B)-0.000\,28\,h$$

式中，d_{trop} 为对流层延迟误差，P 为大气压，T 为绝对温度，e 为水气压，$f(B,h)$ 为与纬度 B 和高程 h 有关的函数。

2. 估计参数处理

对流层干延迟误差经过模型改正之后，残余的对流层湿延迟误差可以附加参数进行估计，由式(3.19)可以进一步得到测站 A、B 间卫星 p、q 经过双差组合之后的双差对流层湿分量延迟误差为

$$\Delta\nabla d_{\text{wet}\,AB}^{\;pq}=d_{z,\text{wet},A}\cdot(M_{\text{wet}\,A}^{\;p}(E)-M_{\text{wet}\,A}^{\;q}(E))-d_{z,\text{wet},B}\cdot(M_{\text{wet}\,B}^{\;p}(E)-M_{\text{wet}\,B}^{\;q}(E)) \tag{3.21}$$

从式(3.21)可以看出，在高精度定位数据处理时需要同时估计测站 A 和测站 B 的天顶对流层湿分量延迟，增加了未知参数的个数。当测站间的距离在一定范围时，投影函数值较接近，将导致方程病态，因此定义相对天顶对流层延迟(relative zenith tropospheric delay，RZTD)为

$$\begin{aligned}\Delta\nabla d_{\text{wet}\,AB}^{\;pq}&=d_{z,\text{wet},A}\cdot(M_{\text{wet}\,A}^{\;p}(E)-M_{\text{wet}\,A}^{\;q}(E))-d_{z,\text{wet},B}\cdot(M_{\text{wet}\,B}^{\;p}(E)-M_{\text{wet}\,B}^{\;q}(E))\\&=RZTD_{z,\text{wet},AB}\cdot(M_{\text{wet}\,A}^{\;p}(E)-M_{\text{wet}\,A}^{\;q}(E))+\\&\quad((M_{\text{wet}\,A}^{\;p}(E)-M_{\text{wet}\,A}^{\;q}(E))-(M_{\text{wet}\,B}^{\;p}(E)-M_{\text{wet}\,B}^{\;q}(E)))\cdot d_{z,\text{wet},B}\\&\approx RZTD_{z,\text{wet},AB}\cdot MF_{A}^{pq}\end{aligned} \tag{3.22}$$

其中

$$RZTD_{z,\text{wet},AB}=d_{z,\text{wet},A}-d_{z,\text{wet},B}$$

式中，MF_{A}^{pq} 为测站 A 上卫星 p、q 的星间投影函数之差，$RZTD_{z,\text{wet},AB}$ 为测站 A、B 间的相对天顶对流层湿分量延迟误差。式(3.22)右端第二个等式最后一项量级较小，可忽略，因此可以采用一个相对天顶对流层湿分量延迟参数估计所有可视卫星的双差对流层湿延迟误差，数据处理变得简单。

对于 BDS/GNSS 参考站间的对流层延迟误差，基于非差观测模型 BDS/GNSS 网络 RTK 定位中同时采用对流层模型改正和参数估计的方法进行误差处理，在对流层模型改正的基础上将相对天顶对流层湿分量延迟作为参数进行估计，实现参考站间载波相位整周模糊度与误差的分离。流动站的对流层延迟误差采用基于非差观测模型的方法进行消除和削弱，将对流层延迟误差对流动站载波相位整周模糊度的影响降到最低，实现模糊度与误差的有效分离，进而确定整周模糊

度，得到高精度的位置信息。

3.2.3　多路径效应

理想条件下，BDS/GNSS 的卫星信号会直接由卫星天线传播到接收机天线，这个过程所经过的距离是最短的，但若测站接收机天线附近存在反射物体，将会产生反射信号。反射物体产生的反射信号和卫星直接信号同时被测站接收机天线所接收，反射信号会对观测值产生一个附加的时延误差，这种影响称为多路径效应。多路径效应误差影响了观测值的精度，严重时会导致测站接收机无法接收到卫星信号，出现信号失锁的情况。因此，多路径效应误差在 BDS/GNSS 高精度定位中必须加以考虑。

多路径效应误差可以通过多路径效应的周期性和双频观测值线性组合法探测处理，但解决多路径效应误差最有效的办法是回避法，例如让测站接收机选择合适的站址，远离高大建筑物、水面等信号反射物，同时使用抑径板或抑径圈。在 BDS/GNSS 网络 RTK 定位过程中，参考站一般都在比较开阔的地方进行架站，同时使用了配备抑径板或抑径圈的接收机天线，有效减小多路径效应误差的影响。

3.3　与接收机和测站有关的误差

用于基于非差观测模型 BDS/GNSS 网络 RTK 定位的 BDS 和 GNSS 接收机，本身存在的硬问题及测站周围的环境都会影响到卫星信号的接收，从而使观测到的卫星信号产生与接收机硬件和观测环境相关的误差。与接收机和测站有关的误差主要包括接收机钟差、地球自转、地球固体潮、大洋负荷潮和接收机天线相位中心偏差。

3.3.1　接收机钟差

接收机内的时标晶体振荡器的频率漂移引起的接收机钟时间与 BDS/GNSS 的标准时之间的差值称为接收机钟差。接收机一般采用稳定度不高的石英钟，因此接收机钟差对 BDS/GNSS 观测值的影响较大，严重影响着定位精度。如果对接收机钟差的精度要求不高，可利用伪距单点定位计算得到测站坐标和接收机钟差，或使用伪距观测值直接计算，即

$$t_r = \frac{\sum_{i=1}^{n}(P_i - \rho_i)}{n \cdot c} \tag{3.23}$$

式中，n 是卫星数，其他符号含义与式(2.22)中的符号含义相同。以上两种方法得到的接收机钟差精度不高，若对精度要求较高，可以利用精度较高的载波相位观测

值计算接收机钟差。

接收机钟差一般采用 BDS/GNSS 标准定位确定，求出的接收机钟差估计精度优于 10^{-6} s，这种方法计算出的接收机钟差精度有限。在 BDS/GNSS 网络 RTK 参考站间载波相位整周模糊度解算过程中接收机钟差可以通过站星间双差组合进行消除，在 PPP 中通常将接收机钟差作为历元参数与测站坐标和天顶对流层延迟误差等参数同时进行参数估计并进行求解。

3.3.2 地球自转

地固系是非惯性坐标系，随着地球的自转而旋转变化，BDS 和 GNSS 卫星信号发射时刻和接收机接收信号时刻所对应的地固系不同。因此，在地固系中计算卫星到接收机的几何距离时，由于卫星位置和接收机位置是两个不同时刻的位置矢量，而且两个时刻的地固系相对于惯性系是变化的，因此要考虑地球自转的影响。设用户的测站坐标为 (X_r, Y_r, Z_r)，卫星坐标为 (X_s, Y_s, Z_s)，$\bar{\omega}$ 为地球自转角速度，则由地球旋转引起的距离改正为（叶世榕，2002）

$$\Delta D_{\bar{\omega}} = \frac{\bar{\omega}}{c}\left[Y_s(X_r - X_s) - X_s(Y_r - Y_s)\right] \tag{3.24}$$

式中，$\bar{\omega}$ 为地球自转角速度，c 为真空中的光速，(X_s, Y_s, Z_s) 为卫星的位置，(X_r, Y_r, Z_r) 为测站接收机的位置。

若取 τ 为卫星信号传播到测站接收机的时间延迟，$\alpha = \bar{\omega}\tau$ 为地球自转导致的旋转角度，(X'_s, Y'_s, Z'_s) 为经过地球自转改正之后的卫星坐标，则卫星坐标的地球自转改正为

$$\begin{bmatrix} X'_s \\ Y'_s \\ Z'_s \end{bmatrix} = \begin{bmatrix} \cos\alpha & \sin\alpha & 0 \\ -\sin\alpha & \cos\alpha & 0 \\ 0 & 0 & 1 \end{bmatrix} \begin{bmatrix} X_s \\ Y_s \\ Z_s \end{bmatrix} \tag{3.25}$$

3.3.3 地球固体潮

固体潮现象是由于摄动天体（月亮，太阳）对弹性地球具有万有引力，地球表面出现周期性涨落变形的现象。固体潮主要由长期项位移和周期位移组成，其中长期项位移与纬度有关，周期位移包括日周期位移和半日周期位移。当 BDS/GNSS 参考站间距离小于 100 km 时，固体潮对两个参考站的影响几乎相同，因此可以忽略固体潮的影响（叶世榕，2002）。当参考站间距离较长的情况下，需要利用固体潮改正模型进行处理。固体潮对测站接收机位置影响的近似改正公式为

$$\Delta \boldsymbol{r} = \sum_{j=2}^{3} \frac{GM_j}{GM} \frac{r^4}{R_j^3} \left\{ \left[3 l_2 (\hat{\boldsymbol{R}}_j \cdot \hat{\boldsymbol{r}})\right] \hat{\boldsymbol{R}}_j + \left[3 \cdot \left(\frac{h_2}{2} - l_2\right) \cdot (\hat{\boldsymbol{R}}_j \cdot \hat{\boldsymbol{r}})^2 - \frac{h_2}{2}\right] \hat{\boldsymbol{r}} \right\} + (-0.025 \sin\phi \cos\phi \sin(\theta + \lambda)) \hat{\boldsymbol{r}} \tag{3.26}$$

式中，r 为地球半径；λ、ϕ 分别为测站接收机的经度和纬度；θ 为格林尼治平恒星时；$\hat{\boldsymbol{R}}_j$ 和 $\hat{\boldsymbol{r}}$ 分别为摄动天体和测站接收机在地心参考坐标系中的坐标向量；GM_j 为地球引力常数，其中 $j=2$ 表示月球，$j=3$ 表示太阳；l_2、h_2 分别为勒夫(Love)数和志田(Shida)数，其中 $l_2=0.085\,2$，$h_2=0.609\,0$。

3.3.4　大洋负荷潮

摄动天体(月亮，太阳)对地球具有引力作用，这种引力将使地球的海平面发生周期性涨落，这种现象被称为大洋负荷潮。大洋负荷潮对测站接收机的影响与测站接收机到海洋的距离有关系。PPP 单天解中，大洋负荷潮约为 5 cm(Heroux et al，2001)。当 BDS/GNSS 参考站远离海岸，二者距离在 1 000 km 以上时，大洋负荷潮对参考站的影响较小，因此可以忽略大洋负荷潮的影响。当 BDS/GNSS 参考站距离海岸较近时，需要考虑和消除大洋负荷潮的影响。大洋负荷潮的模型改正公式为

$$\Delta R_c = \sum_j f_j A_{cj} \cos(w_j \cdot t + \chi_j + u_j - \phi_{cj}) \tag{3.27}$$

式中，ΔR_c 为大洋负荷潮对测站接收机坐标 c 分量的影响($c=1,2,3$)，f_j 为 j 分量的比例因子，A_{cj} 为大洋负荷潮 j 分量对测站坐标 c 分量的影响的幅度($j=1,2,\cdots,11$)，w_j 为 j 分量的角速度，t 为时间参数，χ_j 为 j 分量的天文参数，u_j 为 j 分量的相位角偏差，ϕ_{cj} 为大洋负荷潮 j 分量对测站接收机坐标 c 分量影响的相位角。

3.3.5　接收机天线相位中心偏差

除了以上比较重要的与接收机和测站有关的误差外，还有接收机天线相位中心偏差和接收机相位中心变化偏差。

用户接收机在观测时，相位中心的瞬时位置与理论上的相位中心不同，就产生了接收机天线相位中心偏差，接收机的天线瞬时相位中心与平均相位中心之间的偏差称为接收机天线相位中心变化偏差。在 BDS 和 GNSS 高精度数据处理中，可根据天线生产厂家提供的参数进行修改，也可利用事先确定的改正模型来消除或削弱其影响。

第4章　BDS/GNSS网络RTK参考站整周模糊度解算

本章首先介绍常用的网络RTK参考站间整周模糊度解算方法，主要有参考站网载波相位整周模糊度实时解算方法(Dai et al,2003)、参考站间基线整周模糊度单历元搜索方法(高星伟 等,2002)、参考站整周模糊度确定三步法(唐卫明,2006)、长距离参考站整周模糊度单历元搜索方法(祝会忠 等,2012)、BDS参考站间三频宽巷和超宽巷整周模糊度解算方法(高旺 等,2015)和中距离参考站间整周模糊度单历元解算方法(祝会忠 等,2016)。最后，本章详细研究了BDS参考站间三频整周模糊度确定方法和GPS参考站双频整周模糊度确定方法，进一步研究了BDS/GNSS多频参考站整周模糊度确定方法。同时研究了一种长距离GPS网络RTK参考站低高度角卫星整周模糊度解算方法，以解决长距离参考站GPS低高度角卫星整周模糊度固定不准确的问题。此外，本章还研究了参考站网非差模糊度的单历元快速计算方法。

4.1　参考站整周模糊度解算方法

近年来，国内外许多学者对BDS和GPS网络RTK参考站整周模糊度的确定做了大量的研究工作，并取得了很多成果。下面对常用的BDS和GPS网络RTK参考站整周模糊度解算方法做简单的介绍。

4.1.1　GPS参考站网载波相位整周模糊度实时解算方法

为了保证参考站载波相位观测值的整周模糊度能够实时准确确定，该方法分为两个部分。第一部分是在参考站先前历元的载波相位整周模糊度固定之后，进行当前历元的参考站载波相位整周模糊度单历元解算。参考站先前历元的载波相位整周模糊度确定后，可实时计算与距离相关(主要是大气延迟误差和卫星轨道误差)的误差改正数，在短时间内，这些误差可以用与时间相关的线性函数来表示。大气延迟误差(对流层延迟误差和电离层延迟误差)和卫星轨道误差能够通过先前历元固定了整周模糊度的载波相位观测值计算出来，并可用于当前历元载波相位整周模糊度的准确确定。第二部分是新升起卫星整周模糊度和长时间失锁卫星整周模糊度的固定。利用各双差卫星对的大气延迟误差可以建立起与空间相关的大气延迟误差改正模型，因此，可使用已固定了整周模糊度卫星的大气延迟误差建立误差改正模型。然后估计新升起卫星的大气延迟误差改正数，并用于其载波相位整周模糊度的确定。

1. 当前历元的整周模糊度单历元解算

参考站一般设在比较开阔的地方，观测条件较好，可以忽略多路径效应的影响，以参考站 A、B 上卫星 p、q 为例，其双差载波相位观测方程为

$$\Delta\nabla\phi_{m,AB}^{pq}=\lambda_m\cdot\Delta\nabla\varphi_{m,AB}^{pq}=\Delta\nabla\rho_{AB}^{pq}-\lambda_m\cdot\Delta\nabla N_{m,AB}^{pq}+\Delta\nabla o_{AB}^{pq}+\Delta\nabla T_{AB}^{pq}-\Delta\nabla\kappa_{AB}^{pq}/f_m^2+\Delta\nabla\varepsilon'^{pq}_{\phi,m,AB} \tag{4.1}$$

式(4.1)中各项符号含义与双差观测方程式(2.37)中相同，其中的误差主要包括了大气延迟误差和卫星轨道误差，可以表示为

$$Bias=\lambda_m\cdot\Delta\nabla\varphi_{m,AB}^{pq}-\Delta\nabla\rho_{AB}^{pq}+\lambda_m\cdot\Delta\nabla N_{m,AB}^{pq} \tag{4.2}$$

在参考站网中，如果载波相位的整周模糊度已经确定，式(4.2)中的误差 $Bias$ 可以很容易计算出来。很多研究者对大气延迟误差和卫星轨道误差的模型化进行了研究，以改善卫星定位的精度，并证明了相邻历元的大气延迟误差和卫星轨道误差具有非常强的时间相关性。在较短的观测时间段内，利用式(4.2)计算出的大气延迟误差和卫星轨道误差可建立与时间相关的误差计算模型，并可以将该模型表示为与时间相关的线性函数。利用这种与时间相关的误差模型化方法可得到当前历元的大气延迟误差和卫星轨道误差，然后可解算当前历元的 L1、L2 载波相位整周模糊度或是组合观测值的整周模糊度。并且该方法可以在当前历元载波相位整周模糊度固定之前，进行周跳的探测和修复。但是，在先前历元的载波相位整周模糊度没有准确固定的情况下，按照式(4.2)计算出的误差会有很大的偏差。

2. 新升起卫星的整周模糊度实时解算

新升起卫星的高度角一般都比较低。低高度角卫星的观测值会包含比较大的大气延迟误差，即电离层延迟误差和对流层延迟误差。因此，要实时确定参考站网新升起卫星的整周模糊度是非常困难的。因为观测值中的大气延迟误差具有空间相关性，所以，在进行双差观测值组合之后可以建立双差大气延迟误差的空间相关误差计算模型。根据这种空间相关性，可以通过已经固定了整周模糊度的卫星的大气延迟误差构建误差计算模型，然后计算新升起卫星的大气延迟误差。

大气延迟误差包括电离层延迟误差和对流层延迟误差，首先处理电离层延迟误差。双差 L1、L2 载波相位整周模糊度准确固定以后，根据式(4.1)可计算出双差 L1、L2 载波相位观测值的电离层延迟误差。并可以使用一个方程式量化双差观测值间空间相关的电离层延迟误差。假设双差卫星与其参考卫星间的经纬度差越大，则双差观测值的电离层延迟误差就越大。那么双差电离层延迟误差的线性计算模型可以表示为

$$\Delta\nabla I_4=C_0+C_\lambda\cdot\Delta\lambda+C_\beta\cdot\Delta\beta \tag{4.3}$$

式中，C_0 是一个常系数，C_λ 和 C_β 是水平电离层延迟误差拟合参数，$\Delta\lambda$ 和 $\Delta\beta$ 是双

差卫星与其参考卫星的纬度差和经度差。电离层拟合参数 C_λ 和 C_β 可以吸收很大一部分空间相关的电离层延迟误差。可利用已计算出的双差载波相位观测值的电离层延迟误差，通过式(4.3)估计出电离层延迟误差的空间相关模型的系数。确定出式(4.3)中的各系数后，就可计算出新升起卫星的双差电离层延迟误差。

新升起卫星或是整周模糊度待定卫星的对流层延迟误差，可以利用参考站网计算出的对流层延迟误差计算得到。对流层延迟误差能够通过天顶对流层延迟误差和与高度角相关的投影函数计算出来，而天顶对流层延迟误差可以假设为一阶高斯-马尔可夫过程或是随机游走过程。由于参考站上的多路径效应可以忽略，对于已固定了整周模糊度的卫星，如果使用精密轨道(或是实时预报轨道)，再加上参考站的坐标准确已知，以及 L1 和 L2 载波相位的整周模糊度准确确定，可以根据式(4.1)消除电离层延迟误差计算出高精度的双差对流层延迟误差，通过双差对流层延迟误差能够估算出天顶对流层延迟误差。新升起卫星或整周模糊度待定卫星的对流层延迟误差，可根据与高度角相关的投影函数和天顶对流层延迟误差计算得到。综上所述，电离层延迟误差和对流层延迟误差模型化完成之后，就能够估算新升起卫星或整周模糊度待定卫星的电离层延迟误差和对流层延迟误差，然后利用计算出的大气延迟误差准确确定这些卫星的宽巷整周模糊度和窄巷整周模糊度。

这种参考站网载波相位整周模糊度实时解算方法是利用先前历元的大气延迟误差来实时确定参考站网当前历元的整周模糊度。所以，该方法不足之处是需要利用先前历元整周模糊度已经固定的条件。

4.1.2 GPS 参考站间基线整周模糊度单历元搜索方法

高星伟(2002)提出了网络 RTK 参考站间基线整周模糊度单历元搜索法。该方法的主要思想是不求解方程组，直接利用已知参考站坐标、为整数的整周模糊度和双频整周模糊度之间的线性关系这三个条件进行载波相位整周模糊度搜索。单历元整周模糊度搜索法主要分为三步：一是误差消除与计算，主要计算对流层延迟误差；二是载波相位模糊度备选值的选取；三是载波相位整周模糊度的确定。

1. 误差消除与计算

由双差观测方程式(2.37)，可得到参考站 A、B 上卫星 p、q 的 L1、L2 载波相位的双差观测方程为

$$\Delta\nabla\phi_{1,AB}^{pq}=\lambda_1\cdot\Delta\nabla\varphi_{1,AB}^{pq}=\Delta\nabla\rho_{AB}^{pq}-\lambda_1\cdot\Delta\nabla N_{1,AB}^{pq}+\Delta\nabla o_{AB}^{pq}+\Delta\nabla I_{1\,AB}^{\;pq}+\Delta\nabla Trop_{AB}^{pq}+\Delta\nabla m_{\phi_1\,AB}^{\;pq}+\Delta\nabla\varepsilon'_{\phi_1} \tag{4.4}$$

$$\Delta\nabla\phi_{2,AB}^{pq}=\lambda_2\cdot\Delta\nabla\varphi_{2,AB}^{pq}=\Delta\nabla\rho_{AB}^{pq}-\lambda_2\cdot\Delta\nabla N_{2,AB}^{pq}+\Delta\nabla o_{AB}^{pq}+\Delta\nabla I_{2\,AB}^{\;pq}+\Delta\nabla Trop_{AB}^{pq}+\Delta\nabla m_{\phi_2\,AB}^{\;pq}+\Delta\nabla\varepsilon'_{\phi_2} \tag{4.5}$$

式中，λ 为载波相位的波长；参考站的坐标是精确已知的，所以式(4.4)、式(4.5)中双差几何距离计算值 $\Delta\nabla\rho_{AB}^{pq}$ 精度很高，可以认为是已知值；$\Delta\nabla\varepsilon'_\phi$ 为高斯白噪声，在

参考站上可以忽略。所以，双差载波相位观测方程中包括了对流层延迟误差、电离层延迟误差和多路径效应误差。对于多路径效应误差而言，由于参考站都选址在地势比较高并且四周开阔的地方，采用的硬件设备也比较先进，接收机一般都使用抗多路径天线，所以，多路径效应影响很小，可以不考虑多路径效应误差的影响。对于对流层延迟误差，可以使用对流层延迟误差改正模型进行误差改正。

2. 确定整周模糊度备选值

在式(4.4)、式(4.5)中，设常数项为

$$l_1=\lambda_1\cdot\Delta\nabla\varphi_{1,AB}^{pq}-\Delta\nabla\rho_{AB}^{pq}-\Delta\nabla Trop_{AB}^{pq} \tag{4.6}$$

$$l_2=\lambda_2\cdot\Delta\nabla\varphi_{2,AB}^{pq}-\Delta\nabla\rho_{AB}^{pq}-\Delta\nabla Trop_{AB}^{pq} \tag{4.7}$$

由参考站上 L1 和 L2 双差载波相位观测方程式(4.4)、式(4.5)可得

$$f_1^2\cdot(l_1-\lambda_1\cdot\Delta\nabla N_{1AB}^{\ pq})=f_2^2\cdot(l_2-\lambda_2\cdot\Delta\nabla N_{2AB}^{\ pq}) \tag{4.8}$$

整理后有

$$\Delta\nabla N_{2AB}^{\ pq}=\frac{\lambda_2}{\lambda_1}\cdot\Delta\nabla N_{1AB}^{\ pq}-\frac{\lambda_2}{\lambda_1^2}\cdot l_1+\frac{1}{\lambda_2}\cdot l_2 \tag{4.9}$$

令

$$\left.\begin{aligned}
k&=\frac{\lambda_2}{\lambda_1}=\frac{77}{60}=1.28\dot{3}\\
b&=-\frac{\lambda_2}{\lambda_1^2}\cdot l_1+\frac{1}{\lambda_2}\cdot l_2\\
\widetilde{N}_1&=\Delta\nabla N_{1AB}^{\ pq},\widetilde{N}_1\in\mathbb{Z}\\
\widetilde{N}_2&=\Delta\nabla N_{2AB}^{\ pq},\widetilde{N}_2\in\mathbb{Z}
\end{aligned}\right\} \tag{4.10}$$

式(4.9)可以简化为

$$\widetilde{N}_2=k\widetilde{N}_1+b,\widetilde{N}_1,\widetilde{N}_2\in\mathbb{Z} \tag{4.11}$$

式(4.11)给出了参考站 A、B 上 L1 和 L2 载波相位整周模糊度的关系式，任一一个给定的 $\widetilde{N}_1$，有唯一的 $\widetilde{N}_2$ 与之相对应。直线 $\widetilde{N}_2=k\widetilde{N}_1+b$ 与坐标轴 $\widetilde{N}_1$，$\widetilde{N}_2\in\mathbb{Z}$ 的交点就是 L1 和 L2 载波相位整周模糊度的备选值。由于直线方程的斜率为 $k=77/60$，所以理论上 L1 和 L2 载波相位整周模糊度的备选值有无穷多对，并且具有周期性，即 L1 的整周模糊度变化 60 周，L2 的整周模糊度变化 77 周。而在实际应用当中，由于误差的残差影响和载波相位测量精度的限制，完全符合方程式的 L1 和 L2 整周模糊度的备选值是找不到的。在载波相位测量精度一定的情况下，该方程还受多种误差的消除和计算精度的影响。对于几十千米的参考站间距，除电离层延迟误差外，双差的各种残余误差一般可精确到几个厘米甚至更高。因此，在实际使用当中，可直接按照直线方程式(4.11)找出 L1 和 L2 载波相位的整周模糊度备选值。

3. 确定整周模糊度

理论上，该方法不存在载波相位整周模糊度的确定问题，因为对 L1 载波相位而言，整周模糊度备选值的重复周期为 60 周，即在 L1 载波相位整周模糊度初值的左右 30 周范围内只有一个整周模糊度备选值，整周模糊度初值与所求整周模糊度之差就是双差电离层延迟误差，因为双差电离层延迟误差不可能达到 30 周，因此该整周模糊度备选值即为所求整周模糊度。但实际应用当中，由于各种观测误差的计算或消除的精度有限，不可能得到上述理想结果。这种情况下，确定载波相位整周模糊度的方法有如下三种：

(1)假设法。假设在参考站间距离不是很长(一般为几十千米或更短)的情况下，电离层延迟误差对 L1 载波相位观测值的双差误差影响小于 L1 载波相位整周模糊度备选值重复周期的一半，所以只有一对 L1 和 L2 载波相位整周模糊度所对应的双差电离层延迟误差小于整周模糊度备选值重复周期的一半，即为所求出的载波相位整周模糊度。

(2)伪距 P 码法。用误差改正模型计算出的双差对流层延迟误差改正双差 P 码伪距观测值，然后减去参考站与卫星之间的双差几何距离计算值，即是双差伪距电离层延迟误差 I，以 L1 载波上的观测值为例，具体计算公式为

$$I=\Delta\nabla P_{1\,AB}^{\;pq}-\Delta\nabla\rho_{AB}^{pq}-\Delta\nabla Trop_{AB}^{pq} \tag{4.12}$$

式中，I 为双差电离层延迟误差，$\Delta\nabla P_{1\,AB}^{\;pq}$ 为双差伪距观测值，$\Delta\nabla\rho_{AB}^{pq}$ 为双差几何距离，$\Delta\nabla Trop_{AB}^{pq}$ 为双差对流层延迟误差。与该延迟误差最接近的电离层延迟误差计算值所对应的整周模糊度备选值即为正确的载波相位整周模糊度值。与该延迟误差最接近的电离层延迟误差计算值所对应的整周模糊度备选值即为正确的载波相位整周模糊度值。

(3)回代法。将选出的几个整周模糊度备选值回代到双差载波相位观测方程，然后进行无电离层组合，可以精确得到电离层延迟误差以外的所有与频率无关的误差影响，其中主要是对流层延迟误差，取与使用对流层延迟误差改正模型计算结果最接近的一组整周模糊度，即为正确的载波相位整周模糊度备选值。

与传统的整周模糊度解算方法相比，该方法不需要解算方程组，从而避免了单历元观测方程组秩亏的影响，并且快速、简单、实用。因为是单历元模糊度搜索，所以不受周跳和电离层突变的影响，但是以对流层延迟误差为主的非色散性误差对该方法的影响比较大。

4.1.3 GPS 参考站整周模糊度确定的三步法

唐卫明(2006)提出了使用三步法确定网络 RTK 参考站双差整周模糊度。该方法由宽巷整周模糊度、窄巷整周模糊度到载波相位整周模糊度逐步固定地确定参考站双差整周模糊度。具体计算过程如下。

1. 确定双差宽巷整周模糊度

首先利用 MW 组合观测值计算双差宽巷整周模糊度的初值，由式(2.93)、式(2.94)可得双差 MW 组合观测值为

$$\Delta\nabla L_6=\frac{f_1\Delta\nabla P_1+f_2\Delta\nabla P_2}{f_1+f_2}-\frac{c\cdot\Delta\nabla\varphi_1/f_1-c\cdot\Delta\nabla\varphi_2/f_2}{f_1-f_2} \tag{4.13}$$

则双差宽巷整周模糊度值为

$$\Delta\nabla N_W=\frac{(f_1-f_2)\cdot\Delta\nabla L_6}{c} \tag{4.14}$$

式(4.13)中的双差 MW 组合观测值可以分成两部分，即双差宽巷观测值 $\Delta\nabla L_{WL}$ 和 P_1、P_2 的平均值 $\Delta\nabla P_6$，即

$$\Delta\nabla L_{WL}=\frac{c\cdot\Delta\nabla\varphi_1/f_1-c\cdot\Delta\nabla\varphi_2/f_2}{f_1-f_2} \tag{4.15}$$

$$\Delta\nabla P_6=\frac{f_1\Delta\nabla P_1+f_2\Delta\nabla P_2}{f_1+f_2} \tag{4.16}$$

式(4.15)、式(4.16)中 $\Delta\nabla L_{WL}$ 和 $\Delta\nabla P_6$ 不受卫星轨道误差和测站坐标的影响，对流层延迟误差、卫星钟差、接收机钟差对载波相位和伪距观测值的影响一致，并且电离层延迟误差相同。因此，式(4.14)只受观测噪声的影响，可通过多个历元取平均值计算双差宽巷整周模糊度。

由 2.6 中介绍的多频线性组合理论，可得载波相位的双差无电离层组合观测值 $\Delta\nabla\varphi_3$(以周为单位)为

$$\Delta\nabla\varphi_3=\Delta\nabla\varphi_1-\frac{f_1}{f_2}\cdot\Delta\nabla\varphi_2 \tag{4.17}$$

双差伪距无电离层组合观测值为

$$\Delta\nabla P_3=\frac{f_1^2\Delta\nabla P_1-f_2^2\Delta\nabla P_2}{f_1^2-f_2^2} \tag{4.18}$$

由式(4.17)、式(4.18)可以求出载波相位无电离层组合的整周模糊度为

$$\Delta\nabla N_3=\Delta\nabla P_3/\lambda_3-\Delta\nabla\varphi_3 \tag{4.19}$$

式中，λ_3 为无电离层载波相位观测值的波长。比较 $\Delta\nabla P_3$、$\Delta\nabla P_6$ 之间的噪声关系，可得

$$\Delta\nabla P_3\approx 2.545\,7\cdot\Delta\nabla P_1-1.545\,7\cdot\Delta\nabla P_2 \tag{4.20}$$

$$\Delta\nabla P_6\approx 0.562\,0\cdot\Delta\nabla P_1+0.438\,0\cdot\Delta\nabla P_2 \tag{4.21}$$

假设 $\Delta\nabla P_1$ 和 $\Delta\nabla P_2$ 的噪声均为 σ_P，则由误差传播定律有

$$\begin{aligned}\sigma_{P_3}&\approx 2.978\sigma_P\\ \sigma_{P_6}&\approx 0.713\sigma_P\end{aligned} \tag{4.22}$$

从式(4.22)中可以看出，MW 组合观测值中伪距平均值 $\Delta\nabla P_6$ 的噪声是无电离层组合 $\Delta\nabla P_3$ 噪声的 1/4。双差载波相位无电离层组合的观测方程为

$$\lambda_3 \cdot \Delta\nabla\varphi_3 = \Delta\nabla\rho - \lambda_3 \cdot \Delta\nabla N_3 + \Delta\nabla o + \Delta\nabla Trop \tag{4.23}$$

如果参考站使用精度为 0.5 m 的精密预报轨道，对于 200 km 的基线而言，卫星轨道误差大小仅为 5 mm，可以忽略不计。因此，式(4.23)可以简化为

$$\Delta\nabla N_3 = (\Delta\nabla\rho + \Delta\nabla Trop)/\lambda_3 - \Delta\nabla\varphi_3 \tag{4.24}$$

设由式(4.19)计算出的无电离层组合整周模糊度为 $\Delta\nabla N_3^0$，二者求差就可得整周模糊度差值 $d_{\Delta\nabla N_3}$ 为

$$d_{\Delta\nabla N_3} = |\Delta\nabla N_3^0 - \Delta\nabla N_3| \tag{4.25}$$

$d_{\Delta\nabla N_3}$ 不但能够表示 $\Delta\nabla P_3$ 的噪声大小，同时可以表示 $\Delta\nabla P_6$ 的噪声大小，也就是表示了利用 MW 组合观测值计算出的宽巷整周模糊度的精度，并确定其搜索范围。

得到双差宽巷整周模糊度的计算值，并确定整周模糊度搜索空间以后，利用几何距离反算整周模糊度对宽巷整周模糊度进行检查。影响宽巷整周模糊度确定的主要因素是电离层延迟误差和其他误差的残差 δ、观测噪声 $\Delta\nabla\varepsilon'_{\phi_{WL}}$ 的综合影响。如果有

$$|\delta + \Delta\nabla\varepsilon'_{\phi_{WL}} + \Delta\nabla I_{WL}| < \lambda_{WL}/2 \approx 0.43(\mathrm{m}) \tag{4.26}$$

式(4.26)中的主要影响因素为双差电离层延迟误差 $\Delta\nabla I_{WL}$。假设 $\delta + \Delta\nabla\varepsilon'_{\phi_{WL}} + \Delta\nabla I_{WL} \approx \Delta\nabla I_{WL}$，则双差宽巷整周模糊度可以直接用式(4.27)求出，即

$$\Delta\nabla N_{WL} = \mathrm{Round}[(\Delta\nabla\rho + \Delta\nabla Trop)/\lambda_{WL} - \Delta\nabla\varphi_{WL}] \tag{4.27}$$

式中，Round 为取整函数。在基线距离较长时，可以把范围扩大到左右一周进行搜索，则有

$$|\delta + \Delta\nabla\varepsilon'_{\phi_{WL}} + \Delta\nabla I_{WL}| < 3\lambda_{WL}/2 \approx 1.23(\mathrm{m}) \tag{4.28}$$

2. 确定双差窄巷整周模糊度

如果双差宽巷整周模糊度准确确定，则双差宽巷载波相位观测值的电离层延迟误差可以表示为

$$\Delta\nabla I_{WL} = (\Delta\nabla\varphi_{WL} + \Delta\nabla N_{WL}) \cdot \lambda_{WL} - \Delta\nabla\rho - \Delta\nabla Trop - \delta - \Delta\nabla\varepsilon'_{\phi_{WL}} \tag{4.29}$$

利用式(4.29)可以计算出较高精度的双差电离层延迟误差。宽巷组合观测值与窄巷组合观测值具有大小相同且符号相反的电离层延迟误差，由 $\Delta\nabla I_{WL}$ 可求解双差窄巷整周模糊度，即

$$\Delta\nabla N_{NL} = \mathrm{Round}[(\Delta\nabla\rho + \Delta\nabla Trop - \Delta\nabla I_{WL})/\lambda_{NL} - \Delta\nabla\varphi_{NL}] \tag{4.30}$$

式中，$\Delta\nabla\varphi_{NL}$ 为双差窄巷载波相位组合观测值。双差宽巷整周模糊度 $\Delta\nabla N_{WL}$ 与双差窄巷整周模糊度 $\Delta\nabla N_{NL}$ 具有同奇同偶性，即 $\Delta\nabla N_{WL}$ 为奇(偶)数，$\Delta\nabla N_{NL}$ 也为奇(偶)数。式(4.30)计算出的双差窄巷整周模糊度为 $\Delta\nabla N_{NL}^0$，如果 $\Delta\nabla N_{NL}^0$ 与 $\Delta\nabla N_{WL}$ 奇偶性不对应，则把整周模糊度备选值左右变化一周，即有

$$\Delta\nabla N_{NL} = \Delta\nabla N_{NL}^0 \pm 1 \tag{4.31}$$

3. 双差载波相位整周模糊度的确定

L1 和 L2 载波相位观测值的双差整周模糊度可使用式(4.32)、式(4.33)计算得

到,即

$$\Delta\nabla N_1 = (\Delta\nabla N_{WL} + \Delta\nabla N_{NL})/2 \tag{4.32}$$

$$\Delta\nabla N_2 = \Delta\nabla N_1 - \Delta\nabla N_{WL} \tag{4.33}$$

为了保证载波相位模糊度确定的准确性,可以使用 4.1.2 中整周模糊度间的线性关系进行检验,通过检验的则认为该载波相位整周模糊度的解算结果是正确的。三步法不需线性化,不需求解方程组,双差观测值之间相互独立且解算速度快,可靠性高。

4.1.4 长距离 GPS 参考站整周模糊度单历元解算

祝会忠(2012)提出了一种 GPS 长距离参考站载波相位整周模糊度确定方法,并且仅利用当前历元的测码伪距和载波相位观测值实现整周模糊度的快速解算,有效回避了对周跳的数据处理。该方法利用弥散性误差和非弥散性误差的特点得到了两个参考站间双差载波相位整周模糊度间的整数关系,利用这两个整数线性关系可在整周模糊度备选值中快速搜索确定双差宽巷整周模糊度,双差宽巷整周模糊度一旦确定,L1 频率载波相位整周模糊度和 L2 频率载波相位整周模糊度的关系被唯一确定,进一步利用线性约束关系进行原始频率双差整周模糊度的搜索与确定。

1. 双差载波相位整周模糊度间的线性约束关系

通常情况下,参考站都设在比较开阔的地方,所以可忽略多路径效应误差的影响,根据式(2.37)可得到参考站 A、B 上卫星 p、q 的 L1、L2 载波相位的双差观测方程为

$$\begin{aligned}\Delta\nabla\phi_{1,AB}^{pq} = \lambda_1 \cdot \Delta\nabla\varphi_{1,AB}^{pq} = \Delta\nabla\rho_{AB}^{pq} - \lambda_1 \cdot \Delta\nabla N_{1,AB}^{pq} + \\ \Delta\nabla T_{*\,AB}^{pq} - \Delta\nabla\kappa_{AB}^{pq}/f_1^2 + \Delta\nabla\varepsilon_{\phi,1,AB}^{pq}\end{aligned} \tag{4.34}$$

$$\begin{aligned}\Delta\nabla\phi_{2,AB}^{pq} = \lambda_2 \cdot \Delta\nabla\varphi_{2,AB}^{pq} = \Delta\nabla\rho_{AB}^{pq} - \lambda_2 \cdot \Delta\nabla N_{2,AB}^{pq} + \\ \Delta\nabla T_{*\,AB}^{pq} - \Delta\nabla\kappa_{AB}^{pq}/f_2^2 + \Delta\nabla\varepsilon_{\phi,2,AB}^{pq}\end{aligned} \tag{4.35}$$

式中,上标 p 和 q 为卫星编号;下标 A 和 B 为接收机设备编号;下标 1、2 为频率编号;$\Delta\nabla$为双差操作符,$\Delta\nabla(\cdot) = \Delta(\cdot)_{AB} - \Delta(\cdot)_{AB}$,如 $\Delta\nabla\varphi_{AB}^{pq} = \Delta\varphi_{AB}^{p} - \Delta\varphi_{AB}^{q}$;$\phi$ 和 φ 分别为以米和周为单位的载波相位观测值;$\lambda = c/f$ 为载波相位的波长,以米为单位,f 为频率,c 为真空中的光速;ρ 为卫星到接收机的几何距离;T_* 为对流层延迟误差和卫星轨道误差等非色散性误差;κ/f^2 为电离层延迟误差一阶项,κ 为卫星信号传播路径上的总电子含量,高阶的电离层延迟误差可忽略不计;ε 为载波相位观测值的观测噪声及非模型化误差;N 是整周模糊度,以周为单位。

非色散性误差 T_* 主要是对流层延迟误差和卫星轨道误差,可以通过对流层延迟模型改正或其他方法进行消除或削弱。消除式(4.34)和式(4.35)中都含有的电离层误差项 $\Delta\nabla\kappa_{AB}^{pq}$,用 $\Delta\nabla\eta_{AB}^{pq}$ 表示 T_* 经对流层延迟模型改正后的残差,则有

$$\Delta\nabla\eta_{AB}^{pq} = \Delta\nabla T'^{pq}_{AB} - \Delta\nabla T_{*\,AB}^{pq} \tag{4.36}$$

式中，$\Delta\nabla T'^{pq}_{AB}$ 表示对流层延迟误差的计算值。整理后得到双频载波相位整周模糊度间的一种线性关系为

$$\Delta\nabla N^{pq}_{2,AB} = \frac{f_1}{f_2} \cdot \Delta\nabla N^{pq}_{1,AB} - \Delta\nabla l^{pq}_{AB} - \Delta\nabla\omega^{pq}_{AB} \tag{4.37}$$

其中

$$\Delta\nabla l^{pq}_{AB} = \Delta\nabla\varphi^{pq}_{2,AB} - \frac{f_1}{f_2} \cdot \Delta\nabla\varphi^{pq}_{1,AB} - \frac{f_2^2 - f_1^2}{c \cdot f_2} \cdot (\Delta\nabla\rho^{pq}_{AB} + \nabla\Delta T'^{pq}_{AB})$$

$$\Delta\nabla\omega^{pq}_{AB} = \frac{f_2^2 - f_1^2}{c \cdot f_2} \cdot \Delta\nabla\eta^{pq}_{AB} + \frac{f_1^2 \cdot \Delta\nabla\varepsilon^{pq}_{\phi,1,AB} - f_2^2 \cdot \Delta\nabla\varepsilon^{pq}_{\phi,2,AB}}{c \cdot f_2}$$

由于参考站的坐标是准确已知的，$\Delta\nabla\rho^{pq}_{AB}$ 可以精确计算，所以 $\Delta\nabla l^{pq}_{AB}$ 是常数项，$\Delta\nabla\omega^{pq}_{AB}$ 为残余误差和观测噪声。式(4.37)是表示整周模糊度 $\Delta\nabla N^{pq}_{2,AB}$ 与 $\Delta\nabla N^{pq}_{1,AB}$ 间线性约束关系的直线形式，可令直线斜率 $k = \frac{f_1}{f_2} = 77/60 = 1.28\dot{3}$。

将式(4.35)与式(4.34)相减，可以消除非色散性误差 $\Delta\nabla T_*{}^{pq}_{AB}$ 和站星间几何距离的计算值，经整理后则可得双频载波相位整周模糊度间的另一种线性约束关系为

$$\Delta\nabla N^{pq}_{2,AB} = \frac{f_2}{f_1} \cdot \Delta\nabla N^{pq}_{1,AB} - \Delta\nabla l_I{}^{pq}_{AB} - \Delta\nabla\omega_I{}^{pq}_{AB} \tag{4.38}$$

其中

$$\Delta\nabla l_I{}^{pq}_{AB} = \Delta\nabla\varphi^{pq}_{2,AB} - \frac{f_2}{f_1} \cdot \Delta\nabla\varphi^{pq}_{1,AB} - \frac{f_2^2 - f_1^2}{c \cdot f_1^2 \cdot f_2} \cdot \Delta\nabla I_0{}^{pq}_{AB}$$

$$\Delta\nabla\omega_I{}^{pq}_{AB} = \frac{f_2^2 - f_1^2}{c \cdot f_1^2 \cdot f_2} \cdot \Delta\nabla\xi^{pq}_{AB} + \frac{f_2}{c} \cdot (\Delta\nabla\varepsilon^{pq}_{\phi,1,AB} - \Delta\nabla\varepsilon^{pq}_{\phi,2,AB})$$

式中，$\nabla\Delta\xi^{pq}_{AB}$ 为电离层延迟误差高阶项等残余误差，$\Delta\nabla\omega_I{}^{pq}_{AB}$ 为残余误差和观测噪声的综合影响。式(4.38)是表示整周模糊度 $\Delta\nabla N^{pq}_{2,AB}$ 与 $\Delta\nabla N^{pq}_{1,AB}$ 间线性约束关系的直线形式，可令直线斜率 $k_I = \frac{f_2}{f_1} = 60/77 \approx 0.779\,22$。

2. 双差宽巷整周模糊度的确定

正确的双频整周模糊度备选值满足式(4.37)和式(4.38)两个线性约束关系。式(4.38)表示的线性约束关系主要受双差电离层延迟误差的影响。式(4.37)表示的线性约束关系不受电离层延迟一阶项的影响，主要是包含对流层残差和轨道误差等非色散性误差的影响。对于式(4.37)，如果各种误差和残差完全消除，则在该线性关系的约束下，$\Delta\nabla N^{pq}_{1,AB}$ 备选值变化 60 周，$\Delta\nabla N^{pq}_{2,AB}$ 备选值将变化 77 周，与之对应的双差宽巷整周模糊度会变化 17 周。实际上由于误差并不能被完全消除，所以这个约束关系是由比值与 1.283 近似或非常近似的两个整数表示的，也能表示出双差宽巷整周模糊度备选值的变化周期。例如 14/11 ≈ 1.272 7，即

$\Delta\nabla N_{1,AB}^{pq}$ 变化 11 周，$\Delta\nabla N_{2,AB}^{pq}$ 变化 14 周，同时宽巷整周模糊度变化的周期为 14－11＝3。由式(4.34)和式(4.35)经过对流层延迟模型改正后直接计算得到 $\Delta\nabla N_{1,AB}^{pq}$、$\Delta\nabla N_{2,AB}^{pq}$ 的初值，给定二者的搜索范围，在搜索范围内确定双频整周模糊度的备选值。并由双频整周模糊度搜索范围内的整周模糊度值构成了一个如图 4.1 所示的二维整周模糊度搜索空间。

利用 MW 组合可以计算双差宽巷整周模糊度的初值，求出双差宽巷整周模糊度的初值以后，给定整周模糊度的搜索范围，按照整周模糊度备选值的变化周期确定宽巷整周模糊度备选值。根据式(4.39)可由宽巷整周模糊度值计算出双差宽巷电离层延迟为

$$\Delta\nabla I_{\mathrm{W},AB}^{pq}=\Delta\nabla\rho_{AB}^{pq}-\frac{c}{f_{\mathrm{W}}}\cdot\Delta\nabla N_{\mathrm{W},AB}^{pq}-\frac{c}{f_{\mathrm{W}}}\cdot\Delta\nabla\phi_{\mathrm{W},AB}^{pq}+\Delta\nabla T_{*AB}^{pq}+\Delta\nabla\varepsilon_{\varphi,\mathrm{W},AB}^{pq} \tag{4.39}$$

式中，下标 W 表示宽巷载波，$\Delta\nabla I_{\mathrm{W},AB}^{pq}$ 为双差宽巷电离层延迟误差，其他各符号含义与式(4.34)、式(4.35)中的含义相同。与频率无关的双差电离层延迟误差，可由式(4.40)计算，即

$$\Delta\nabla\kappa_{AB}^{pq}=-f_1^3\cdot\Delta\nabla I_{\mathrm{W},AB}^{pq}/f_2 \tag{4.40}$$

利用式(4.39)和式(4.40)，每个宽巷整周模糊度备选值可计算出相应的双差电离层延迟误差，代入式(4.38)，得到多个双频整周模糊度间线性约束关系的直线方程式，但其中只有一条直线关系是正确的，即正确宽巷整周模糊度对应的直线关系式。假如双差宽巷整周模糊度的搜索空间有三个备选值，得到三条直线 I_1、I_2、I_3，单历元宽巷整周模糊度搜索过程如图 4.1 所示。

图 4.1 中直线 B 为式(4.37)表示的整周模糊度间的线性约束关系。宽巷整周模糊度的搜索就变成了确定 I_1、I_2、I_3 三条直线中哪一条为正确的双频整周模糊度间的线性约束关系。确定方法有两种：第一种方法是，利用伪距计算出双差电离层延迟误差，代入式(4.38)确定出一条直线，与之最接近的那条直线所对应的整周模糊度备选值即为正确的双差宽巷整周模糊度；第二种方法是，将直线 B 作为基准，根据三条直线对整周模糊度的约束能力进行宽巷整周模糊度搜索。对于当前历元的整周模糊度固

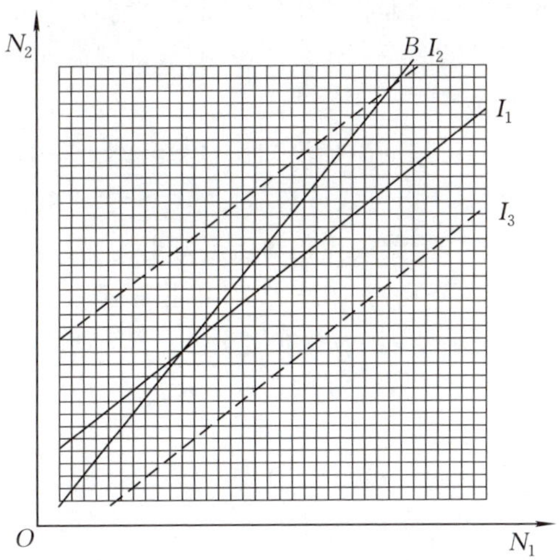

图 4.1　长距离参考站间单历元宽巷整周模糊度搜索

定，直线关系 B 是唯一确定的，所以直线 B 对载波相位整周模糊度备选值的约束是确定不变的。而在三条直线中，正确直线关系式对双频整周模糊度的约束能力与直线 B 的约束能力是最相近的，即在整周模糊度搜索空间中该直线与直线 B 的位置分布最紧凑。两相交直线的夹角在搜索空间中所包含的面积大小能够反映出两直线位置分布的紧凑程度，面积越小，二者的位置关系越紧凑。图 4.1 中实线 I_1 与 B 的位置分布最紧凑，即 I_1 所对应的整周模糊度备选值是正确的双差宽巷整周模糊度。由于宽巷整周模糊度具有长波长特性，整周模糊度备选值还具有周期变化，所以可以较为容易地寻找出正确的宽巷整周模糊度值。

3. 双差载波相位整周模糊度的确定

利用双差宽巷电离层延迟误差可以得到双差载波相位电离层延迟误差的改正数。但宽巷观测值组合扩大了观测噪声，而且计算出的双差电离层延迟误差包含了非色散性误差的残差。由于长距离参考站间误差相关性弱，特别是在低高度角时，双差非色散性误差的残差较大。所以，双差载波相位电离层延迟误差改正数中的残差较大，有可能导致双差载波相位整周模糊度的计算误差大于整周模糊度的半个波长，不能直接解算得到载波相位的整周模糊度。宽巷整周模糊度固定之后，L1 载波相位备选整周模糊度有唯一的 L2 载波相位备选整周模糊度与之对应。利用固定的宽巷整周模糊度及双频载波相位整周模糊度间的线性约束关系式(4.37)、式(4.38)，找出在 $\Delta\nabla N_{1,AB}^{pq}$ 搜索范围内的整周模糊度备选值和相应的 $\Delta\nabla N_{2,AB}^{pq}$ 的备选值即可组成载波相位整周模糊度的搜索空间。然后进行载波相位整周模糊度搜索，并使用一种新的基准卫星选择方法。

在进行双差观测值组合时，一般情况下都将高度角最高的卫星作为基准卫星。本方法在确定载波相位整周模糊度时，采用一种新的基准卫星选取思想，以尽量减小对流层延迟误差残差的影响，保证载波相位整周模糊度固定的成功率，其理论依据及实现如下。

参考站的坐标已知而且参考站上一般都安装有气象仪器来观测温度、气压等气象参数，所以可通过对流层模型计算出对流层延迟误差。如果参考站 A、B 使用对流层模型计算出的天顶对流层延迟为 ZTD'_A、ZTD'_B，设天顶对流层延迟的最优估值为 ZTD_A、ZTD_B。测站 A、B 的投影函数分别为 $mf_A(p)$、$mf_B(p)$、$mf_A(q)$、$mf_B(q)$，p 为卫星号，q 为基准卫星号。则双差对流层延迟误差的残差为

$$\Delta\nabla\xi_{D\mathrm{trop}}=(mf_A(p)-mf_A(q))\cdot\xi_{ZTD_A}-(mf_B(p)-mf_B(q))\cdot\xi_{ZTD_B} \tag{4.41}$$

其中

$$\xi_{ZTD_A}=ZTD_A-ZTD'_A$$
$$\xi_{ZTD_B}=ZTD_B-ZTD'_B$$

在长距离参考站间，根据已知的气象参数，利用对流层模型可以改正大部分对

流层延迟误差(90%左右),但双差观测值中还存在对流层延迟误差的残差影响。当卫星与基准卫星的高度角相差大时,两颗卫星的投影函数差值就大,所以 $\Delta\nabla\xi_{Dtrop}$ 绝对值比较大。如果两颗卫星高度角比较接近,则投影函数差值小,$\Delta\nabla\xi_{Dtrop}$ 绝对值就比较小。因此,以高度角最接近的卫星作为基准卫星,按照卫星高度角从高到低依次解算载波相位整周模糊度,尽量减小对流层延迟误差的残差影响。同时,也可以充分利用方位角信息,考虑两颗卫星的方位角是否比较接近,进一步减弱对流层延迟误差的残差影响。利用已经确定的宽巷整周模糊度,可以得到新双差卫星的宽巷整周模糊度,并选取双频载波相位整周模糊度的备选组合,用于载波相位整周模糊度的搜索。

利用每个模糊度备选组合的非色散性误差残差对双差载波相位整周模糊度进行搜索,根据观测方程式(4.34)、式(4.35),得到双差非色散性误差的计算式(4.42),即

$$\Delta\nabla T_{*AB}^{pq}=\frac{c\cdot f_2\cdot\Delta\nabla l}{f_2^2-f_1^2}-\Delta\nabla\rho_{AB}^{pq} \tag{4.42}$$

其中

$$\Delta\nabla l=\Delta\nabla N_{2,AB}^{pq}-\frac{f_1}{f_2}\cdot\Delta\nabla N_{1,AB}^{pq}+\Delta\nabla\varphi_{2,AB}^{pq}-\frac{f_1}{f_2}\cdot\Delta\nabla\varphi_{1,AB}^{pq}+\Delta\nabla\omega_{AB}^{pq}$$

式中,各符号含义与式(4.37)中相同,$\Delta\nabla T_{*AB}^{pq}$ 包含对流层延迟误差和卫星轨道误差等误差。根据式(3.4)可知,如果使用精密快速预报轨道,对 200 km 的基线而言,双差轨道误差仅为几个毫米,可以忽略不计。如果使用 1～2 m 精度的广播星历,对于 100～200 km 的长基线,也可以不考虑卫星轨道误差对整周模糊度解算的影响。因此,$\Delta\nabla T_{*AB}^{pq}$ 中主要是双差对流层延迟误差。将双频载波相位整周模糊度的备选组合代入式(4.42),求出相应的 $\Delta\nabla T_{*AB}^{pq}$,与对流层延迟误差模型计算的结果 $\Delta\nabla T'^{pq}_{*AB}$ 比较得到残差 ξ 为

$$\xi=\Delta\nabla T_{*AB}^{pq}-\Delta\nabla T'^{pq}_{*AB},\quad |\xi|<\delta \tag{4.43}$$

式中,δ 为一限值,可根据式(4.41)由经验值得到。当残差 ξ 小于这一限值时认为该组整周模糊度备选组合为正确的双差载波相位整周模糊度。

4.1.5 BDS 参考站三频宽巷、超宽巷整周模糊度解算

针对 BDS 三频观测数据,高旺(2015)研究了一种参考站载波相位整周模糊度解算方法。以单个卫星对为研究对象,在不同的载波和伪距观测噪声的情况下,详细分析了选取的 8 组宽巷和超宽巷组合观测值的整周模糊度的解算成功率,并实现了使用载波和伪距的分步解算的 TCAR 单历元整周模糊度解算方法。

1. BDS 三频宽巷、超宽巷组合观测值

根据式(2.84)至式(2.88)及 BDS 的 B1、B2 和 B3 频率载波相位观测值,将得到几组高精度定位中常用到的宽巷、超宽巷组合观测值,它们的具体特性如表 4.1

所示。

表 4.1　宽巷和超宽巷组合

(i,j,k)	$\lambda_{(i,j,k)}$/m	$\eta_{(i,j,k)}$	$\mu_{(i,j,k)}$
(0,−1,1)	4.884 2	−1.591 5	28.528 7
(1,4,−5)	6.370 7	0.652 1	172.613 5
(1,3,−4)	2.764 6	−0.617 9	59.262 9
(1,2,−3)	1.765 4	−0.969 8	28.085 9
(1,1,−2)	1.296 7	−1.134 8	13.902 2
(−1,−5,6)	20.932 3	−8.963 1	686.949 3
(1,−1,0)	0.847 0	−1.293 2	5.575 2
(1,0,−1)	1.024 7	−1.230 6	6.875 1

2. BDS 宽巷、超宽巷双差整周模糊度确定

采用伪距观测值和载波相位观测值组合的无几何无电离层(GIF)模型求解双差宽巷、超宽巷整周模糊度载波相位观测值的双差宽巷、超宽巷整周模糊度，即

$$\Delta\nabla N_{(i,j,k)}=\frac{\Delta\nabla\phi_{(i,j,k)}-\Delta\nabla P_{(\alpha,\beta,\gamma)}}{\lambda_{(i,j,k)}}-\frac{\Delta\nabla\varepsilon_{\phi,(i,j,k)}-\Delta\nabla\varepsilon_{P,(\alpha,\beta,\gamma)}}{\lambda_{(i,j,k)}} \tag{4.44}$$

其中

$$\alpha+\beta+\gamma=1$$

$$\eta_{(i,j,k)}+\eta_{(\alpha,\beta,\gamma)}=0$$

式中，$\Delta\nabla\phi_{(i,j,k)}$ 和 $\Delta\nabla P_{(\alpha,\beta,\gamma)}$ 分别为双差组合的载波相位观测值和伪距观测值，i，j，k 为任意整数，λ 为载波相位的波长，N 是整周模糊度，ε 为观测噪声及非模型化误差，α，β，γ 为任意实数，$\eta_{(i,j,k)}$ 和 $\eta_{(\alpha,\beta,\gamma)}$ 分别为双差组合的载波相位和伪距观测值的电离层延迟因子。

式(4.44)求解整周模糊度过程中会受到观测噪声的影响，进一步将式(4.44)应用到不同观测噪声组合中。顾及不同接收机的性能，假设载波相位观测值的噪声 $\sigma_{\Delta\nabla\varphi}$ 为 0.5 cm 和 1 cm，伪距观测值的噪声 $\sigma_{\Delta\nabla P}$ 为 0.3 m、0.6 m 和 1 m，按照如表 4.2 所示的 6 种噪声组合情况进行整周模糊度解算。

表 4.2　BDS 载波相位和伪距的不同噪声组合

组合号	噪声组合
1	$\sigma_{\Delta\nabla\varphi}=0.5$ cm，$\sigma_{\Delta\nabla P}=0.3$ m
2	$\sigma_{\Delta\nabla\varphi}=0.5$ cm，$\sigma_{\Delta\nabla P}=0.6$ m
3	$\sigma_{\Delta\nabla\varphi}=0.5$ cm，$\sigma_{\Delta\nabla P}=1$ m
4	$\sigma_{\Delta\nabla\varphi}=1$ cm，$\sigma_{\Delta\nabla P}=0.3$ m
5	$\sigma_{\Delta\nabla\varphi}=1$ cm，$\sigma_{\Delta\nabla P}=0.6$ m
6	$\sigma_{\Delta\nabla\varphi}=1$ cm，$\sigma_{\Delta\nabla P}=1$ m

按照式(4.45)计算整周模糊度解算的成功率，即

$$prob(-0.5 < x < 0.5) = \int_{-0.25}^{0.5} \frac{1}{\sigma \cdot \sqrt{2\pi}} \cdot \exp\left(-\frac{x^2}{2 \cdot \sigma^2}\right) \mathrm{d}x \tag{4.45}$$

式中，$prob$ 为整周模糊度解算的成功率，σ 为观测值噪声造成的随机性偏差。使用 GIF 模型求解的双差宽巷、超宽巷整周模糊度中，(0，−1，1)组合在不同噪声情况下解算成功率接近 100%，单历元即可可靠固定，其他组合受伪距噪声影响明显，但伪距噪声较大时，整周模糊度解算成功率显著下降。

利用单历元可以可靠固定(0，−1，1)组合整周模糊度的优势，采用分部固定的 TCAR 方法，将整周模糊度已固定的(0，−1，1)宽巷组合观测值作为一个较高精度的观测量，与第 2 个宽巷或超宽巷观测值组成无几何模型，以辅助解算第 2 个宽巷或超宽巷整周模糊度，即

$$\Delta\nabla N_{(i,j,k)} = \frac{1}{\lambda_{(i,j,k)}} \cdot (\Delta\nabla\phi_{(i,j,k)} - \Delta\nabla\phi_{(0,-1,1)} - (\eta_{(0,-1,1)} - \eta_{(i,j,k)}) \cdot \Delta\nabla I + \lambda_{(0,-1,1)} \cdot \Delta\nabla N_{(0,-1,1)}) \tag{4.46}$$

从式(4.46)可以看出 TCAR 方法消除了对流层延迟误差、轨道误差等与频率无关的误差，并且避免了伪距噪声的影响，只受载波相位噪声和残余的电离层延迟误差的影响。通过区域大气误差建模改正后残余的电离层延迟误差影响较小，因此使用 TCAR 方法求解第 2 个宽巷和超宽巷整周模糊度可实现单历元准确固定。通过大量的测试发现，表 4.1 中的 B2、B3 双差超宽巷整周模糊度在不同观测噪声组合情况下的整周模糊度固定可靠性最高，并且可以实现单历元的准确解算。B2、B3 双差超宽巷整周模糊度准确确定之后，B2、B3 双差超宽巷载波相位观测值可以看成高精度的测码伪距观测值，利用式(4.46)可以计算得到表 4.1 中其他宽巷、超宽巷整周模糊度。

4.1.6　BDS 中距离参考站整周模糊度单历元解算方法

祝会忠等(2016)提出了 BDS 网络 RTK 参考站双差载波相位整周模糊度单历元解算方法。这种算法在双差载波相位整周模糊度搜索之前使用双频载波相位整周模糊度间的线性关系约束双频载波相位整周模糊度备选值。根据多频载波相位整周模糊度、载波相位观测值与单个频率观测值电离层延迟误差之间的关系，利用整周模糊度备选值计算双差电离层延迟误差，考虑参考站各卫星电离层延迟误差间的空间关系，建立双差电离层延迟误差的线性计算模型，利用双差电离层延迟误差线性计算模型的建立过程搜索和确定网络 RTK 参考站的 BDS 观测值载波相位的整周模糊度，能够很好地实现 BDS 网络 RTK 定位中距离参考站间的整周模糊度单历元解算。

1. 参考站 B1、B2 载波相位整周模糊度间的线性关系

通常情况下，BDS 网络 RTK 的参考站都设在比较开阔的地方，卫星的多路径

效应较小，可忽略多路径的影响，则参考站的双差 B1、B2 载波相位观测方程可表示为

$$\lambda_1 \cdot \Delta\nabla\varphi_1 = \Delta\nabla\rho - \lambda_1 \cdot \Delta\nabla N_1 + \Delta\nabla o + \Delta\nabla I_1 + \Delta\nabla T + \Delta\nabla\varepsilon_{\varphi,1} \tag{4.47}$$

$$\lambda_2 \cdot \Delta\nabla\varphi_2 = \Delta\nabla\rho - \lambda_2 \cdot \Delta\nabla N_2 + \Delta\nabla o + \Delta\nabla I_2 + \Delta\nabla T + \Delta\nabla\varepsilon_{\varphi,2} \tag{4.48}$$

式中，下标 1、2 分别表示 B1、B2 载波相位频率；$\Delta\nabla$ 为双差操作符，$\Delta\nabla(\cdot) = \Delta(\cdot)_{AB} - \Delta(\cdot)_{AB}$，如 $\Delta\nabla\varphi_{AB}^{pq} = \Delta\varphi_{AB}^{p} - \Delta\varphi_{AB}^{q}$；$\varphi$ 为以周为单位的载波相位观测值；$\lambda = c/f$ 为载波相位的波长，f 为频率，c 为真空中的光速；ρ 为卫星到接收机的几何距离；o 为卫星轨道误差；T 为以对流层延迟误差为主的中性大气延迟误差；I 为电离层延迟误差；ε 为载波相位观测值的观测噪声及非模型化误差；N 是整周模糊度。

对流层延迟误差 T 可以通过模型改正或其他方法进行消除或削弱。由于 B1 频率和 B2 频率上的载波相位电离层延迟误差关系为 $\nabla\Delta I_1 = f_2^2 \cdot \nabla\Delta I_2 / f_1^2$，根据这一关系可消除式(4.47)和式(4.48)中的电离层延迟误差(一阶项)，得到

$$\Delta\nabla N_2 = \frac{f_1}{f_2} \cdot \Delta\nabla N_1 - \left[\Delta\nabla\varphi_2 - \frac{f_1}{f_2} \cdot \Delta\nabla\varphi_1 - \frac{f_2^2 - f_1^2}{c \cdot f_2} \cdot (\Delta\nabla\rho + \Delta\nabla T')\right] - \Delta\nabla\omega \tag{4.49}$$

式中，$\Delta\nabla T'$ 为通过对流层延迟误差模型得到的双差对流层延迟误差计算值；由于参考站的坐标已知，$\Delta\nabla\rho$ 可以精确计算；$\Delta\nabla\omega$ 为对流层延迟误差模型改正后的双差残差、双差卫星轨道误差的残差及观测噪声的综合影响。

式(4.49)是表示 B2 载波相位整周模糊度 $\Delta\nabla N_2$ 与 B1 载波相位整周模糊度 $\Delta\nabla N_1$ 间线性关系的直线形式，设 $k = f_1/f_2 = 3\,815/2\,950 \approx 1.293\,22$。式(4.49)表示的线性关系不受电离层延迟误差一阶项的影响，主要受对流层延迟误差残差和 BDS 卫星轨道误差残差等非弥散误差的影响。对于式(4.49)，由于存在 BDS 广播星历卫星轨道的误差及对流层模型改正后的模型误差，双差组合后仍然受残余误差及观测噪声的影响。如果各种误差完全消除，则在该线性关系的整数约束下，满足式(4.49)的 $\Delta\nabla N_1$ 备选值变化 2 950 周，$\Delta\nabla N_2$ 备选值将变化 3 815 周。显然，这种情况只能在理想条件下存在，如果出现这种情况，则 B1、B2 载波相位整周模糊度可以很容易地实现单历元确定。由于误差并不能完全消除，所以，实际上满足这一线性关系的整周模糊度整数备选值的变化率 k 是由比值与 1.293 22 近似或非常近似的两个整数表示的。例如 13/10＝ 1.3，即 $\Delta\nabla N_1$ 变化 10 周，$\Delta\nabla N_2$ 变化 13 周。

2. 利用整周模糊度备选值计算双差电离层延迟误差

根据参考站各卫星电离层延迟误差存在的空间关系，构建双差电离层延迟误差的线性计算模型，通过构建双差电离层延迟误差的线性计算模型搜索和确定 B1、B2 载波相位的整周模糊度。正确的 B1、B2 载波相位整周模糊度备选值组合可以计算出正确的电离层延迟误差，而错误的 B1、B2 载波相位整周模糊度组合计算出的电离层延迟误差存在偏差。可利用双频载波相位整周模糊度备选值组合得到对应的双差

电离层延迟误差,然后利用这些双差电离层延迟误差构建多个双差电离层延迟误差模型,其中只有用正确的双差电离层延迟误差建立的误差模型才是准确的。

经过式(4.49)选择出的 B2 载波相位整周模糊度 $\Delta\nabla N_2$ 备选值与 B1 载波相位整周模糊度 $\Delta\nabla N_1$ 备选值,不受电离层延迟误差(主要是一阶项)的影响。忽略载波相位的观测噪声,根据式(4.47)、式(4.48)可得由 B1、B2 载波相位整周模糊度备选值计算的相应频率双差电离层延迟误差为

$$\Delta\nabla I_1 = \frac{f_2^2}{f_1^2 - f_2^2} \cdot [\lambda_1 \cdot \Delta\nabla\varphi_1 - \lambda_2 \cdot \Delta\nabla\varphi_2 - (\lambda_2 \cdot \Delta\nabla N'_2 - \lambda_1 \cdot \Delta\nabla N'_1)] \tag{4.50}$$

$$\Delta\nabla I_2 = \frac{f_1^2}{f_1^2 - f_2^2} \cdot [\lambda_1 \cdot \Delta\nabla\varphi_1 - \lambda_2 \cdot \Delta\nabla\varphi_2 - (\lambda_2 \cdot \Delta\nabla N'_2 - \lambda_1 \cdot \Delta\nabla N'_1)] \tag{4.51}$$

式中,$\Delta\nabla N'_1$、$\Delta\nabla N'_2$ 分别为 B1 载波相位整周模糊度和 B2 载波相位整周模糊度的备选值。B1、B2 双频载波相位整周模糊度的备选值由式(4.49)选择出,每组整周模糊度备选值包括一对 $\Delta\nabla N'_1$、$\Delta\nabla N'_2$,可计算出相应的 B1、B2 载波相位的双差电离层延迟误差。

3. 双差电离层延迟误差模型的建立和整周模糊度的搜索

根据两个参考站电离层延迟误差的空间相关性,可以建立 BDS 双差电离层延迟误差的空间线性模型如式(4.52)所示,即

$$\Delta\nabla I = m_0 + m_1 \cdot \Delta B + m_2 \cdot \Delta L \tag{4.52}$$

式中,$\Delta\nabla I$ 为参考站的双差电离层延迟误差;m_0、m_1、m_2 为双差电离层延迟误差的线性拟合计算模型的系数,m_0 是常数项,m_1 和 m_2 为水平双差电离层延迟误差拟合系数;ΔB 为卫星与基准卫星的穿刺点纬度差值;ΔL 为卫星与基准卫星的穿刺点经度差值。因为,两个网络 RTK 参考站上同一对双差卫星穿刺点的经纬度差值比较接近,所以,式(4.52)中卫星穿刺点的经纬度差值可在两个参考站中任取其一。

如果当前参考站的共视卫星有 n 颗($n-1>3$),则对于参考站 BDS 系统 B1 载波相位的电离层延迟误差,其计算双差电离层延迟误差的线性计算模型有

$$\left.\begin{aligned}
\nabla\Delta I_1^1 &= a_0 + a_1 \cdot \Delta B^1 + a_2 \cdot \Delta L^1 \\
\nabla\Delta I_1^2 &= a_0 + a_1 \cdot \Delta B^2 + a_2 \cdot \Delta L^2 \\
&\vdots \\
\nabla\Delta I_1^{n-1} &= a_0 + a_1 \cdot \Delta B^{n-1} + a_2 \cdot \Delta L^{n-1}
\end{aligned}\right\} \tag{4.53}$$

以矩阵的形式表示为

$$\boldsymbol{l}_1 = \boldsymbol{ha} \tag{4.54}$$

其中

$$\boldsymbol{l}_1 = \begin{bmatrix} \nabla\Delta I_1^1 & \nabla\Delta I_1^2 & \cdots & \nabla\Delta I_1^{n-1} \end{bmatrix}^{\mathrm{T}}$$

$$\boldsymbol{a} = \begin{bmatrix} a_0 & a_1 & a_2 \end{bmatrix}^{\mathrm{T}}$$

$$\boldsymbol{h} = \begin{bmatrix} 1 & \Delta B^1 & \Delta L^1 \\ 1 & \Delta B^2 & \Delta L^2 \\ \vdots & \vdots & \vdots \\ 1 & \Delta B^{n-1} & \Delta L^{n-1} \end{bmatrix}$$

式中，上标表示卫星编号；$\boldsymbol{l}_1$ 为 B1 载波相位的双差电离层延迟误差向量；$\nabla\Delta I_1$ 为 B1 载波相位的双差电离层延迟误差；$\boldsymbol{a}$ 为双差电离层延迟误差拟合系数向量，含义与式(4.52)中的 m_0、m_1、m_2 相同；$\boldsymbol{h}$ 为系数矩阵。其他符号的含义与式(4.52)相同。

对于参考站 BDS 系统 B2 载波相位的电离层延迟误差，其计算双差电离层延迟误差的线性计算模型有

$$\left.\begin{aligned} \nabla\Delta I_2^1 &= b_0 + b_1 \cdot \Delta B^1 + b_2 \cdot \Delta L^1 \\ \nabla\Delta I_2^2 &= b_0 + b_1 \cdot \Delta B^2 + b_2 \cdot \Delta L^2 \\ &\vdots \\ \nabla\Delta I_2^{n-1} &= b_0 + b_1 \cdot \Delta B^{n-1} + b_2 \cdot \Delta L^{n-1} \end{aligned}\right\} \tag{4.55}$$

以矩阵的形式表示为

$$\boldsymbol{l}_2 = \boldsymbol{hb} \tag{4.56}$$

其中

$$\boldsymbol{l}_2 = \begin{bmatrix} \nabla\Delta I_2^1 & \nabla\Delta I_2^2 & \cdots & \nabla\Delta I_2^{n-1} \end{bmatrix}^{\mathrm{T}}$$

$$\boldsymbol{b} = \begin{bmatrix} b_0 & b_1 & b_2 \end{bmatrix}^{\mathrm{T}}$$

式中，上标表示卫星编号；$\boldsymbol{l}_2$ 为 B2 载波相位的双差电离层延迟误差向量；$\nabla\Delta I_2$ 为 B2 载波相位的双差电离层延迟误差；$\boldsymbol{b}$ 为双差电离层延迟误差拟合系数向量，含义与式(4.52)中的 m_0、m_1、m_2 相同；$\boldsymbol{h}$ 为系数矩阵。其他符号的含义与式(4.52)相同。

利用得到的各双差卫星整周模糊度备选值对应的双差电离层延迟误差，计算参考站双差电离层延迟误差线性计算模型的系数，根据最小二乘解算模型系数的方差确定正确的整周模糊度备选值。将参考站每颗双差卫星整周模糊度备选值对应的 B1、B2 载波相位双差电离层延迟误差作为待检测对象。对各颗 BDS 双差卫星相同频率的待检测电离层延迟误差数值进行组合，组成多组 $n-1$ 维的双差电离层延迟误差向量，利用各组待检测双差电离层延迟误差向量计算双差电离层延迟误差的线性计算模型系数。根据式(4.54)，$\boldsymbol{l}_1$ 即为 $n-1$ 维的双差电离层延迟误差向量，则计算 B1 载波相位双差电离层延迟误差拟合系数向量 $\boldsymbol{a}$ 的误差方程为

$$\boldsymbol{V}_1 = \boldsymbol{h} \cdot \boldsymbol{a} - \boldsymbol{l}_1 \tag{4.57}$$

根据最小二乘计算原理，如果进行等权计算，则有

$$\boldsymbol{a}=(\boldsymbol{h}^{\mathrm{T}}\cdot\boldsymbol{h})^{-1}\cdot\boldsymbol{h}^{\mathrm{T}}\cdot\boldsymbol{l}_1 \tag{4.58}$$

对于式(4.58)，可根据卫星高度角定权，进行加权计算。将式(4.58)平差计算出的双差电离层延迟误差线性计算模型的系数代入式(4.57)，可得

$$\sigma_1^2=\frac{\boldsymbol{V}_1^{\mathrm{T}}\cdot\boldsymbol{V}_1}{n-1-3} \tag{4.59}$$

一个 $n-1$ 维 B1 载波相位双差电离层延迟误差向量计算出一个 σ_1^2，将各个 σ_1^2 进行比较，取最小的 σ_1^2 对应的双差电离层延迟误差组合为正确的双差电离层延迟误差，其对应的 B1、B2 载波相位整周模糊度备选值则为正确的整周模糊度备选值。

根据式(4.56)，$\boldsymbol{l}_2$ 即为 $n-1$ 维的双差电离层延迟误差向量，则计算 B2 载波相位双差电离层延迟误差模型系数向量 $\boldsymbol{b}$ 的误差方程为

$$\boldsymbol{V}_2=\boldsymbol{h}\cdot\boldsymbol{b}-\boldsymbol{l}_2 \tag{4.60}$$

根据最小二乘计算原理，如果进行等权计算，则有

$$\boldsymbol{b}=(\boldsymbol{h}^{\mathrm{T}}\cdot\boldsymbol{h})^{-1}\cdot\boldsymbol{h}^{\mathrm{T}}\cdot\boldsymbol{l}_2 \tag{4.61}$$

对于式(4.61)，也可根据卫星高度角定权，进行加权计算。将式(4.61)平差计算出的双差电离层延迟误差线性计算模型的系数代入式(4.60)，可得

$$\sigma_2^2=\frac{\boldsymbol{V}_2^{\mathrm{T}}\cdot\boldsymbol{V}_2}{n-1-3} \tag{4.62}$$

各 $n-1$ 维 B2 载波相位双差电离层延迟误差组合计算出各自的 σ_2^2，其中最小的 σ_2^2 对应的 B2 载波相位双差电离层延迟误差组合被认为是正确的双差电离层延迟误差，其对应的 B1、B2 载波相位整周模糊度备选值则为正确的整周模糊度备选值。

将根据 B1 载波相位双差电离层延迟误差模型搜索出的 B1、B2 载波相位整周模糊度备选值，与根据 B2 载波相位双差电离层延迟误差模型搜索出的 B1、B2 载波相位整周模糊度备选值进行比较，如果二者一致则说明搜索出的 B1、B2 载波相位整周模糊度为正确的整周模糊度组合。

4.2 BDS 网络 RTK 参考站三频整周模糊度解算

在已有的 BDS 网络 RTK 参考站整周模糊度的解算方法的研究上，借鉴和学习了这些参考站整周模糊度解算方法的优缺点。由于 BDS 的信号质量和接收机设备相比于 GPS 不够完善，因此在充分利用 BDS 三频超宽巷长波长及三频载波相位整周模糊度之间的整数线性关系的条件下，研究了 BDS 网络 RTK 参考站三频载波相位整周模糊度确定方法。算法流程是首先利用 B2、B3 频率的观测值及严格的整周模糊度固定标准确定超宽巷整周模糊度，将固定的超宽巷整周模糊度

与其他宽巷整周模糊度的线性关系作为约束条件，然后估计宽巷整周模糊度、相对天顶对流层延迟误差和电离层延迟误差，并搜索确定宽巷整周模糊度。利用固定的宽巷整周模糊度与三频载波相位整周模糊度的整数线性关系，将线性关系加入载波相位整周模糊度参数估计观测模型中，最后搜索并确定 BDS 原始频率双差载波相位整周模糊度。

4.2.1 BDS 双差三频观测值及线性组合

双差组合观测值具有可消除接收机钟差和卫星钟差，大大削弱轨道误差、电离层延迟误差、对流层延迟误差等误差影响的优点，双差载波相位整周模糊度保持整周特性，所以对 BDS 参考站间的载波相位双差整周模糊度进行解算。通常情况下，BDS 网络 RTK 参考站一般都设在比较开阔的地方，并且硬件设备齐全，多采用抗多路径天线，卫星的多路径效应较小，可忽略多路径的影响，则 BDS 参考站的 B1、B2 和 B3 频率上的双差伪距和载波相位观测方程可表示为

$$\Delta\nabla P_m = \Delta\nabla\rho + \Delta\nabla o + \Delta\nabla\kappa/f_m^2 + \Delta\nabla T + \Delta\nabla\varepsilon_{P,m} \tag{4.63}$$

$$\Delta\nabla\phi_m = \lambda_m \cdot \Delta\nabla\varphi_m = \Delta\nabla\rho + \Delta\nabla o - \lambda_m \cdot \Delta\nabla N_m - \Delta\nabla\kappa/f_m^2 + \Delta\nabla T + \Delta\nabla\varepsilon_{\phi,m} \tag{4.64}$$

式中，下标 m 为 BDS 的 B1、B2 和 B3 载波编号，$m=1,2,3$；P 为以米为单位的伪距观测值；ϕ 和 φ 分别为以米和周为单位的载波相位观测值；$\Delta\nabla$为双差操作符，$\Delta\nabla(\cdot)=\Delta(\cdot)_{AB}-\Delta(\cdot)_{AB}$，如 $\Delta\nabla\varphi_{AB}^{pq}=\Delta\varphi_{AB}^{p}-\Delta\varphi_{AB}^{q}$；$\lambda=c/f$ 为载波相位的波长，f 为频率，c 为真空中的光速；ρ 为卫星到接收机的几何距离；o 为卫星轨道误差；T 为以对流层延迟误差为主的中性大气延迟误差；κ/f_m^2 为电离层延迟误差一阶项，κ 为卫星信号传播路径上的总电子含量，高阶的电离层延迟误差可忽略不计；ε 为载波相位观测值的观测噪声及非模型化误差；N 是整周模糊度。

利用 BDS 三个频率的载波相位观测值进行组合，可以得到一系列具有较长波长的宽巷和超宽巷组合观测值，其中 B2、B3 频率的超宽巷组合观测值对应的波长约为 4.884 m，其电离层延迟误差的影响是 B1 频率电离层延迟误差的 1.6 倍；B1、B2 和 B1、B3 频率的宽巷组合观测值对应的波长约为 0.847 m 和 1.025 m，二者的电离层延迟误差较接近，其载波相位和伪距组合观测值的观测噪声小于 B2、B3 超宽巷组合观测值的观测噪声。

4.2.2 参考站 B2、B3 超宽巷整周模糊度解算

参考站的双差电离层延迟误差、对流层延迟误差和轨道误差等误差的残差随着站间距离的增加逐渐增大，因此，采用不受电离层延迟误差、对流层延迟误差和卫星轨道误差等误差和几何距离影响的 MW 组合计算参考站 B2、B3 双差超宽巷整周模糊度。如果参考站 A、B 同步观测卫星 p、q，可由式(2.93)得到伪距和载波

相位观测值的 MW 组合观测值，如式(4.65)所示，由式(2.94)可计算 B2、B3 双差超宽巷整周模糊度，如式(4.66)所示，即

$$\Delta\nabla MW_{AB}^{pq}=\frac{c\cdot\Delta\nabla\varphi_{3,AB}^{pq}-c\cdot\Delta\nabla\varphi_{2,AB}^{pq}}{f_3-f_2}-\frac{f_3\cdot\Delta\nabla P_{3,AB}^{pq}+f_2\cdot\Delta\nabla P_{2,AB}^{pq}}{f_3+f_2}\tag{4.65}$$

$$\Delta\nabla N_{32,AB}^{pq}=\frac{(f_3-f_2)\cdot\Delta\nabla MW_{AB}^{pq}}{c}\tag{4.66}$$

式中，MW 为 MW 组合观测值，N_{32} 为 B2、B3 超宽巷整周模糊度，其他符号与式(4.64)中的含义相同。双差 MW 组合观测值消除了双差电离层延迟误差一阶项、对流层延迟误差、站星间几何距离(包含了轨道误差)，不受卫星钟差、接收机钟差的影响。从式(4.65)和式(4.66)可以看出，MW 组合模型求解 B2、B3 超宽巷整周模糊度仅受伪距和载波相位观测值噪声的影响，与参考站间距离无关，适合进行长距离参考站间载波相位整周模糊度的解算。

为了保证式(4.65)、式(4.66)的计算为连续弧段的观测数据，利用 MW 组合观测值对 BDS 观测数据进行粗差和周跳探测。由于 MW 组合观测值主要受伪距观测值的观测噪声影响，通过取平均值的方法削弱观测值噪声的影响，相应的 B2、B3 双差超宽巷整周模糊度和方差分别为

$$\Delta\nabla\hat{N}_{32,AB}^{pq}=\langle\Delta\nabla N_{32,AB}^{pq}\rangle\tag{4.67}$$

$$\sigma_{\Delta\nabla\hat{N}_{32,AB}^{pq}}=\sqrt{\frac{(\Delta\nabla N_{32\,AB}^{\ \ pq}-\Delta\nabla\hat{N}_{32\,AB}^{\ \ pq})^2}{num}}\tag{4.68}$$

式中，$\langle\cdot\rangle$ 为多历元求均值，$\Delta\nabla\hat{N}_{32,AB}^{pq}$ 为 B2、B3 双差超宽巷整周模糊度的平均值，num 为观测历元个数，$\sigma_{\Delta\nabla\hat{N}_{32,AB}^{pq}}$ 为 B2、B3 双差超宽巷整周模糊度平均值的中误差。为了保证固定的 B2、B3 双差超宽巷整周模糊度准确性，采用式(4.69)来计算其取整成功率，阈值设为 0.999，即

$$\left.\begin{aligned}&prob_0=1-\sum_{i=0}^{\infty}\left[erfc\left(\frac{i-|b-b_{\text{round}}|}{\sqrt{2}\sigma}\right)-erfc\left(\frac{i+|b-b_{\text{round}}|}{\sqrt{2}\sigma}\right)\right]\\&erfc(x)=\frac{2}{\sqrt{\pi}}\int_x^{\infty}\mathrm{e}^{-t^2}\,\mathrm{d}t\end{aligned}\right\}\tag{4.69}$$

式中，$prob_0$ 为 B2、B3 双差超宽巷整周模糊度固定为最近整数的概率，b 为 B2、B3 双差超宽巷实数型整周模糊度，b_{round} 为 B2、B3 双差超宽巷实数模糊度的就近整数，σ 为 B2、B3 双差超宽巷整周模糊度的中误差，$erfc(\cdot)$ 为误差函数。

利用严格的模糊度固定标准确定 B2、B3 双差超宽巷整周模糊度，若双差超宽巷整周模糊度满足准则条件，则双差超宽巷整周模糊度为正确值。B2、B3 双差超宽巷整周模糊度固定为整数的准则为：

(1)实数双差超宽巷整周模糊度与其最近整数之差的绝对值小于0.25周。

(2)实数双差超宽巷整周模糊度就近取整成功率大于0.99,保证固定双差超宽巷整周模糊度的可靠性。

(3)双差超宽巷整周模糊度平均值的中误差小于等于0.15。

(4)对于任意2个以上的参考站,双差超宽巷整周模糊度的代数和在理论上为零。一般BDS网络RTK定位用于计算区域误差的参考站数量大于3,以参考站A、B和C为例,则有

$$\Delta\nabla N_{32,AB}^{pq}+\Delta\nabla N_{32,BC}^{pq}+\Delta\nabla N_{32,CA}^{pq}=0 \tag{4.70}$$

4.2.3 参考站宽巷整周模糊度解算

由式(4.64)可以得到参考站的B1、B2和B1、B3双差宽巷组合载波相位观测方程为

$$\Delta\nabla\phi_{12}=\Delta\nabla\rho+\Delta\nabla o-\lambda_{12}\cdot\Delta\nabla N_{12}-\Delta\nabla\kappa/f_{12}^{2}+\Delta\nabla T+\Delta\nabla\varepsilon_{\phi,12} \tag{4.71}$$

$$\Delta\nabla\phi_{13}=\Delta\nabla\rho+\Delta\nabla o-\lambda_{13}\cdot\Delta\nabla N_{13}-\Delta\nabla\kappa/f_{13}^{2}+\Delta\nabla T+\Delta\nabla\varepsilon_{\phi,13} \tag{4.72}$$

当参考站的B2、B3双差超宽巷整周模糊度$\Delta\nabla N_{32}$被准确确定之后,则B1、B2双差宽巷整周模糊度$\Delta\nabla N_{12}$和B1、B3双差宽巷整周模糊度$\Delta\nabla N_{13}$具有以下唯一的关系,即

$$\Delta\nabla N_{32}=\Delta\nabla N_{12}-\Delta\nabla N_{13} \tag{4.73}$$

由于参考站坐标精确已知,式(4.71)和式(4.72)中包含B1、B2和B1、B3双差宽巷整周模糊度和双差对流层延迟误差及双差电离层延迟误差。影响双差宽巷整周模糊度固定的主要误差源是双差对流层延迟误差和双差电离层延迟误差。将每对双差卫星对应的双差电离层延迟误差作为参数进行估计,双差对流层延迟误差使用Sasstamoinen模型改正其干延迟$\Delta\nabla T_{\mathrm{dry}}$,残余的湿延迟$\Delta\nabla T_{\mathrm{wet}}$采用分段常数进行估计,并使用GMF投影函数将天顶对流层延迟投影到传播路径上,根据式(3.22)采用一个相对天顶对流层湿延迟参数估计所有可视卫星的双差对流层湿延迟误差。

假定历元i,参考站A、B同步观测到$s+1$颗卫星,联合式(4.71)、式(4.72)、式(4.73)可得到B1、B2和B1、B3双差宽巷组合载波相位观测值的观测方程为

$$\boldsymbol{L}_{\mathrm{C,w}}(i)=\boldsymbol{H}_{\mathrm{C,w}}(i)\boldsymbol{X}_{\mathrm{C,w}}(i) \tag{4.74}$$

其中

$$\boldsymbol{H}_{\mathrm{C,w}}(i)=[\boldsymbol{A}_{\mathrm{C,w}}(i)\quad \boldsymbol{B}_{\mathrm{C,w}}(i)]^{\mathrm{T}}$$

$$\boldsymbol{X}_{\mathrm{C,w}}(i)=[RZTD_{\mathrm{wet},AB}\quad \Delta\nabla\boldsymbol{\kappa}_{AB}^{1}\quad\cdots\quad\Delta\nabla\boldsymbol{\kappa}_{AB}^{s}\quad\Delta\nabla\boldsymbol{N}_{12,AB}\quad\Delta\nabla\boldsymbol{N}_{13,AB}]^{\mathrm{T}}$$

$$\boldsymbol{L}_{\mathrm{C,w}}(i)=[l_{12}^{1}\quad l_{12}^{2}\quad\cdots\quad l_{12}^{s}\quad l_{13}^{1}\quad l_{13}^{2}\quad\cdots\quad l_{13}^{s}\quad\Delta\nabla N_{32}^{1}\quad\Delta\nabla N_{32}^{2}\quad\cdots\quad\Delta\nabla N_{32}^{s}]^{\mathrm{T}}$$

$$\boldsymbol{A}_{\mathrm{C,w}}(i)=[\boldsymbol{e}_{2}\otimes\boldsymbol{G}_{\mathrm{C}}(i)\quad\boldsymbol{\Gamma}_{\mathrm{C,w}}\otimes\boldsymbol{I}_{s}\quad\boldsymbol{\Lambda}_{\mathrm{C,w}}\otimes\boldsymbol{I}_{s}]$$

$$\boldsymbol{G}_{\mathrm{C}}(i)=[MF_A^1 \quad MF_A^2 \quad \cdots \quad MF_A^s]^{\mathrm{T}}$$

$$\Delta\nabla\boldsymbol{N}_{12,AB}=[\Delta\nabla N_{12,AB}^1 \quad \cdots \quad \Delta\nabla N_{12,AB}^s]^{\mathrm{T}}$$

$$\Delta\nabla\boldsymbol{N}_{13,AB}=[\Delta\nabla N_{13,AB}^1 \quad \cdots \quad \Delta\nabla N_{13,AB}^s]^{\mathrm{T}}$$

$$\boldsymbol{l}_{12}^s=\Delta\nabla\phi_{12,AB}^s-\Delta\nabla\rho_{AB}^s-\Delta\nabla T_{AB,\mathrm{dry}}^s$$

$$\boldsymbol{l}_{13}^s=\Delta\nabla\phi_{13,AB}^s-\Delta\nabla\rho_{AB}^s-\Delta\nabla T_{AB,\mathrm{dry}}^s$$

式中，$\otimes$、$\boldsymbol{I}_s$ 和 $\boldsymbol{e}_n$ 分别表示克罗内克积、s 维单位矩阵及各元素均为 1 的 n 维列向量；上标表示双差卫星编号，在此省略了基准卫星，下标 C 和 w 分别表示 BDS 的宽巷或超宽巷；$\boldsymbol{A}_{\mathrm{C,w}}(i)$ 中子矩阵（从左到右）分别是对应于 $\boldsymbol{X}_{\mathrm{C,w}}(i)$ 中相对天顶对流层湿延迟误差、双差电离层延迟误差及双差宽巷整周模糊度的系数矩阵；$\boldsymbol{B}_{\mathrm{C,w}}(i)$ 为式(4.73)对应的每对双差卫星的超宽巷整周模糊度与宽巷整周模糊度的线性关系的系数矩阵；$\boldsymbol{L}_{\mathrm{C,w}}(i)$ 为式(4.71)、式(4.72)、式(4.73)中双差宽巷载波相位观测方程对应的常数项向量；$\boldsymbol{G}_{\mathrm{C}}(i)$ 为式(4.70)对应的每对 BDS 双差卫星的星间投影函数之差；$\boldsymbol{\Gamma}_{\mathrm{C,w}}=[-1/f_{12}^2 \quad -1/f_{13}^2]^{\mathrm{T}}$ 为双差宽巷观测值对应的电离层延迟误差系数；$\boldsymbol{\Lambda}_{\mathrm{C,w}}=\mathrm{diag}(-\lambda_{12},-\lambda_{13})$ 为二维对角矩阵，其对角线元素为双差宽巷整周模糊度对应的波长；其他符号的含义与式(4.71)和式(4.72)的含义相同。

式(4.74)在多历元数据处理中将双差电离层延迟误差作为历元参数，相对天顶对流层湿延迟误差作为分段常数，每个历元利用固定的宽巷整周模糊度计算得到的双差电离层延迟误差仅作为下一历元的初值，采用参数消去法消掉法方程中与双差电离层延迟误差相关的信息，法方程中不进行电离层延迟误差信息的叠加，只进行可被连续跟踪时段内所有卫星的宽巷整周模糊度和相对天顶对流层湿延迟误差的法方程叠加。在参数估计中，采用卫星高度角定权法对双差宽巷组合载波相位观测值进行定权，并将正确固定的超宽巷整周模糊度与宽巷整周模糊度的线性关系作为强约束条件，各双差卫星对应式(4.73)的权给予比卫星高度角最高的宽巷载波相位观测值的权稍大的权值。根据最小二乘计算原理，可估计双差电离层延迟误差、相对天顶对流层湿延迟误差及双差宽巷整周模糊度，之后利用 LAMBDA 搜索并确定双差宽巷整周模糊度，并利用类似式(4.70)的准则进行整周模糊度闭合条件检验。

4.2.4 参考站 B1、B2 和 B3 整周模糊度解算

参考站的双差宽巷整周模糊度确定之后，其与 B1、B2 及 B3 双差整周模糊度具有以下整数线性关系，即

$$\left.\begin{aligned}\Delta\nabla N_2&=\Delta\nabla N_1-\Delta\nabla N_{12}\\ \Delta\nabla N_3&=\Delta\nabla N_1-\Delta\nabla N_{13}\end{aligned}\right\} \tag{4.75}$$

将式(4.75)代入式(4.64)中得到 B1、B2 及 B3 双差载波相位观测方程为

$$\left.\begin{aligned}\Delta\nabla\phi_1&=\Delta\nabla\rho+\Delta\nabla o-\lambda_1\cdot\Delta\nabla N_1-\Delta\nabla\kappa/f_1^2+\Delta\nabla T+\Delta\nabla\varepsilon_{\phi,1}\\\Delta\nabla\phi_2&=\Delta\nabla\rho+\Delta\nabla o-\lambda_2\cdot\Delta\nabla N_1+\lambda_2\cdot\Delta\nabla N_{12}-\Delta\nabla\kappa/f_2^2+\Delta\nabla T+\Delta\nabla\varepsilon_{\phi,2}\\\Delta\nabla\phi_3&=\Delta\nabla\rho+\Delta\nabla o-\lambda_3\cdot\Delta\nabla N_1+\lambda_3\cdot\Delta\nabla N_{13}-\Delta\nabla\kappa/f_3^2+\Delta\nabla T+\Delta\nabla\varepsilon_{\phi,3}\end{aligned}\right\}\tag{4.76}$$

假定历元 i，参考站 A、B 同步观测到 $s+1$ 颗卫星，由式(4.76)可得 B1、B2 和 B3 双差载波相位观测方程为

$$\boldsymbol{L}_{\mathrm{C}}(i)=\boldsymbol{A}_{\mathrm{C}}(i)\boldsymbol{X}_{\mathrm{C}}(i)\tag{4.77}$$

其中

$$\boldsymbol{A}_{\mathrm{C}}(i)=[\boldsymbol{e}_3\otimes\boldsymbol{G}_{\mathrm{C}}(i)\quad\boldsymbol{\Gamma}_{\mathrm{C}}\otimes\boldsymbol{I}_s\quad\boldsymbol{\Lambda}_{\mathrm{C}}\otimes\boldsymbol{I}_s]^{\mathrm{T}}$$

$$\boldsymbol{X}_{\mathrm{C}}(i)=[RZTD_{\mathrm{wet},AB}\quad\Delta\nabla\boldsymbol{\kappa}_{AB}^1\quad\cdots\quad\Delta\nabla\boldsymbol{\kappa}_{AB}^s\quad\Delta\nabla N_{1,AB}^1\quad\cdots\quad\Delta\nabla N_{1,AB}^s]^{\mathrm{T}}$$

$$\boldsymbol{L}_{\mathrm{C}}(i)=[l_1^1\quad\cdots\quad l_1^s\quad l_2^1\quad\cdots\quad l_2^s\quad l_3^1\quad\cdots\quad l_3^s]^{\mathrm{T}}$$

$$\left.\begin{aligned}l_1^s&=\Delta\nabla\phi_{1,AB}^s-\Delta\nabla\rho_{AB}^s-\Delta\nabla T_{AB,\mathrm{dry}}^s\\l_2^s&=\Delta\nabla\phi_{2,AB}^s-\Delta\nabla\rho_{AB}^s-\Delta\nabla T_{AB,\mathrm{dry}}^s-\lambda_2\cdot\Delta\nabla N_{12,AB}^s\\l_3^s&=\Delta\nabla\phi_{3,AB}^s-\Delta\nabla\rho_{AB}^s-\Delta\nabla T_{AB,\mathrm{dry}}^s-\lambda_3\cdot\Delta\nabla N_{13,AB}^s\end{aligned}\right\}$$

式中，$\boldsymbol{\Gamma}_{\mathrm{C}}=[-1/f_1^2\quad-1/f_2^2\quad-1/f_3^2]^{\mathrm{T}}$ 和 $\boldsymbol{\Lambda}_{\mathrm{C}}=[-\lambda_1\quad-\lambda_2\quad-\lambda_3]^{\mathrm{T}}$ 分别为 B1、B2 和 B3 双差载波相位观测值对应的电离层延迟误差系数和波长，$\boldsymbol{X}_{\mathrm{C}}(i)$ 中待估的整周模糊度参数为 B1 双差整周模糊度，$\boldsymbol{L}_{\mathrm{C}}(i)$ 为式(4.76)中 B1、B2 和 B3 双差载波相位观测方程对应的常数项向量，其他符号的含义与式(4.74)的含义相同。采用卫星高度角定权法对双差载波相位观测值进行定权，并按照式(4.74)中对宽巷整周模糊度和大气延迟误差的处理方法对式(4.77)中的 B1 双差整周模糊度、电离层延迟误差和相对天顶对流层延迟误差进行参数估计，然后确定 B1 双差整周模糊度，并利用类似于式(4.70)的准则进行整周模糊度闭合条件检验。利用式(4.75)可进一步得到 B2、B3 双差整周模糊度。

4.3 GPS 网络 RTK 参考站双频整周模糊度解算

随着 GPS 现代化计划的进行，现代化后的 GPS 卫星在 L1(1 575.42 MHz)、L2(1 227.60 MHz)和 L5(1 176.45 MHz)上播发多种导航卫星信号。目前，GPS 还不能全星座提供三频观测数据，因此本书针对 GPS 的 L1、L2 频率的观测值信息，在提出的 BDS 网络 RTK 参考站三频整周模糊度的解算方法的基础上，提出了一种 GPS 网络 RTK 参考站双频整周模糊度确定方法。该方法首先利用 L1、L2 频率的观测值及严格的整周模糊度固定标准解算宽巷整周模糊度，将固定的宽巷整周模糊度与双频载波相位整周模糊度的整数线性关系作为约束条件，然后估计双频载波相位整周模糊度、相对天顶对流层延迟误差和电离层延迟误差，并搜索确

定双频载波相位整周模糊度。

4.3.1 参考站宽巷整周模糊度解算

采用不受电离层延迟误差、对流层延迟误差和卫星轨道误差等误差和几何距离影响的 MW 组合计算参考站 L1、L2 双差宽巷整周模糊度。如果参考站 A、B 同步观测卫星 p、q，可由式(2.93)和式(2.94)分别得到 MW 组合观测值和 L1、L2 双差宽巷整周模糊度，即

$$\Delta\nabla MW_{AB}^{pq}=\frac{c\cdot\Delta\nabla\varphi_{1,AB}^{pq}-c\cdot\Delta\nabla\varphi_{2,AB}^{pq}}{f_1-f_2}-\frac{f_1\cdot\Delta\nabla P_{1,AB}^{pq}+f_2\cdot\Delta\nabla P_{2,AB}^{pq}}{f_1+f_2} \tag{4.78}$$

$$\Delta\nabla N_{12,AB}^{pq}=\frac{(f_1-f_2)\cdot\Delta\nabla MW_{AB}^{pq}}{c} \tag{4.79}$$

式中，N_{12} 为 L1、L2 宽巷整周模糊度，其他符号与式(4.64)中的含义相同。双差 MW 组合观测值消除了双差电离层延迟误差一阶项、对流层延迟误差、站星间几何距离(包含了轨道误差)，不受卫星钟差、接收机钟差的影响。从式(4.78)和式(4.79)可以看出，MW 组合模型求解 L1、L2 宽巷整周模糊度仅受伪距和载波相位观测值噪声的影响，与参考站间距离无关。

为了保证式(4.78)、式(4.79)的计算为连续弧段的观测数据，利用 MW 组合观测值对 GPS 观测数据进行粗差和周跳探测。由于 MW 组合观测值主要受伪距观测值的观测噪声影响，通过取平均值的方法削弱观测值噪声的影响，相应的 L1、L2 双差宽巷整周模糊度和方差分别为

$$\Delta\nabla\hat{N}_{12,AB}^{pq}=\langle\Delta\nabla N_{12,AB}^{pq}\rangle \tag{4.80}$$

$$\sigma_{\Delta\nabla\hat{N}_{12,AB}^{pq}}=\sqrt{\frac{\langle(\Delta\nabla N_{12\,AB}^{\;\;pq}-\Delta\nabla\hat{N}_{12\,AB}^{\;\;pq})^2\rangle}{num}} \tag{4.81}$$

式中，$\Delta\nabla\hat{N}_{12,AB}^{pq}$ 为 L1、L2 双差宽巷整周模糊度的平均值，$\sigma_{\Delta\nabla\hat{N}_{12,AB}^{pq}}$ 为 L1、L2 双差宽巷整周模糊度平均值的中误差，其他符号与式(4.68)中的含义相同。为了保证固定的 L1、L2 双差宽巷整周模糊度准确性，采用式(4.69)来计算其取整成功率。

利用严格的整周模糊度固定标准确定 L1、L2 双差宽巷整周模糊度，若双差宽巷整周模糊度满足准则条件，则双差宽巷整周模糊度为正确值。L1、L2 双差宽巷整周模糊度固定为整数的准则为：

(1)实数双差宽巷整周模糊度与其最近整数之差的绝对值小于 0.25 周。

(2)实数双差宽巷整周模糊度就近取整成功率大于 0.99，保证固定双差宽巷整周模糊度的可靠性。

(3)双差宽巷整周模糊度平均值的中误差小于等于 0.15。

(4)对于任意 2 个以上的参考站，双差宽巷整周模糊度的代数和在理论上为

零。一般 GPS 网络 RTK 定位用于计算区域误差的参考站数量大于 3，以参考站 A、B 和 C 为例，则有

$$\Delta\nabla N_{12,AB}^{pq}+\Delta\nabla N_{12,BC}^{pq}+\Delta\nabla N_{12,CA}^{pq}=0 \tag{4.82}$$

4.3.2 参考站 L1、L2 整周模糊度解算

由式(4.64)可以得到参考站的 L1 和 L2 双差载波相位观测方程为

$$\Delta\nabla\phi_1=\Delta\nabla\rho+\Delta\nabla o-\lambda_1\cdot\Delta\nabla N_1-\Delta\nabla\kappa/f_1^2+\Delta\nabla T+\Delta\nabla\varepsilon_{\phi,1} \tag{4.83}$$

$$\Delta\nabla\phi_2=\Delta\nabla\rho+\Delta\nabla o-\lambda_2\cdot\Delta\nabla N_2-\Delta\nabla\kappa/f_2^2+\Delta\nabla T+\Delta\nabla\varepsilon_{\phi,2} \tag{4.84}$$

当参考站间的 L1、L2 双差宽巷整周模糊度 $\Delta\nabla N_{12}$ 被准确确定之后，则 L1、L2 双差宽巷整周模糊度 $\Delta\nabla N_{12}$ 与 L1 和 L2 双差整周模糊度具有以下唯一的关系，即

$$\Delta\nabla N_{12}=\Delta\nabla N_1-\Delta\nabla N_2 \tag{4.85}$$

由于参考站坐标精确已知，式(4.83)和式(4.84)中包含 L1 和 L2 双差整周模糊度和双差对流层延迟误差及双差电离层延迟误差。影响双差整周模糊度固定的主要误差源是双差对流层延迟误差和双差电离层延迟误差。将每对双差卫星对应的双差电离层延迟误差作为参数进行估计，双差对流层延迟误差使用 Sasstamoinen 模型改正其干延迟 $\Delta\nabla T_{\mathrm{dry}}$，残余的湿延迟 $\Delta\nabla T_{\mathrm{wet}}$ 采用分段常数进行估计，并使用 GMF 投影函数将天顶对流层延迟投影到传播路径上，根据式(3.22)采用一个相对天顶对流层湿延迟参数估计所有可视卫星的双差对流层湿延迟误差。

假定历元 i，参考站 A、B 同步观测到 $s+1$ 颗卫星，联合式(4.83)、式(4.84)、式(4.85)可得到 L1 和 L2 双差载波相位观测值的观测方程为

$$\boldsymbol{L}_{\mathrm{G}}(i)=\boldsymbol{H}_{\mathrm{G}}(i)\boldsymbol{X}_{\mathrm{G}}(i) \tag{4.86}$$

其中

$$\boldsymbol{H}_{\mathrm{G}}(i)=[\boldsymbol{A}_{\mathrm{G}}(i)\quad \boldsymbol{B}_{\mathrm{G}}(i)]^{\mathrm{T}}$$

$$\boldsymbol{X}_{\mathrm{G}}(i)=[RZTD_{\mathrm{wet},AB}\quad \Delta\nabla\boldsymbol{\kappa}_{AB}^{1}\quad \Delta\nabla\boldsymbol{\kappa}_{AB}^{2}\quad \cdots\quad \Delta\nabla\boldsymbol{\kappa}_{AB}^{s}\quad \Delta\nabla\boldsymbol{N}_{1,AB}\quad \Delta\nabla\boldsymbol{N}_{2,AB}]^{\mathrm{T}}$$

$$\boldsymbol{L}_{\mathrm{G}}(i)=[l_1^1\quad l_1^2\quad \cdots\quad l_1^s\quad l_2^1\quad l_2^2\quad \cdots\quad l_2^s\quad \Delta\nabla\boldsymbol{N}_{12}^{1}\quad \Delta\nabla\boldsymbol{N}_{12}^{2}\quad \cdots\quad \Delta\nabla\boldsymbol{N}_{12}^{s}]^{\mathrm{T}}$$

$$\boldsymbol{A}_{\mathrm{G}}(i)=[\boldsymbol{e}_2\otimes\boldsymbol{G}_{\mathrm{G}}(i)\quad \boldsymbol{\Gamma}_{\mathrm{G}}\otimes\boldsymbol{I}_s\quad \boldsymbol{\Lambda}_{\mathrm{G}}\otimes\boldsymbol{I}_s]$$

$$\boldsymbol{G}_{\mathrm{G}}(i)=[MF_A^1\quad MF_A^2\quad \cdots\quad MF_A^s]^{\mathrm{T}}$$

$$\Delta\nabla\boldsymbol{N}_{1,AB}=[\Delta\nabla N_{1,AB}^{1}\quad \Delta\nabla N_{1,AB}^{2}\quad \cdots\quad \Delta\nabla N_{1,AB}^{s}]^{\mathrm{T}}$$

$$\Delta\nabla\boldsymbol{N}_{2,AB}=[\Delta\nabla N_{2,AB}^{1}\quad \Delta\nabla N_{2,AB}^{2}\quad \cdots\quad \Delta\nabla N_{2,AB}^{s}]^{\mathrm{T}}$$

$$l_1^s=\Delta\nabla\phi_{1,AB}^{s}-\Delta\nabla\rho_{AB}^{s}-\Delta\nabla T_{AB,\mathrm{dry}}^{s}$$

$$l_2^s=\Delta\nabla\phi_{2,AB}^{s}-\Delta\nabla\rho_{AB}^{s}-\Delta\nabla T_{AB,\mathrm{dry}}^{s}$$

式中，$\boldsymbol{A}_{\mathrm{G}}(i)$ 中子矩阵(从左到右)分别是对应于 $\boldsymbol{X}_{\mathrm{G}}(i)$ 中相对天顶对流层湿延迟误差、双差电离层延迟误差及双差整周模糊度的系数矩阵；$\boldsymbol{B}_{\mathrm{G}}(i)$ 为式(4.85)对应的每对双差卫星的 L1、L2 宽巷整周模糊度与双差整周模糊度的线性关系的系

数矩阵；$\boldsymbol{\Gamma}_{\mathrm{G}}=[-1/f_1^2 \quad -1/f_2^2]^{\mathrm{T}}$ 为 L1 和 L2 双差观测值对应的电离层延迟误差系数；$\boldsymbol{\Lambda}_{\mathrm{G}}=\mathrm{diag}(-\lambda_1 \quad -\lambda_2)$ 为二维对角矩阵，其对角线元素为 L1 和 L2 双差整周模糊度对应的波长；下标 G 表示 GPS，上标表示双差卫星编号，在此省略了基准卫星；$\boldsymbol{L}_{\mathrm{G}}(i)$ 为式(4.83)、式(4.84)、式(4.85)中 L1 和 L2 的双差载波相位观测方程对应的常数项向量；$\boldsymbol{G}_{\mathrm{G}}(i)$ 为式(4.70)对应的每对 GPS 双差卫星的星间投影函数之差；其他符号的含义与式(4.74)中的的含义相同。采用卫星高度角定权法对双差载波相位观测值进行定权，并按照式(4.74)中对宽巷整周模糊度和大气延迟误差的处理方法对式(4.86)中的 L1 和 L2 双差整周模糊度、电离层延迟误差和相对天顶对流层延迟误差进行参数估计，之后利用 LAMBDA 搜索并确定 L1 和 L2 双差整周模糊度，并利用类似于式(4.82)的准则进行整周模糊度闭合条件检验。

4.4　BDS/GPS 网络 RTK 参考站整周模糊度解算

在 BDS 网络 RTK 参考站三频整周模糊度解算方法和 GPS 网络 RTK 参考站双频整周模糊度确定方法的基础上，研究了一种 BDS/GPS 网络 RTK 参考站整周模糊度确定方法，具体实现过程如图 4.2 所示。针对 BDS 双频观测数据和 GPS 双频观测数据，主要分两步：一是 B1、B2 双差宽巷整周模糊度和 L1、L2 双差宽巷整周模糊度的确定；二是 B1、B2 双差整周模糊度和 L1、L2 双差整周模糊度的确定。针对 BDS 三频观测数据和 GPS 双频观测数据，主要分三步：一是 B2、B3 双差超宽巷整周模糊度和 L1、L2 双差宽巷整周模糊度的确定；二是 B1、B2 双差宽巷整周模糊度和 B1、B3 双差宽巷整周模糊度的确定；三是 B1、B2、B3 双差整周模糊度和 L1、L2 双差整周模糊度的确定。

针对 BDS 双频观测数据和 GPS 双频观测数据，该方法首先利用参考站网 BDS/GPS 各系统的伪距和载波相位观测值数据及实时星历数据，根据 MW 组合模型计算 B1、B2 双差宽巷整周模糊度和 L1、L2 双差宽巷整周模糊度，并按照严格的整周模糊度固定准则确定 B1、B2 双差宽巷整周模糊度和 L1、L2 双差宽巷整周模糊度。进一步可以得到 B1、B2 双差整周模糊度之间的整数线性关系和 L1、L2 双差整周模糊度之间的整数线性关系，将这两种线性关系加入 B1、B2 双差载波相位观测方程及 L1、L2 双差载波相位观测方程中，然后估计 B1、B2、L1、L2 双差整周模糊度、相对天顶对流层延迟误差和电离层延迟误差，并采用 LAMBDA 算法搜索确定 B1、B2、L1、L2 双差整周模糊度。针对 BDS 三频观测数据和 GPS 双频观测数据，该方法首先利用参考站网 BDS/GNSS 各系统的伪距和载波相位观测值数据及实时星历数据，根据 MW 组合模型计算 B2、B3 双差超宽巷整周模糊度和 L1、L2 双差宽巷整周模糊度，并按照严格的整周模糊度固定准则确定 B2、B3 双差超

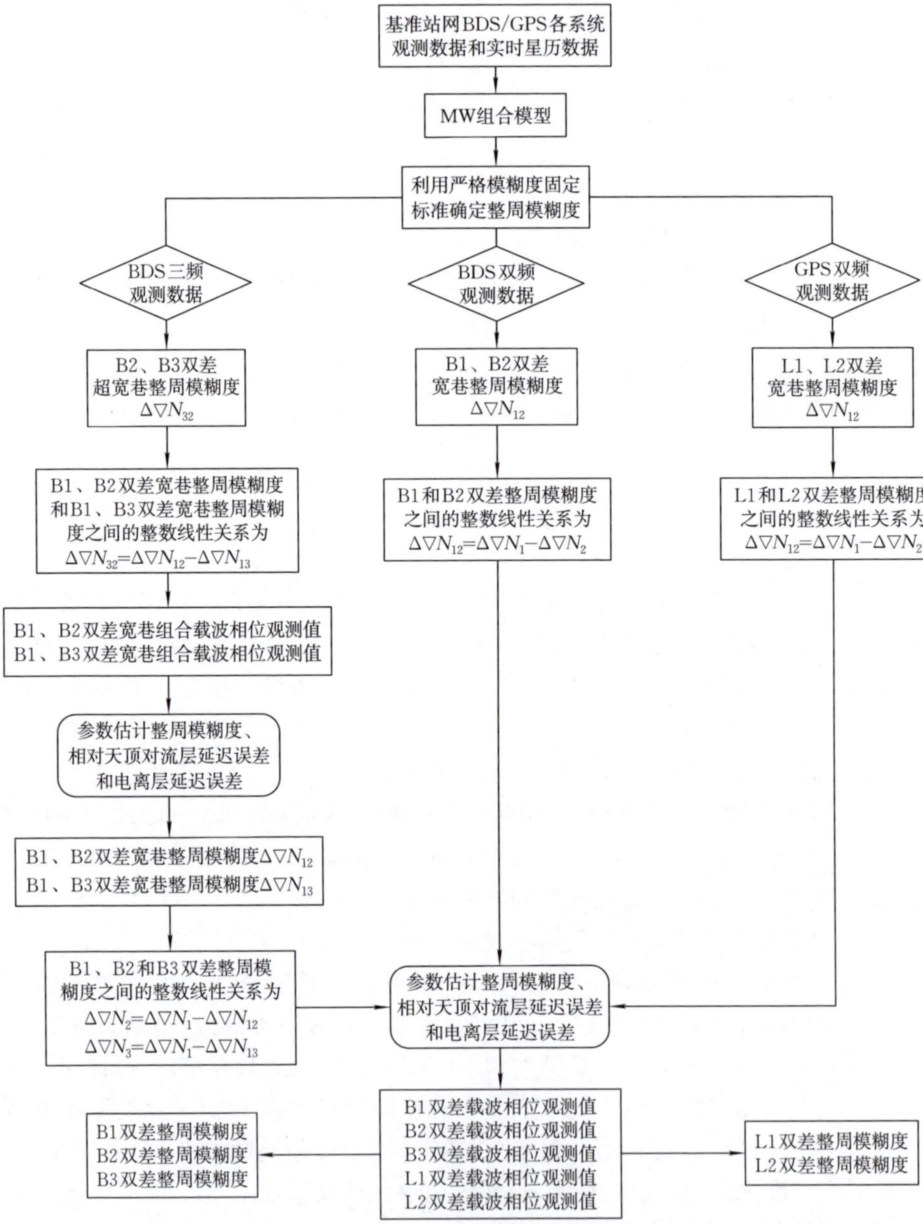

图 4.2 BDS/GPS 参考站整周模糊度解算过程

宽巷整周模糊度和 L1、L2 双差宽巷整周模糊度。进一步可以得到 B1、B2 双差宽巷整周模糊度和 B1、B3 双差宽巷整周模糊度之间整数线性关系，将这两个线性关系加入 B1、B2 双差宽巷组合载波相位观测方程和 B1、B3 双差宽巷组合载波相位观测方程中，然后估计 B1、B2 双差宽巷整周模糊度、相对天顶对流层延迟误差和电离层延迟误差，并搜索确定 B1、B2 双差宽巷整周模糊度，通过线性关系确定 B1、B3 双差宽巷整周模糊度。之后利用确定的 B1、B2 双差宽巷整周模糊度和 B1、B3 双差宽巷整周模糊度可以得到 B1、B2 和 B3 双差整周模糊度之间的整数线性关系，利用确定的 L1 和 L2 双差宽巷整周模糊度可以得到 L1 和 L2 双差整周模糊度之间的整数线性关系，将线性关系加入 B1、B2 和 B3 载波相位观测方程及 L1、L2 双差载波相位观测方程中，然后估计 B1 和 L1 双差整周模糊度、相对天顶对流层延迟误差和电离层延迟误差，最后采用 LAMBDA 算法搜索确定 B1 和 L1 双差载波相位整周模糊度，之后通过双差整周模糊度之间的整数线性关系确定 B2、B3 和 L2 双差载波相位整周模糊度。

4.4.1 参考站 B1、B2、L1、L2 整周模糊度解算

针对 BDS 双频观测数据和 GPS 双频观测数据，利用参考站 BDS/GNSS 的 B1、B2、L1 和 L2 频点的伪距和载波相位观测值，可由式(2.93)实时得到伪距和载波相位观测值的 MW 组合观测值，由式(2.94)可计算 B1、B2 双差宽巷整周模糊度和 L1、L2 双差宽巷整周模糊度，如式(4.78)和式(4.79)所示。B1、B2 双差宽巷整周模糊度和 L1、L2 双差宽巷整周模糊度采用逐历元取平均值的方法削弱各自的观测值噪声的影响，按照式(4.69)计算其取整成功率，并按照 4.2 和 4.3 中严格的整周模糊度固定标准确定 B1、B2 双差宽巷整周模糊度和 L1、L2 双差宽巷整周模糊度。

当参考站 B1、B2 双差宽巷整周模糊度 $\Delta\nabla N_{C,12}$ 和 L1、L2 双差宽巷整周模糊度 $\Delta\nabla N_{G,12}$ 被准确确定之后，则 B1、B2 双差整周模糊度之间整数线性关系、L1 和 L2 双差整周模糊度之间整数线性关系为

$$\left.\begin{aligned}\Delta\nabla N_{C,2}&=\Delta\nabla N_{C,1}-\Delta\nabla N_{C,12}\\ \Delta\nabla N_{G,2}&=\Delta\nabla N_{G,1}-\Delta\nabla N_{G,12}\end{aligned}\right\}\tag{4.87}$$

式中，下标 C 和 G 分别表示 BDS 和 GPS，其他符号的含义与式(4.75)和式(4.85)中的含义相同。

由式(4.64)可以得到参考站间 B1 和 B2 双差载波相位观测方程及 L1 和 L2 双差载波相位观测方程为

$$\left.\begin{aligned}\Delta\nabla\phi_{C,1}&=\Delta\nabla\rho_C+\Delta\nabla o_C-\lambda_{C,1}\cdot\Delta\nabla N_{C,1}-\Delta\nabla\kappa_C/f_{C,1}^2+\Delta\nabla T_C+\Delta\nabla\varepsilon_{C,\phi,1}\\ \Delta\nabla\phi_{C,2}&=\Delta\nabla\rho_C+\Delta\nabla o_C-\lambda_{C,2}\cdot\Delta\nabla N_{C,2}-\Delta\nabla\kappa_C/f_{C,2}^2+\Delta\nabla T_C+\Delta\nabla\varepsilon_{C,\phi,2}\\ \Delta\nabla\phi_{G,1}&=\Delta\nabla\rho_G+\Delta\nabla o_G-\lambda_{G,1}\cdot\Delta\nabla N_{G,1}-\Delta\nabla\kappa_G/f_{G,1}^2+\Delta\nabla T_G+\Delta\nabla\varepsilon_{G,\phi,1}\\ \Delta\nabla\phi_{G,2}&=\Delta\nabla\rho_G+\Delta\nabla o_G-\lambda_{G,2}\cdot\Delta\nabla N_{G,2}-\Delta\nabla\kappa_G/f_{G,2}^2+\Delta\nabla T_G+\Delta\nabla\varepsilon_{G,\phi,2}\end{aligned}\right\}\tag{4.88}$$

式中，下标 C 和 G 分别表示 BDS 和 GPS，其他符号的含义与式(4.64)中的含义相同。

将式(4.87)代入式(4.88)中得到新的双差载波相位观测方程为

$$\left.\begin{aligned}
\Delta\nabla\phi_{C,1} &= \Delta\nabla\rho_C + \Delta\nabla o_C - \lambda_{C,1}\cdot\Delta\nabla N_{C,1} - \Delta\nabla\kappa_C/f_{C,1}^2 + \Delta\nabla T_C + \Delta\nabla\varepsilon_{C,\phi,1}\\
\Delta\nabla\phi_{C,2} &= \Delta\nabla\rho_C + \Delta\nabla o_C - \lambda_{C,2}\cdot\Delta\nabla N_{C,1} - \Delta\nabla\kappa_C/f_{C,2}^2 + \Delta\nabla T_C + \Delta\nabla\varepsilon_{C,\phi,2} +\\
&\quad \lambda_{C,2}\cdot\Delta\nabla N_{C,12}\\
\Delta\nabla\phi_{G,1} &= \Delta\nabla\rho_G + \Delta\nabla o_G - \lambda_{G,1}\cdot\Delta\nabla N_{G,1} - \Delta\nabla\kappa_G/f_{G,1}^2 + \Delta\nabla T_G + \Delta\nabla\varepsilon_{G,\phi,1}\\
\Delta\nabla\phi_{G,2} &= \Delta\nabla\rho_G + \Delta\nabla o_G - \lambda_{G,2}\cdot\Delta\nabla N_{G,1} - \Delta\nabla\kappa_G/f_{G,2}^2 + \Delta\nabla T_G + \Delta\nabla\varepsilon_{G,\phi,2} +\\
&\quad \lambda_{G,2}\cdot\Delta\nabla N_{G,12}
\end{aligned}\right\}\tag{4.89}$$

式中,各符号的含义与式(4.87)和式(4.88)中的含义相同。

由于参考站坐标精确已知,式(4.88)中包含B1、B2双差整周模糊度、L1和L2双差整周模糊度和双差对流层延迟误差及双差电离层延迟误差。影响双差整周模糊度固定的主要误差源是双差对流层延迟误差和双差电离层延迟误差。将每个系统每对双差卫星对应的双差电离层延迟误差作为参数进行估计,双差对流层延迟误差使用Sasstamoinen模型改正其干延迟,残余的湿延迟采用分段常数进行估计,两个系统采用一个相对天顶对流层湿延迟参数估计所有可视卫星的双差对流层湿延迟误差。

假定历元i,参考站A、B同步观测到s_C+s_G+2颗卫星,由式(4.89)可得B1、B2双差载波相位观测方程及L1、L2双差载波相位观测方程为

$$\boldsymbol{L}_{C+G}(i)=\boldsymbol{H}_{C+G}(i)\boldsymbol{X}_{C+G}(i)\tag{4.90}$$

其中

$$\boldsymbol{H}_{C+G}(i)=[\boldsymbol{A}_{C_0}(i)\quad \boldsymbol{B}_{G_0}(i)]^T$$

$$\boldsymbol{X}_{C+G}(i)=[RZTD_{wet,AB}\quad \Delta\nabla\boldsymbol{\kappa}_C\quad \Delta\nabla\boldsymbol{\kappa}_G\quad \Delta\nabla\boldsymbol{N}_C\quad \Delta\nabla\boldsymbol{N}_G]^T$$

$$\boldsymbol{L}_{C+G}(i)=[l_{C,1}^1\ l_{C,1}^2\ \cdots\ l_{C,1}^{s_C}\ l_{C,2}^1\ l_{C,2}^2\ \cdots\ l_{C,2}^{s_C}\ l_{G,1}^1\ l_{G,1}^2\ \cdots\ l_{G,1}^{s_G}\ l_{G,2}^1\ l_{G,2}^2\ \cdots\ l_{G,2}^{s_G}]^T$$

$$\boldsymbol{A}_{C_0}(i)=[\boldsymbol{e}_2\otimes\boldsymbol{G}_C(i)\quad \boldsymbol{\Gamma}_{C_0}\otimes\boldsymbol{I}_s\quad O\quad \boldsymbol{\Lambda}_{C_0}\otimes\boldsymbol{I}_s\quad O]$$

$$\boldsymbol{B}_{G_0}(i)=[\boldsymbol{e}_2\otimes\boldsymbol{G}_G(i)\quad O\quad \boldsymbol{\Gamma}_{G_0}\otimes\boldsymbol{I}_s\quad O\quad \boldsymbol{\Lambda}_{G_0}\otimes\boldsymbol{I}_s]$$

$$l_{C,1}^s=\Delta\nabla\phi_{C,1,AB}^s-\Delta\nabla\rho_{C,AB}^s-\Delta\nabla T_{C,AB,dry}^s$$

$$l_{C,2}^s=\Delta\nabla\phi_{C,2,AB}^s-\Delta\nabla\rho_{C,AB}^s-\Delta\nabla T_{C,AB,dry}^s-\lambda_{C,2}\cdot\Delta\nabla N_{C,12,AB}^s$$

$$l_{G,1}^s=\Delta\nabla\phi_{G,1,AB}^s-\Delta\nabla\rho_{G,AB}^s-\Delta\nabla T_{G,AB,dry}^s$$

$$l_{G,2}^s=\Delta\nabla\phi_{G,2,AB}^s-\Delta\nabla\rho_{G,AB}^s-\Delta\nabla T_{G,AB,dry}^s-\lambda_{G,2}\cdot\Delta\nabla N_{G,12,AB}^s$$

$$\Delta\nabla\boldsymbol{\kappa}_C=[\Delta\nabla\kappa_{C,AB}^1\quad \Delta\nabla\kappa_{C,AB}^2\quad \Delta\nabla\kappa_{C,AB}^1\quad \cdots]^T$$

$$\Delta\nabla\boldsymbol{\kappa}_G=[\Delta\nabla\kappa_{G,AB}^1\quad \Delta\nabla\kappa_{G,AB}^2\quad \cdots\quad \Delta\nabla\kappa_{G,AB}^{s_G}]^T$$

$$\Delta\nabla \boldsymbol{N}_{\mathrm{C}}=[\Delta\nabla N_{\mathrm{C},1,AB}^{1}\quad \Delta\nabla N_{\mathrm{C},1,AB}^{2}\quad \cdots \quad \Delta\nabla N_{\mathrm{C},1,AB}^{s_{\mathrm{C}}}]^{\mathrm{T}}$$

$$\Delta\nabla \boldsymbol{N}_{\mathrm{G}}=[\Delta\nabla N_{\mathrm{G},1,AB}^{1}\quad \Delta\nabla N_{\mathrm{G},1,AB}^{2}\quad \cdots \quad \Delta\nabla N_{\mathrm{G},1,AB}^{s_{\mathrm{G}}}]^{\mathrm{T}}$$

式中，$\boldsymbol{A}_{\mathrm{C}_0}(i)$ 中子矩阵(从左到右)分别是对应于 $\boldsymbol{X}_{\mathrm{C+G}}(i)$ 中 BDS 的相对天顶对流层湿延迟误差、双差电离层延迟误差及 B1 双差整周模糊度的系数矩阵；$\boldsymbol{B}_{\mathrm{G}_0}(i)$ 中子矩阵(从左到右)分别是对应于 $\boldsymbol{X}_{\mathrm{C+G}}(i)$ 中 GPS 的相对天顶对流层湿延迟误差、双差电离层延迟误差及 L1 双差整周模糊度的系数矩阵；$\boldsymbol{\Gamma}_{\mathrm{C}_0}=[-1/f_1^2\quad -1/f_2^2]^{\mathrm{T}}$ 和 $\boldsymbol{\Lambda}_{\mathrm{C}_0}=[-\lambda_{\mathrm{C},1}\quad -\lambda_{\mathrm{C},2}]^{\mathrm{T}}$ 分别为 B1 和 B2 双差载波相位观测值对应的电离层延迟误差系数和波长；$\boldsymbol{\Lambda}_{\mathrm{G}_0}=[-\lambda_{\mathrm{G},1}\quad -\lambda_{\mathrm{G},2}]^{\mathrm{T}}$ 为 L1 和 L2 双差载波相位观测值的波长；$L_{\mathrm{C+G}}(i)$ 为式(4.89)中 B1、B2 双差载波相位观测方程及 L1 和 L2 双差载波相位观测方程对应的常数项向量；其他符号的含义与式(4.74)和式(4.86)中的含义相同。采用卫星高度角定权法对双差载波相位观测值进行定权，并按照式(4.77)中对双差整周模糊度和大气延迟误差的处理方法对式(4.90)中的 B1 双差整周模糊度和 L1 双差整周模糊度、电离层延迟误差和相对天顶对流层延迟误差进行参数估计，之后利用 LAMBDA 搜索并确定 B1 双差整周模糊度和 L1 双差整周模糊度，之后通过整数线性关系式(4.87)确定 B2 双差整周模糊度和 L2 双差宽巷整周模糊度。利用类似于式(4.82)的准则进行整周模糊度闭合条件检验。

4.4.2　参考站 B1、B2、B3、L1、L2 整周模糊度解算

针对 BDS 三频观测数据和 GPS 双频观测数据，利用参考站 BDS/GNSS 的 B1、B2、B3、L1 和 L2 频点的伪距和载波相位观测值，可由式(2.93)实时得到伪距和载波相位观测值的 MW 组合观测值，由式(2.94)可计算 B2、B3 双差超宽巷整周模糊度和 L1、L2 双差宽巷整周模糊度，如式(4.65)、式(4.66)、式(4.78)和式(4.79)所示。B2、B3 双差超宽巷整周模糊度和 L1、L2 双差宽巷整周模糊度采用逐历元取平均值的方法削弱各自的观测值噪声的影响，按照式(4.69)计算其取整成功率，并按照 4.2 和 4.3 中严格的整周模糊度固定标准确定 B2、B3 双差超宽巷整周模糊度和 L1、L2 双差宽巷整周模糊度。按照 4.2 中相同的方法进一步确定参考站 B1、B2 双差宽巷整周模糊度和 B1、B3 双差宽巷整周模糊度。

参考站间的 B1、B2 双差宽巷整周模糊度 $\Delta\nabla N_{\mathrm{C},12}$、B1、B3 双差宽巷整周模糊度 $\Delta\nabla N_{\mathrm{C},13}$ 及 L1、L2 双差宽巷整周模糊度 $\Delta\nabla N_{\mathrm{G},12}$ 确定之后，其与 B1、B2、B3、L1 和 L2 双差整周模糊度具有以下整数线性关系，即

$$\left.\begin{aligned}\Delta\nabla N_{\mathrm{C},2}&=\Delta\nabla N_{\mathrm{C},1}-\Delta\nabla N_{\mathrm{C},12}\\ \Delta\nabla N_{\mathrm{C},3}&=\Delta\nabla N_{\mathrm{C},1}-\Delta\nabla N_{\mathrm{C},13}\\ \Delta\nabla N_{\mathrm{G},2}&=\Delta\nabla N_{\mathrm{G},1}-\Delta\nabla N_{\mathrm{G},12}\end{aligned}\right\}\tag{4.91}$$

将式(4.91)代入式(4.64)中得到B1、B2、B3、L1和L2双差载波相位观测方程为

$$\left.\begin{aligned}
\Delta\nabla\phi_{C,1} &= \Delta\nabla\rho_C + \Delta\nabla o_C - \lambda_{C,1}\cdot\Delta\nabla N_{C,1} - \Delta\nabla\kappa_C/f_{C,1}^2 + \Delta\nabla T_C + \Delta\nabla\varepsilon_{C,\phi,1} \\
\Delta\nabla\phi_{C,2} &= \Delta\nabla\rho_C + \Delta\nabla o_C - \lambda_{C,2}\cdot\Delta\nabla N_{C,1} - \Delta\nabla\kappa_C/f_{C,2}^2 + \Delta\nabla T_C + \Delta\nabla\varepsilon_{C,\phi,2} + \\
&\quad \lambda_{C,2}\cdot\Delta\nabla N_{12} \\
\Delta\nabla\phi_{C,3} &= \Delta\nabla\rho_C + \Delta\nabla o_C - \lambda_{C,3}\cdot\Delta\nabla N_{C,1} - \Delta\nabla\kappa_C/f_{C,3}^2 + \Delta\nabla T_C + \Delta\nabla\varepsilon_{C,\phi,3} + \\
&\quad \lambda_{C,3}\cdot\Delta\nabla N_{13} \\
\Delta\nabla\phi_{G,1} &= \Delta\nabla\rho_G + \Delta\nabla o_G - \lambda_{G,1}\cdot\Delta\nabla N_{G,1} - \Delta\nabla\kappa_G/f_{G,1}^2 + \Delta\nabla T_G + \Delta\nabla\varepsilon_{G,\phi,1} \\
\Delta\nabla\phi_{G,2} &= \Delta\nabla\rho_G + \Delta\nabla o_G - \lambda_{G,2}\cdot\Delta\nabla N_{G,1} - \Delta\nabla\kappa_G/f_{G,2}^2 + \Delta\nabla T_G + \Delta\nabla\varepsilon_{G,\phi,2} + \\
&\quad \lambda_{G,2}\cdot\Delta\nabla N_{G,12}
\end{aligned}\right\} \tag{4.92}$$

假定历元 i，参考站 A、B 同步观测到 s_C+s_G+2 颗卫星，由式(4.92)可得B1、B2、B3双差载波相位观测方程及L1、L2双差载波相位观测方程为

$$\boldsymbol{LL}_{C+G}(i) = \boldsymbol{HH}_{C+G}(i)\boldsymbol{XX}_{C+G}(i) \tag{4.93}$$

其中

$$\boldsymbol{HH}_{C+G}(i) = [\boldsymbol{A}_{C_1}(i) \quad \boldsymbol{B}_{G_1}(i)]^T$$

$$\boldsymbol{XX}_{C+G}(i) = [RZTD_{wet,AB} \quad \Delta\nabla\boldsymbol{\kappa}_C \quad \Delta\nabla\boldsymbol{\kappa}_G \quad \Delta\nabla\boldsymbol{N}_C \quad \Delta\nabla\boldsymbol{N}_G]^T$$

$$\boldsymbol{LL}_{C+G}(i) = [\boldsymbol{ll}_C(i) \quad \boldsymbol{ll}_G(i)]^T$$

$$\boldsymbol{ll}_C(i) = [l_{C,1}^1 \quad l_{C,1}^2 \quad \cdots \quad l_{C,1}^{s_C} \quad l_{C,2}^1 \quad l_{C,2}^2 \quad \cdots \quad l_{C,2}^{s_C} \quad l_{C,3}^1 \quad l_{C,3}^2 \quad \cdots \quad l_{C,3}^{s_C}]^T$$

$$\boldsymbol{ll}_G(i) = [l_{G,1}^1 \quad l_{G,1}^2 \quad \cdots \quad l_{G,1}^{s_G} \quad l_{G,2}^1 \quad l_{G,2}^2 \quad \cdots \quad l_{G,2}^{s_G}]^T$$

$$\boldsymbol{A}_{C_1}(i) = [\boldsymbol{e}_3 \otimes \boldsymbol{G}_C(i) \quad \boldsymbol{\Gamma}_C \otimes \boldsymbol{I}_s \quad O \quad \boldsymbol{\Lambda}_C \otimes \boldsymbol{I}_s \quad O]$$

$$\boldsymbol{B}_{G_1}(i) = [\boldsymbol{e}_2 \otimes \boldsymbol{G}_G(i) \quad O \quad \boldsymbol{\Gamma}_G \otimes \boldsymbol{I}_s \quad O \quad \boldsymbol{\Lambda}_G \otimes \boldsymbol{I}_s]$$

$$l_{C,1}^s = \Delta\nabla\phi_{C,1,AB}^s - \Delta\nabla\rho_{C,AB}^s - \Delta\nabla T_{C,AB,dry}^s$$

$$l_{C,2}^s = \Delta\nabla\phi_{C,2,AB}^s - \Delta\nabla\rho_{C,AB}^s - \Delta\nabla T_{C,AB,dry}^s - \lambda_{C,2}\cdot\Delta\nabla N_{C,12,AB}^s$$

$$l_{C,3}^s = \Delta\nabla\phi_{C,3,AB}^s - \Delta\nabla\rho_{C,AB}^s - \Delta\nabla T_{C,AB,dry}^s - \lambda_{C,3}\cdot\Delta\nabla N_{C,13,AB}^s$$

$$l_{G,1}^s = \Delta\nabla\phi_{G,1,AB}^s - \Delta\nabla\rho_{G,AB}^s - \Delta\nabla T_{G,AB,dry}^s$$

$$l_{G,2}^s = \Delta\nabla\phi_{G,2,AB}^s - \Delta\nabla\rho_{G,AB}^s - \Delta\nabla T_{G,AB,dry}^s - \lambda_{G,2}\cdot\Delta\nabla N_{G,12,AB}^s$$

$$\Delta\nabla\boldsymbol{\kappa}_C = [\Delta\nabla\kappa_{C,AB}^1 \quad \Delta\nabla\kappa_{C,AB}^2 \quad \cdots \quad \Delta\nabla\kappa_{C,AB}^{s_C}]^T$$

$$\Delta\nabla\boldsymbol{\kappa}_G = [\Delta\nabla\kappa_{G,AB}^1 \quad \Delta\nabla\kappa_{G,AB}^2 \quad \cdots \quad \Delta\nabla\kappa_{G,AB}^{s_G}]^T$$

$$\Delta\nabla\boldsymbol{N}_C = [\Delta\nabla N_{C,1,AB}^1 \quad \Delta\nabla N_{C,1,AB}^2 \quad \cdots \quad \Delta\nabla N_{C,1,AB}^{s_C}]^T$$

$$\Delta\nabla\boldsymbol{N}_G = [\Delta\nabla N_{G,1,AB}^1 \quad \Delta\nabla N_{G,1,AB}^2 \quad \cdots \quad \Delta\nabla N_{G,1,AB}^{s_G}]^T$$

式中，$\boldsymbol{A}_{C_1}(i)$ 中子矩阵（从左到右）分别是对应于 $\boldsymbol{X}_{C+G}(i)$ 中 BDS 的相对天顶对流层湿延迟误差、双差电离层延迟误差及 B1 双差整周模糊度的系数矩阵；$\boldsymbol{B}_{G_1}(i)$ 中子矩阵（从左到右）分别是对应于 $\boldsymbol{X}_{C+G}(i)$ 中 GPS 的相对天顶对流层湿延迟误差、双差电离层延迟误差及 L1 双差整周模糊度的系数矩阵；$\boldsymbol{LL}_{C+G}(i)$ 为式(4.92)中 B1、B2、B3 双差载波相位观测方程及 L1 和 L2 双差载波相位观测方程对应的常数项向量；其他符号的含义与式(4.77)和式(4.90)中的含义相同。采用卫星高度角定权法对双差载波相位观测值进行定权，并按照式(4.77)中对双差整周模糊度和大气延迟误差的处理方法对式(4.93)中的 B1 双差整周模糊度和 L1 双差整周模糊度、电离层延迟误差和相对天顶对流层延迟误差进行参数估计，之后利用 LAMBDA 搜索并确定 B1 双差整周模糊度和 L1 双差整周模糊度，之后通过整数线性关系式(4.91)确定 B2、B3 双差整周模糊度和 L2 双差整周模糊度。利用类似于式(4.82)的准则进行整周模糊度闭合条件检验。

4.5　长距离 GPS 网络 RTK 参考站低高度角卫星整周模糊度解算

网络 RTK 实现高精度动态定位的首要条件是参考站整周模糊度的准确确定，参考站整周模糊度正确固定之后可建立高精度的误差模型。长距离网络 RTK 参考站站间距离较长，多为 100～200 km，长距离条件下电离层延迟误差、对流层延迟误差和卫星轨道误差的相关性变弱，载波相位观测值经过双差组合之后残余的误差阻碍整周模糊度固定，整周模糊度难以与误差分离。对于长距离条件下高度角较低的卫星而言，大气延迟误差是主要的误差源，其对整周模糊度的影响更为明显。长距离网络 RTK 参考站可利用的卫星有限，若能够充分利用低高度角卫星，则可显著增加网络 RTK 流动站的可用卫星个数和几何构型强度，有效提高网络 RTK 定位的实时性和有效性。鉴于此，本书提出了一种长距离 GPS 网络 RTK 参考站低高度角卫星整周模糊度解算方法。该方法利用 L1、L2 频率的观测值得到宽巷整周模糊度，将利用多个整周模糊度固定标准固定的宽巷整周模糊度与双频载波相位整周模糊度的整数线性关系作为约束条件，不使用无电离层组合观测值计算窄巷整周模糊度，而是结合双频载波相位无电离层组合观测值估计双频载波相位整周模糊度和相对天顶对流层延迟误差，并搜索确定双频载波相位整周模糊度，然后利用整周模糊度固定的卫星大气延迟误差确定低高度角卫星的双频载波相位宽巷整周模糊度，将整周模糊度固定的卫星的双频无电离层组合观测方程和低高度角卫星的双差宽巷整周模糊度与双频载波相位整周模糊度的整数线性关系作为低高度角卫星双频无电离层组合观测方程的约束条件，进一步确定低高度角卫星的双频载波相位整周模糊度。

由式(4.63)和式(4.64)可得到 GPS 参考站间的 L1 和 L2 频率上的双差伪距和载波相位观测方程为

$$\left.\begin{aligned}\Delta\nabla P_1 &= \Delta\nabla\rho + \Delta\nabla o - \Delta\nabla\kappa/f_1^2 + \Delta\nabla T + \Delta\nabla\varepsilon_{P,1}\\ \Delta\nabla P_2 &= \Delta\nabla\rho + \Delta\nabla o - \Delta\nabla\kappa/f_2^2 + \Delta\nabla T + \Delta\nabla\varepsilon_{P,2}\end{aligned}\right\} \tag{4.94}$$

$$\left.\begin{aligned}\Delta\nabla\phi_1 = \lambda_1\cdot\Delta\nabla\varphi_1 &= \Delta\nabla\rho + \Delta\nabla o - \lambda_1\cdot\Delta\nabla N_1 - \Delta\nabla\kappa/f_1^2 + \Delta\nabla T_* + \Delta\nabla\varepsilon_{\phi,1}\\ \Delta\nabla\phi_2 = \lambda_2\cdot\Delta\nabla\varphi_2 &= \Delta\nabla\rho + \Delta\nabla o - \lambda_2\cdot\Delta\nabla N_2 - \Delta\nabla\kappa/f_2^2 + \Delta\nabla T_* + \Delta\nabla\varepsilon_{\phi,2}\end{aligned}\right\} \tag{4.95}$$

式中，下标分别表示 L1、L2 载波相位频率；$\Delta\nabla$为双差操作符，$\Delta\nabla(\cdot)=\Delta(\cdot)_{AB}-\Delta(\cdot)_{AB}$，如 $\Delta\nabla\varphi_{AB}^{pq}=\Delta\varphi_{AB}^{p}-\Delta\varphi_{AB}^{q}$；$\phi$ 和 φ 分别为以米和周为单位的载波相位观测值；$\lambda=c/f$ 为载波相位的波长，f 为频率，c 为真空中的光速；ρ 为卫星到接收机的几何距离；o 为卫星轨道误差；T 为以对流层延迟误差为主的中性大气延迟误差；κ/f^2 为电离层延迟误差一阶项，κ 为卫星信号传播路径上的总电子含量，高阶的电离层延迟误差可忽略不计；ε 为载波相位观测值的观测噪声及非模型化误差；N 是整周模糊度。

采用不受大气延迟误差、几何距离和卫星轨道误差等误差影响的 MW 组合计算参考站 L1、L2 双差宽巷整周模糊度，通过取平均值的方法削弱伪距观测值噪声的影响，并按照 4.3 中的多个模糊度固定标准进一步确定宽巷整周模糊度。

4.5.1 高高度角卫星整周模糊度解算

参考站高高度角卫星的双差宽巷整周模糊度确定之后，其与 L1 和 L2 双差整周模糊度具有以下整数线性关系，即

$$\Delta\nabla N_{12}=\Delta\nabla N_1-\Delta\nabla N_2 \tag{4.96}$$

采用双频载波相位的无电离层组合观测值计算载波相位双差整周模糊度，双频无电离层组合观测方程为

$$\begin{aligned}\Delta\nabla\phi_{\mathrm{LC}} &= \frac{f_1^2}{f_1^2-f_2^2}\cdot\Delta\nabla\phi_1-\frac{f_2^2}{f_1^2-f_2^2}\cdot\Delta\nabla\phi_2\\ &= \Delta\nabla\rho+\Delta\nabla o-\lambda_{\mathrm{LC}}\cdot\Delta\nabla N_{\mathrm{LC}}+\Delta\nabla T+\Delta\nabla\varepsilon_{\phi,\mathrm{LC}}\end{aligned} \tag{4.97}$$

其中

$$\Delta\nabla N_{\mathrm{LC}}=\frac{f_1^2}{f_1^2-f_2^2}\cdot\Delta\nabla N_1-\frac{f_1\cdot f_2}{f_1^2-f_2^2}\cdot\Delta\nabla N_2$$

式中，LC 为双频无电离层组合观测值，$\Delta\nabla N_{\mathrm{LC}}$ 为无电离层组合观测值对应的整周模糊度；其他符号与式(4.95)中的含义相同。由于参考站坐标精确已知，式(4.96)和式(4.97)中包含 L1、L2 双差整周模糊度和双差对流层延迟误差。影响双差整周模糊度固定的主要误差源是双差对流层延迟误差。双差对流层延迟误差使用

Sasstamoinen 模型改正其干延迟 $\Delta\nabla T_{\mathrm{dry}}$，残余的湿延迟 $\Delta\nabla T_{\mathrm{wet}}$ 采用分段常数进行估计，并使用 GMF 投影函数将天顶对流层延迟投影到传播路径上。根据式(3.22)采用一个相对天顶对流层湿延迟参数估计所有可视卫星的双差对流层湿延迟误差。

由于参考站坐标精确已知，假定历元 i，参考站 A、B 同步观测到 $s+1$ 颗卫星，将双差宽巷整周模糊度与 L1 和 L2 双差整周模糊度的整数线性关系作为约束条件，联合式(4.96)和式(4.97)可得到 L1 和 L2 双差载波相位观测方程式为

$$\boldsymbol{L}_{\mathrm{LC}}(i)=\boldsymbol{H}_{\mathrm{LC}}(i)\boldsymbol{X}_{\mathrm{LC}}(i) \tag{4.98}$$

其中

$$\boldsymbol{H}_{\mathrm{LC}}(i)=[\boldsymbol{A}_{\mathrm{LC}}(i)\quad \boldsymbol{B}_{\mathrm{LC}}(i)]^{\mathrm{T}}$$

$$\boldsymbol{X}_{\mathrm{LC}}(i)=[RZTD_{\mathrm{wet},AB}\ \ \Delta\nabla N_{1,AB}^{1}\ \ \Delta\nabla N_{1,AB}^{2}\ \cdots\ \Delta\nabla N_{1,AB}^{s}\ \ \Delta\nabla N_{2,AB}^{1}\ \ \Delta\nabla N_{2,AB}^{2}\ \cdots\ \Delta\nabla N_{2,AB}^{s}]^{\mathrm{T}}$$

$$\boldsymbol{L}_{\mathrm{LC}}(i)=[l_{\mathrm{LC}}^{1}\quad l_{\mathrm{LC}}^{2}\quad \cdots\quad l_{\mathrm{LC}}^{s}\quad \Delta\nabla N_{12}^{1}\quad \Delta\nabla N_{12}^{2}\quad \cdots\quad \Delta\nabla N_{12}^{s}]^{\mathrm{T}}$$

$$\boldsymbol{A}_{\mathrm{LC}}(i)=[\boldsymbol{G}(i)\quad \Gamma_{\mathrm{LC}}\otimes\boldsymbol{I}_{s}\quad \Lambda_{\mathrm{LC}}\otimes\boldsymbol{I}_{s}]$$

$$\boldsymbol{G}(i)=[MF_{A}^{1}\quad MF_{A}^{2}\quad \cdots\quad MF_{A}^{s}]^{\mathrm{T}}$$

$$l_{\mathrm{LC}}^{s}=\Delta\nabla\phi_{\mathrm{LC},AB}^{s}-\Delta\nabla\rho_{AB}^{s}-\Delta\nabla T_{AB,\mathrm{dry}}^{s}$$

式中，$\boldsymbol{A}_{\mathrm{LC}}(i)$ 中子矩阵(从左到右)分别为对应于 $\boldsymbol{X}_{\mathrm{LC}}(i)$ 中相对天顶对流层湿延迟误差、L1 双差整周模糊度和 L2 双差整周模糊度的系数矩阵，$\boldsymbol{B}_{\mathrm{LC}}(i)$ 为式(4.96)对应的每对双差卫星的宽巷整周模糊度与 L1、L2 双差整周模糊度的线性关系的系数矩阵；$\boldsymbol{\Gamma}=\dfrac{\lambda_1\lambda_2^2}{\lambda_2^2-\lambda_1^2}$ 为 L1 双差整周模糊度对应的系数；$\boldsymbol{\Lambda}=\dfrac{\lambda_1^2\lambda_2}{\lambda_2^2-\lambda_1^2}$ 为 L2 双差整周模糊度对应的系数；$\boldsymbol{G}(i)$ 为每对双差卫星的星间投影函数之差；$\boldsymbol{L}_{\mathrm{LC}}(i)$ 为式(4.96)和式(4.97)中双差载波相位观测方程及宽巷整周模糊度与双差整周模糊度的整数线性关系对应的常数项向量；上标表示双差卫星编号，在此省略了基准卫星；其他符号的含义与式(4.74)和式(4.97)中的含义相同。

式(4.98)在多历元数据处理中对双差整周模糊度和相对天顶对流层湿延迟误差进行法方程叠加，根据最小二乘计算原理，可估计相对天顶对流层湿延迟误差和双差整周模糊度，然后搜索并确定双差整周模糊度，并利用类似于式(4.70)的准则进行整周模糊度闭合条件检验。

4.5.2　低高度角卫星整周模糊度解算

低高度角卫星的观测值包含比较大的电离层延迟误差和对流层延迟误差，因此参考站低高度角卫星的整周模糊度解算非常困难。对于参考站固定整周模糊度的卫星，根据式(4.95)消除电离层延迟误差可以计算出双差对流层延迟误差，通过双差对流层延迟误差能够估算出天顶对流层延迟误差，根据与高度角相关的投影

函数和天顶对流层延迟误差计算得到低高度角卫星的对流层延迟误差。由于宽巷组合观测值的波长较长，利用上述计算得到的对流层延迟误差及无电离层组合模型可较准确地确定低高度角卫星的宽巷整周模糊度，并且可作为利用 L1、L2 频率的观测值及严格的整周模糊度固定标准解算的宽巷整周模糊度的检核条件，保证低高度角卫星的宽巷整周模糊度固定的准确性。

高高度角卫星的载波相位双差整周模糊度准确确定之后，将其代入式(4.97)可得到

$$\Delta\nabla\phi_{\mathrm{LC}}+\lambda_{\mathrm{LC}}\cdot\Delta\nabla N_{\mathrm{LC}}=\Delta\nabla\rho+\Delta\nabla o+\Delta\nabla T+\Delta\nabla\varepsilon_{\phi,\mathrm{LC}} \tag{4.99}$$

假定历元 i，参考站 A、B 同步观测到 $s+n+1$ 颗卫星，其中高高度角卫星 s 颗，低高度角卫星 n 颗。将整周模糊度固定的高高度角卫星的载波相位观测方程和低高度角卫星的双差宽巷整周模糊度与 L1 和 L2 双差整周模糊度的整数线性关系作为低高度角卫星双频无电离层组合观测方程的约束条件，即联合式(4.96)、式(4.97)和式(4.99)可得到低高度角卫星的 L1 和 L2 双差载波相位观测方程为

$$\boldsymbol{L}_{\mathrm{LC}_0}(i)=\boldsymbol{H}_{\mathrm{LC}_0}(i)\boldsymbol{X}_{\mathrm{LC}_0}(i) \tag{4.100}$$

其中

$$\boldsymbol{H}_{\mathrm{LC}_0}(i)=[\boldsymbol{A}_{\mathrm{LC}_0}(i)\quad \boldsymbol{B}_{\mathrm{LC}_0}(i)]^{\mathrm{T}}$$

$$\boldsymbol{X}_{\mathrm{LC}_0}(i)=[RZTD_{\mathrm{wet},AB}\ \ \Delta\nabla N_{1,AB}^1\ \ \Delta\nabla N_{1,AB}^2\ \cdots\ \Delta\nabla N_{1,AB}^n\ \ \Delta\nabla N_{2,AB}^1\ \ \Delta\nabla N_{2,AB}^2\ \cdots\ \Delta\nabla N_{2,AB}^n]^{\mathrm{T}}$$

$$\boldsymbol{L}_{\mathrm{LC}_0}(i)=[l_{\mathrm{LCFIX}}^1\ \ l_{\mathrm{LCFIX}}^2\ \cdots\ l_{\mathrm{LCFIX}}^s\ \ l_{\mathrm{LC}}^1\ \ l_{\mathrm{LC}}^2\ \cdots\ l_{\mathrm{LC}}^n\ \ \Delta\nabla N_{12}^1\ \ \Delta\nabla N_{12}^2\ \cdots\ \Delta\nabla N_{12}^n]^{\mathrm{T}}$$

$$\boldsymbol{A}_{\mathrm{LC}_0}(i)=\begin{bmatrix}\boldsymbol{G}_0(i) & \boldsymbol{\Gamma}\cdot\begin{bmatrix}\boldsymbol{0}_s\\ \boldsymbol{I}_n\end{bmatrix} & \boldsymbol{\Lambda}\cdot\begin{bmatrix}\boldsymbol{0}_s\\ \boldsymbol{I}_n\end{bmatrix}\end{bmatrix}$$

$$\boldsymbol{G}_0(i)=[MF_A^1\quad MF_A^2\quad \cdots\quad MF_A^{s+n}]^{\mathrm{T}}$$

$$l_{\mathrm{LCFIX}}^s=\Delta\nabla\phi_{\mathrm{LC}}{}_{AB}^{s}+\lambda_{\mathrm{LC}}\cdot\Delta\nabla N_{\mathrm{LC}}-\Delta\nabla\rho_{AB}^s-\Delta\nabla T_{AB,\mathrm{dry}}^s$$

$$l_{\mathrm{LC}}^n=\Delta\nabla\varphi_{\mathrm{LC}}{}_{AB}^{n}-\Delta\nabla\rho_{AB}^n-\Delta\nabla T_{AB,\mathrm{dry}}^n$$

式中，$\boldsymbol{A}_{\mathrm{LC}_0}(i)$ 中子矩阵(从左到右)分别为对应于 $\boldsymbol{X}_{\mathrm{LC}_0}(i)$ 中相对天顶对流层湿延迟误差、L1 双差整周模糊度和 L2 双差整周模糊度的系数矩阵，$\boldsymbol{B}_{\mathrm{LC}_0}(i)$ 为式(4.96)对应的每对双差低高度角卫星的宽巷整周模糊度与 L1、L2 双差整周模糊度的线性关系的系数矩阵，$\boldsymbol{G}_0(i)$ 为每对双差卫星的星间投影函数之差；$\boldsymbol{L}_{\mathrm{LC}_0}(i)$ 为式(4.99)、式(4.97)和式(4.96)中双差载波相位观测方程及宽巷整周模糊度与双差整周模糊度的整数线性关系对应的常数项向量，其他符号的含义与式(4.98)的含义相同。

式(4.100)在多历元数据处理中对双差整周模糊度和相对天顶对流层湿延迟误差进行法方程叠加，根据最小二乘计算原理，可估计相对天顶对流层湿延迟误差和双差整周模糊度，然后搜索并确定双差整周模糊度，并利用类似于式(4.70)的准则进行整周模糊度闭合条件检验。

4.6 参考站网非差整周模糊度实时快速计算

参考站网中由双差整周模糊度得到所需的非差整周模糊度，现有的方法是利用转换矩阵将双差整周模糊度转化为非差整周模糊度，但随着参考站数量的增加，矩阵维数会急剧增长，使转换矩阵运算困难。因此，本书不采用转换矩阵进行双差整周模糊度到非差整周模糊度的计算，而是使用一种参考站网间非差整周模糊度实时单历元快速计算方法。该方法从参考站网双差整周模糊度与非差整周模糊度的组合关系入手，利用双差整周模糊度、参考站和卫星的非差基准整周模糊度，通过线性计算由单个双差整周模糊度，依次得到参考站网当前历元所有的非差整周模糊度。

利用研究的 BDS 参考站三频整周模糊度确定方法、GPS 参考站双频整周模糊度确定方法及双系统融合多频参考站整周模糊度确定方法，可以确定参考站间 B1、B2、B3、L1 和 L2 双差载波相位整周模糊度。现以 B1 双差载波相位整周模糊度为例，可以得到卫星 p、k、q 在参考站 A、B、C 上的 B1 双差载波相位整周模糊度为

$$\left.\begin{aligned}\Delta\nabla N_{1,AB}^{pq}&=N_{1,A}^{p}-N_{1,A}^{q}+N_{1,B}^{q}-N_{1,B}^{p}\\\Delta\nabla N_{1,BC}^{pq}&=N_{1,B}^{p}-N_{1,B}^{q}+N_{1,C}^{q}-N_{1,C}^{p}\\\Delta\nabla N_{1,CA}^{pq}&=N_{1,C}^{p}-N_{1,C}^{q}+N_{1,A}^{q}-N_{1,A}^{p}\end{aligned}\right\}\tag{4.101}$$

$$\left.\begin{aligned}\Delta\nabla N_{1,AB}^{kq}&=N_{1,A}^{k}-N_{1,A}^{q}+N_{1,B}^{q}-N_{1,B}^{k}\\\Delta\nabla N_{1,BC}^{kq}&=N_{1,B}^{k}-N_{1,B}^{q}+N_{1,C}^{q}-N_{1,C}^{k}\\\Delta\nabla N_{1,CA}^{kq}&=N_{1,C}^{k}-N_{1,C}^{q}+N_{1,A}^{q}-N_{1,A}^{k}\end{aligned}\right\}\tag{4.102}$$

式(4.101)和式(4.102)中左端为双差整周模糊度，右端为非差整周模糊度，两组式中各只有两个线性独立的双差整周模糊度。为了快速得到参考站网中所有的非差整周模糊度，可以定义非差基准整周模糊度。若以参考站 A 和卫星 q 为基准，即与参考站 A 和卫星 q 有关的非差整周模糊度可以预先给出，并且其值可任取。

利用双差整周模糊度、参考站和卫星的非差基准整周模糊度，可由式(4.101)和式(4.102)得到参考站网 A、B、C 中的所有非差整周模糊度为

$$\left.\begin{aligned}N_{1,B}^{p}&=N_{1,A}^{p}-N_{1,A}^{q}+N_{1,B}^{q}-\Delta\nabla N_{1,AB}^{pq}\\N_{1,C}^{p}&=N_{1,B}^{p}-N_{1,B}^{q}+N_{1,C}^{q}-\Delta\nabla N_{1,BC}^{pq}\end{aligned}\right\}\tag{4.103}$$

$$\left.\begin{aligned}N_{1,B}^{k}&=N_{1,A}^{k}-N_{1,A}^{q}+N_{1,B}^{q}-\Delta\nabla N_{1,AB}^{kq}\\N_{1,C}^{k}&=N_{1,B}^{k}-N_{1,B}^{q}+N_{1,C}^{q}-\Delta\nabla N_{1,BC}^{kq}\end{aligned}\right\}\tag{4.104}$$

式中，$N_{1,A}^{p}$、$N_{1,B}^{p}$、$N_{1,A}^{k}$、$N_{1,B}^{k}$、$N_{1,A}^{q}$、$N_{1,B}^{q}$ 和 $N_{1,C}^{q}$ 为非差基准整周模糊度，$\Delta\nabla N_{1,AB}^{pq}$、$\Delta\nabla N_{1,BC}^{pq}$、$\Delta\nabla N_{1,AB}^{kq}$ 和 $\Delta\nabla N_{1,BC}^{kq}$ 为双差整周模糊度。

4.7 BDS/GPS 网络 RTK 参考站整周模糊度解算实验

1. BDS 双频整周模糊度与 GPS 双频整周模糊度解算

该算例利用云贵高原某省 CORS 网的 BDS/GPS 实测双频数据进行算法检验，观测时段为 2015 年 10 月 30 日 UTC 时 00：00：00—23：59：59 共 24 h，采样间隔为 1 s，卫星截止高度角为 10°。该实验数据共有 3 个参考站和 1 个流动站，参考站和流动站分布如图 4.3 所示，BASE_A 到 BASE_B 距离为 53 km，BASE_B 到 BASE_C 距离为 51 km，BASE_C 到 BASE_A 距离为 35 km，流动站 ROVER 到参考站 BASE_A、BASE_B 和 BASE_C 的距离分别为 31 km、27 km 和 25 km。

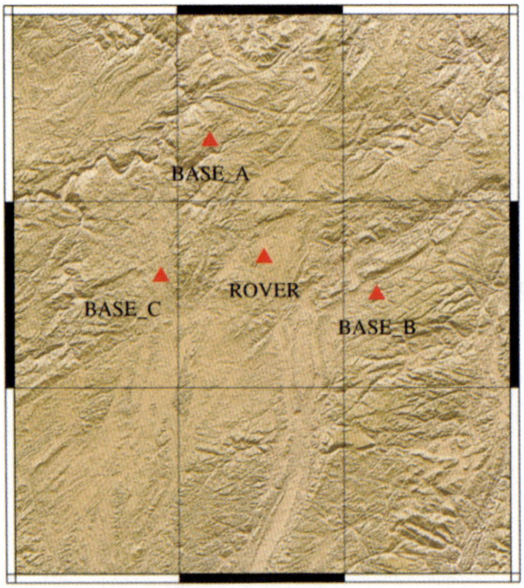

图 4.3 测站分布

对于 BDS/GPS 双频观测数据，按照 4.4.1 中的方法进行双差宽巷整周模糊度的确定，首先利用 MW 组合计算双差宽巷整周模糊度，并通过取平均值削弱观测值噪声的影响，最终采用严格的模糊度固定标准确定双差宽巷整周模糊度。

BDS 和 GPS 各系统各卫星在 BASE_A-BASE_B、BASE_B-BASE_C、BASE_C-BASE_A 参考站间的双差宽巷整周模糊度与利用精密数据处理软件解算的双差宽巷整周模糊度准确值的差值如图 4.4 和图 4.5 所示。图 4.4 和图 4.5 中，纵坐标表示整周模糊度计算值与其准确值之间的差值，单位为周；横坐标表示周内秒，单位为秒。

从图 4.4 中可以看出，24 h 的观测时段内，双差组合过程中仅进行了一次基准卫星的变换，第一时段中基准卫星为 C10，第二时段中基准卫星为 C03，这是由于

BDS 独特的星座结构造成的。BDS 的 GEO 和 IGSO 卫星均为高轨卫星，卫星运行角速度较慢，特别是 GEO 卫星，其相对参考站的运行角速度几乎为零，卫星高度角几乎无变化。IGSO 卫星的运动周期约为 24 h，相比于 GEO 和 IGSO 卫星，BDS 的 MEO 卫星运行角速度较快，运动周期约为 12 h，其高度角变化较大。从图 4.4 中可以发现，BDS 双差宽巷整周模糊度经过取平均值的方法很大程度上削弱了观测值噪声的影响，BDS 各卫星的双差宽巷整周模糊度与其准确值的差值变化较为平缓，其差值的绝对值远远小于 0.5 周，几乎大部分在 0.25 周以内，进一步采用严格的整周模糊度固定标准可准确地确定 BDS 双差宽巷整周模糊度。

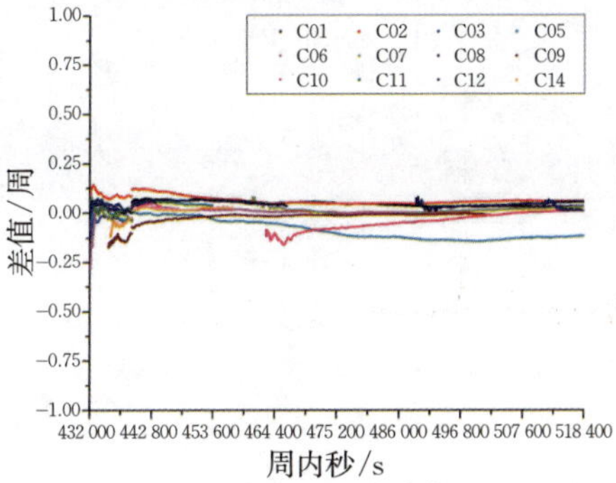

(a) BASE_A-BASE_B

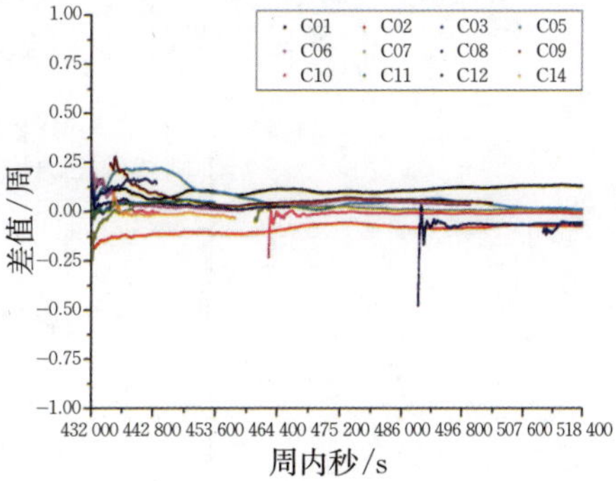

(b) BASE_B-BASE_C

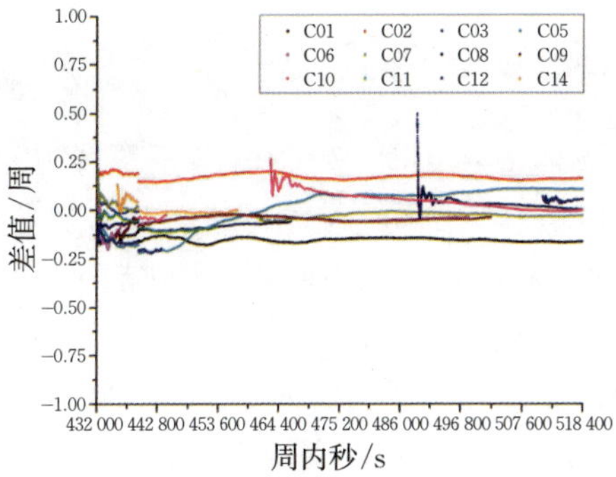

(c) BASE_C-BASE_A

图 4.4　BDS 双差宽巷整周模糊度的偏差

从图 4.5 中可以看出，24 h 的观测时段内，相比于 BDS，GPS 各卫星进行双差组合过程中基准卫星的变换较为频繁，原因是 GPS 的所有卫星均为运行角速度较快的 MEO 卫星，高度角变化较快，因此比 BDS 重新选择基准卫星的次数多。图 4.5 中经过取平均值的方法处理的 GPS 各双差卫星的双差宽巷整周模糊度在完整观测弧段的开始变化较大，随着观测历元的增加，GPS 各卫星的双差宽巷整周模糊度与其准确值的差值变化变得平缓，大部分在 0.25 周以内，进一步采用严格的整周模糊度固定标准可准确地确定 GPS 双差宽巷整周模糊度。

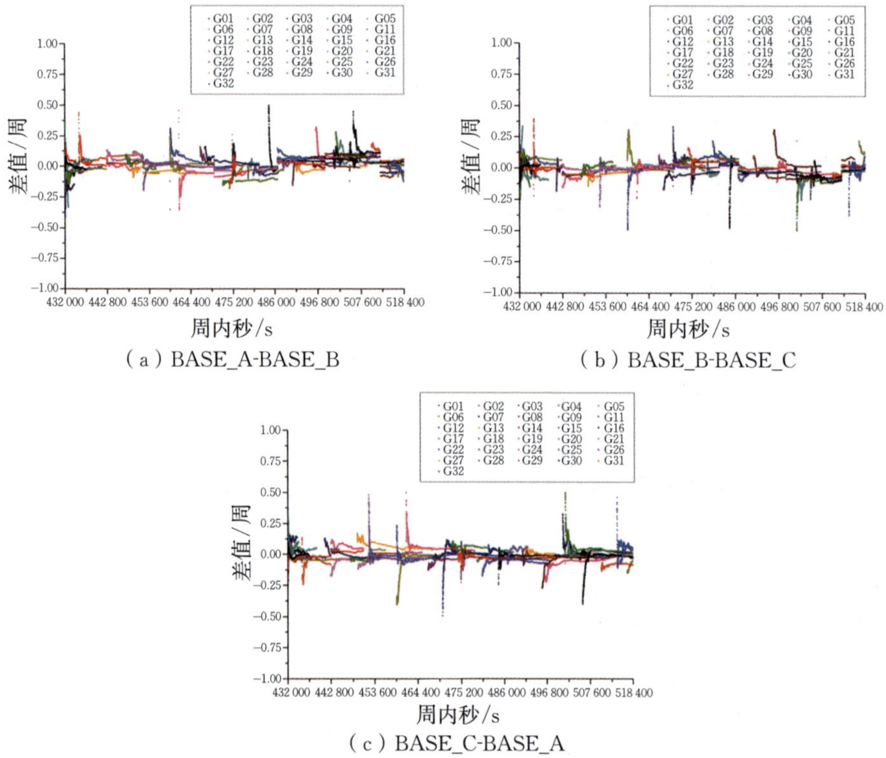

图 4.5 GPS 双差宽巷整周模糊度的偏差

通过对比图 4.4 和图 4.5 中 BDS 和 GPS 各系统各卫星在 BASE_A-BASE_B、BASE_B-BASE_C、BASE_C-BASE_A 参考站的双差宽巷整周模糊度与其准确值的差值可以看出，相比于 GPS，经过取平均值方法后 BDS 宽巷组合观测值的噪声稍大一些，这是由于 BDS 刚刚建立不久，BDS 的信号质量还不是很完善造成的。由于解算宽巷整周模糊度的数学模型与站间距离无关，利用宽巷波长较长的优势和双差宽巷整周模糊度固定为整数的准则可快速确定宽巷整周模糊度。

BDS 和 GPS 的 B1、B2 双差宽巷整周模糊度和 L1、L2 双差宽巷整周模糊度确定之后，按照 4.4.1 中的方法对 BDS 和 GPS 参考站双频整周模糊度进行解算，为了验证 4.4.1 中的算法所解算的 B1、B2、L1 和 L2 双差整周模糊度的正确性和可靠性，可通过 B1、B2、L1 和 L2 双差载波相位观测方程线性组合计算得到 B1 和 L1 频率的双差电离层延迟误差和双差对流层延迟误差。双差电离层延迟误差和双差对流层延迟误差随时间的变化情况可对所解算的 B1 和 L1 双差整周模糊度做出可靠性判断，固定正确的双差整周模糊度对应的双差电离层误差和双差对流层延迟误差会在合理的范围内进行有规律的连续变化，相邻历元间相差较小，不会出现突然增大或减小、不连续及突变的情况，而且满足闭合基线双差电离层延迟误差和双差对流层延迟误差之和等于零。

相比于 GPS，BDS 具有独特的卫星星座结构，按照 BDS 的 GEO、IGSO 和 MEO 3 种不同的轨道卫星，图 4.6 至图 4.8 分别给出了 24 h 观测时段内的 C01、C06 和 C12 卫星在 BASE_A-BASE_B、BASE_B-BASE_C、BASE_C-BASE_A 参考站对应的 B1 频率的双差电离层延迟误差和双差对流层延迟误差。24 h 的观测时段内仅进行了一次基准卫星的变换，第一时段基准卫星为 C10，第二时段基准卫星为 C03，在此省略了基准卫星。

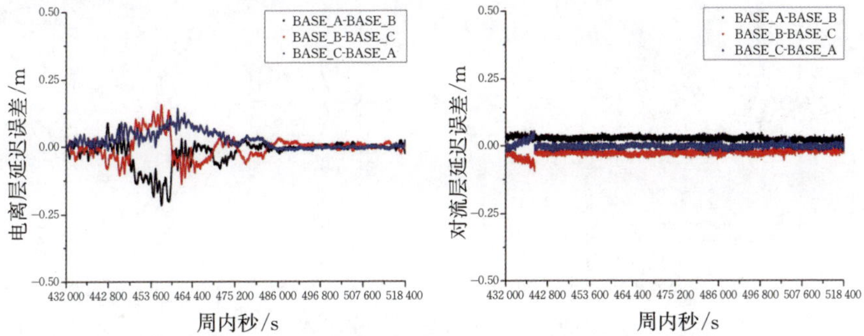

（a）C01双差电离层延迟误差　　（b）C01双差对流层延迟误差

图 4.6　C01 双差大气延迟误差

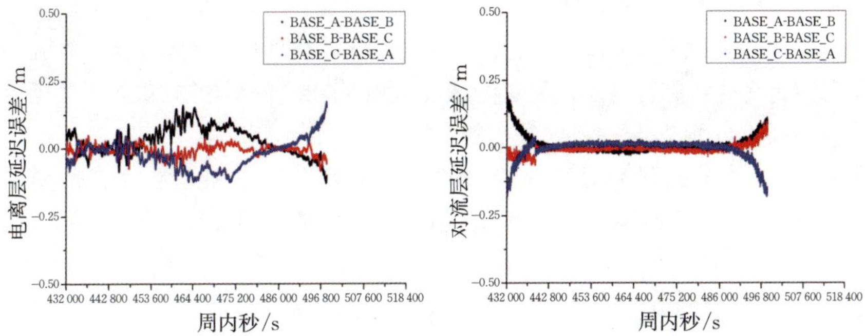

（a）C06双差电离层延迟误差　　（b）C06双差对流层延迟误差

图 4.7　C06 双差大气延迟误差

从图 4.6 至图 4.8 可以看出，24 h 的观测时段内高轨卫星 C01 和卫星 C06 观测到的时间较长，卫星运行角速度较快的卫星 C12 观测时间较短。相比于变化较活跃的双差电离层延迟误差，双差对流层延迟误差变化较为平缓，双差对流层延迟误差随着卫星高度角进行有规律的变化。从卫星 C01、C06 和 C12 的双差对流层延迟误差的变化情况可以看出，双差对流层延迟误差大部分观测时段在合理的范围内进行了有规律的连续平缓变化，相邻历元间相差较小，一般在卫星新升起和变化基准卫星的时候进行有规律的连续增大，这是由于此时的卫星高度角较小造成的。从图 4.6 至图 4.8 可以发现，卫星 C01、C06 和 C12 的双差电离层延迟误差均在合理范围内进行有规律的连续变化，相邻历元间相差较小，相比于双差对流层延迟误差，双差电离层延迟误差变化稍剧烈一些，双差电离层延迟误差与双差卫星电离层穿刺点的经纬度方向的差值有关。图 4.6 至图 4.8 中卫星 C01、C06 和 C12 的双差电离层延迟误差在相同的观测时段变化较为剧烈，这是因为白天在太阳光的照射下，电离层中的中性大气分子逐渐电离，电离层比较活跃，在太阳光强度降低时，电离层延迟误差的变化剧烈程度降低。

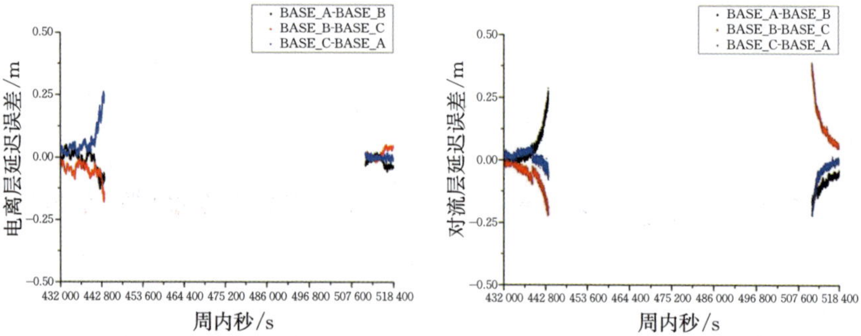

（a）C12双差电离层延迟误差　　（b）C12双差对流层延迟误差

图 4.8　C12 双差大气延迟误差

从卫星 C01、C06 和 C12 的双差电离层延迟误差和双差对流层延迟误差的变化情况可以看出，在观测历元的大部分时段内二者变化比较平缓，双差电离层延迟误差随着双差卫星电离层穿刺点的经纬度方向的差值进行有规律的变化，双差对流层延迟误差随着卫星高度角进行有规律的变化，相邻历元间相差较小，并且双差大气延迟误差满足闭合基线大气延迟误差之和等于零，即 BASE_A-BASE_B、BASE_B-BASE_C 和 BASE_C-BASE_A 上同一对双差卫星的大气延迟误差之和为零。卫星 C01、C06 和 C12 的双差大气延迟误差在合理范围内进行有规律的连续变化进一步验证了 4.4.1 中的方法所解算的 B1 双差整周模糊度的准确性和可靠性。

按照 4.4.1 中的方法解算 L1 和 L2 双差整周模糊度之后，可以进一步得到 L1 频率的双差电离层延迟误差和双差对流层延迟误差。由于 GPS 均为 MEO 卫星，卫星高度角变化较快，重新选择基准卫星的次数较多，现选取 3 颗具有代表性的卫星，在此省略了基准卫星。图 4.9 至图 4.11 分别给出了 24 h 观测时段内卫星 G04、G14 和 G30 在 BASE_A-BASE_B、BASE_B-BASE_C、BASE_C-BASE_A 参考站对应的 L1 频率的双差电离层延迟误差和双差对流层延迟误差。

从 24 h 观测时段内卫星 G04、G14 和 G30 的双差电离层延迟误差和双差对流层延迟误差的变化情况可以看出，在变化基准卫星的时刻，双差电离层延迟误差和双差对流层延迟误差会出现较大的平移变化，其他观测时段内双差电离层延迟误差和双差对流层延迟误差随着卫星高度角进行有规律的变化，相邻历元间相差较小，并且双差电离层延迟误差和双差对流层延迟误差满足闭合基线大气延迟误差之和等于零，即 BASE_A-BASE_B、BASE_B-BASE_C 和 BASE_C-BASE_A 上同一对双差卫星的大气延迟误差之和为零。卫星 G04、G14 和 G30 的双差电离层延迟误差和双差对流层延迟误差在合理范围内进行有规律的连续变化，进一步验证了 4.4.1 中的算法所解算的 L1 双差整周模糊度的准确性和可靠性。

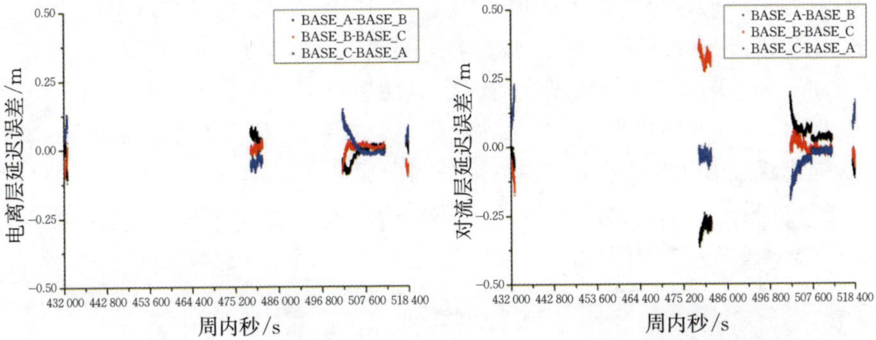

（a）G04 双差电离层延迟误差 （b）G04 双差对流层延迟误差

图 4.9 G04 双差大气延迟误差

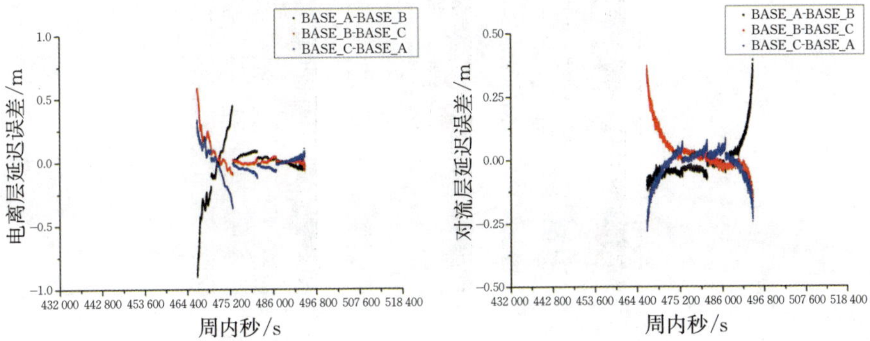

（a）G14 双差电离层延迟误差 （b）G14 双差对流层延迟误差

图 4.10 G14 双差大气延迟误差

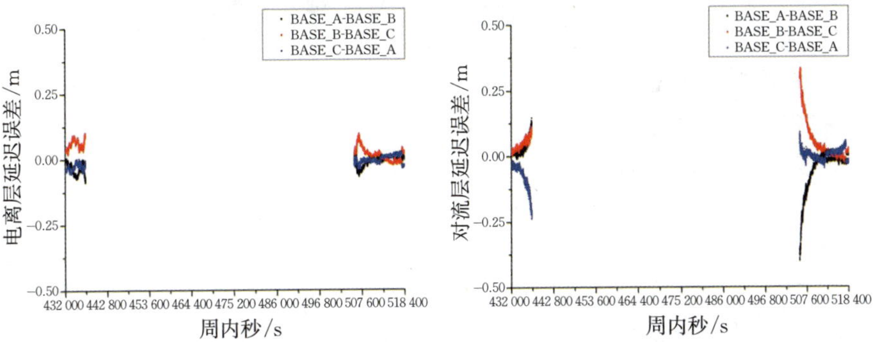

（a）G30 双差电离层延迟误差 （b）G30 双差对流层延迟误差

图 4.11 G30 双差大气延迟误差

图 4.12 给出了按照 4.2、4.3 和 4.4.1 中提出的网络 RTK 参考站双频整周模糊度解算方法处理 BASE_A-BASE_B、BASE_B-BASE_C 和 BASE_C-BASE_A 参考站 24 h 观测数据的 B1、B2 双差宽巷整周模糊度、L1 和 L2 双差宽巷整周模糊度、B1 双差整周模糊度和 L1 双差整周模糊度的固定成功率，以精密数据处理软件解算的双差整周模糊度作为准确值。图 4.12 中 B1B2(BDS)和 B1(BDS)表示按照 4.2 提出的 BDS 网络 RTK 参考站双频整周模糊度解算方法求解 B1、B2 双差宽巷整周模糊度和 B1 双差整周模糊度的固定成功率；L1L2(GPS)和 L1(GPS)表示按照 4.3 提出的 GPS 网络 RTK 参考站双频整周模糊度解算方法求解 L1、L2 双差宽巷整周模糊度和 L1 双差整周模糊度的固定成功率；B1(BDS/GPS)和 L1(BDS/GPS)表示按照 4.4.1 提出的 BDS/GPS 网络 RTK 参考站双频整周模糊度解算方法求解 B1 双差整周模糊度和 L1 双差整周模糊度的固定成功率。

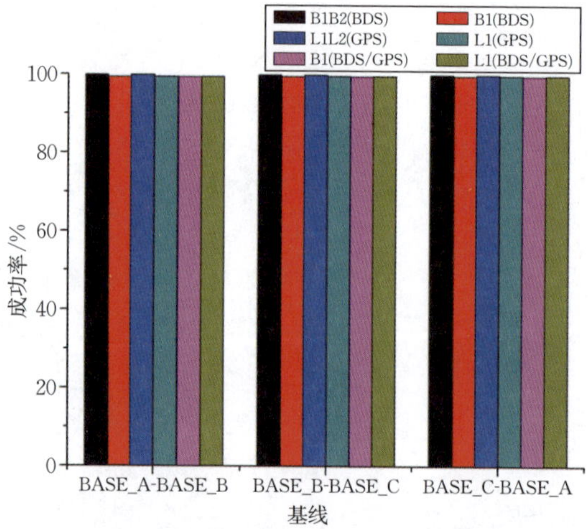

图 4.12　整周模糊度固定成功率

从图 4.12 中可以看出，三条基线的 B1、B2 双差宽巷整周模糊度和 L1、L2 双差宽巷整周模糊度具有较高的固定成功率，均为 99.99%。在双差宽巷整周模糊度固定之后，进一步确定 B1 和 L1 双差整周模糊度，BDS 单系统条件下 B1 双差整周模糊度的固定成功率分别为 99.41%、99.63%和 99.68%；GPS 单系统条件下 L1 双差整周模糊度的固定成功率分别为 99.52%、99.72%和 99.76%；BDS/GPS 条件下 B1 双差整周模糊度和 L1 双差整周模糊度的固定成功率与各单系统的固定成功率相同。

2. BDS 三频整周模糊度与 GPS 双频整周模糊度解算

该算例利用西南地区某省 CORS 网的 BDS/GPS 实测三频数据进行算法检验，观测时段为 2014 年 3 月 2 日 UTC 时 00：00：00—23：59：59 共 24 h，采样间隔为 1 s，卫星截止高度角为 10°。该实验数据共有 3 个参考站和 1 个流动站，参考站和流动站分布如图 4.13 所示，Station_A 到 Station_B 距离为 116 km，Station_B 到 Station_C 距离为 112 km，Station_C 到 Station_A 距离为 104 km，流动站 ROVER 到参考站 Station_A、Station_B 和 Station_C 的距离分别为 62 km、70 km 和 77 km。

对于 BDS/GPS 三频观测数据，按照 4.4.2 中的方法进行 B2、B3 双差超宽巷整周模糊度和 L1、L2 双差宽巷整周模糊度的确定，首先利用 MW 组合计算 B2、B3 双差超宽巷整周模糊度和 L1、L2 双差宽巷整周模糊度，并通过取平均值的方法削弱观测值噪声的影响，最终采用严格的整周模糊度固定标准确定 B2、B3 双差超宽巷整周模糊度和 L1、L2 双差宽巷整周模糊度。图 4.14 和图 4.15 分别为 BDS 和 GPS 各系统各卫星在 Station_A-Station_B、Station_B-Station_C、Station_C-Station_A 参考站间的 B2、B3 双差超宽巷整周模糊度和 L1、L2 双差宽巷整周模糊度与利用精密数据处理软件解算的双差整周模糊度准确值的差值。

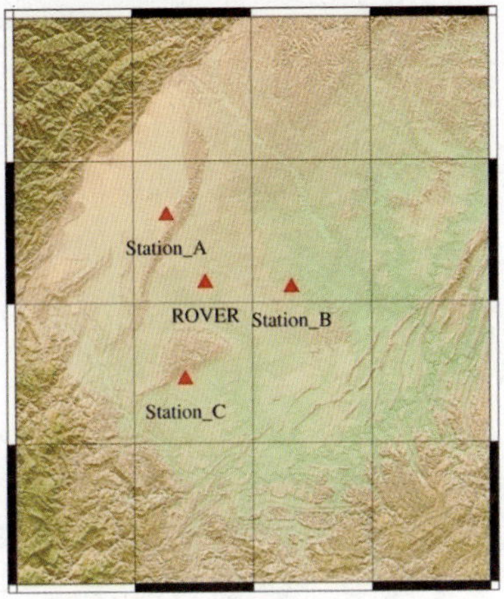

图 4.13　测站分布

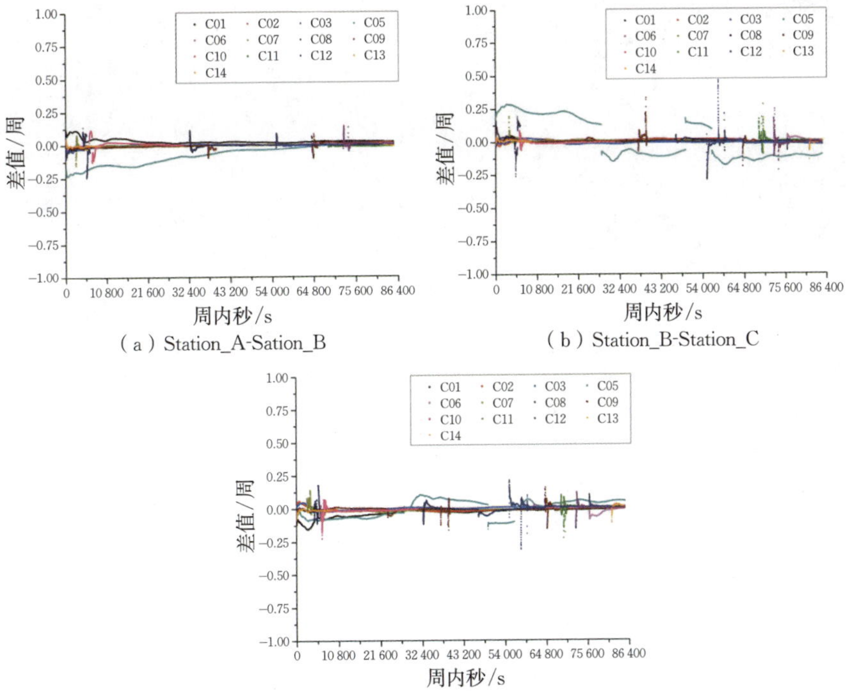

(a) Station_A-Sation_B

(b) Station_B-Station_C

(c) Station_C-Station_A

图 4.14　BDS 的 B2、B3 双差超宽巷整周模糊度的偏差

从图 4.14 中可以看出，24 h 的观测时段内，双差组合过程中仅进行了两次基准卫星的变换，第一时段基准卫星为 C06，第二时段基准卫星为 C10，第三时段基准卫星为 C08。由于 BDS 的 B2、B3 频率的超宽巷组合观测值对应的波长约为 4.884 m，其波长远远大于 B1、B2 频率的宽巷组合观测值对应的波长，BDS 的 B2、B3 双差超宽巷整周模糊度经过取平均值的方法在很大程度上削弱了观测值噪声的影响，从图 4.14 中可以发现，BDS 各卫星的双差宽巷整周模糊度与其准确值的差值变化较为平缓，其差值的绝对值远远小于 0.25 周，几乎大部分在 0.15 周以内，利用超宽巷波长较长的优势和双差超宽巷整周模糊度固定为整数的准则可快速确定 BDS 的 B2、B3 超宽巷整周模糊度。

从图 4.15 中可以看出，24 h 的观测时段内 GPS 各卫星进行双差组合过程中基准卫星的变换较为频繁，经过取平均值的方法处理的 GPS 各双差卫星的双差宽巷整周模糊度在完整观测弧段的开始较大，随着观测历元的增加，GPS 各卫星的双差宽巷整周模糊度与其准确值的差值变化变得平缓，大部分在 0.25 周以内，进一步采用严格的整周模糊度固定标准可准确地确定 GPS 双差宽巷整周模糊度。

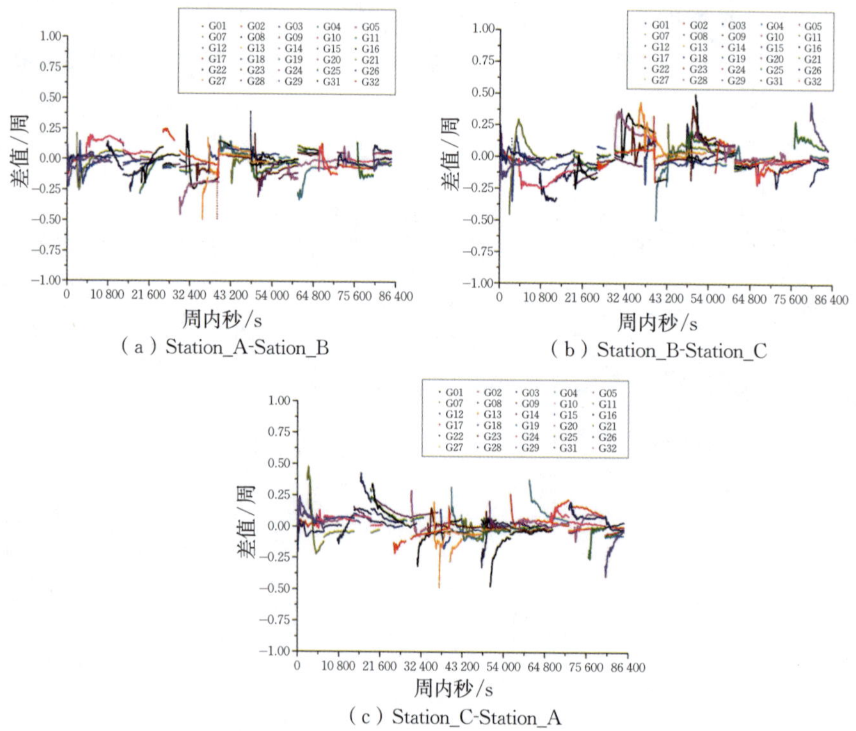

（a）Station_A-Sation_B

（b）Station_B-Station_C

（c）Station_C-Station_A

图 4.15　GPS 双差宽巷整周模糊度的偏差

通过对比图 4.14 和图 4.15 可以发现，BDS 和 GPS 各系统各卫星在 Station_A-Station_B、Station_B-Station_C、Station_C-Station_A 参考站的 B2、B3 双差超

宽巷整周模糊度和 L1、L2 双差宽巷整周模糊度与其准确值的差值可以看出，相比于 GPS，对波长较长的 B2、B3 双差超宽巷整周模糊度进行取平均值方法处理，B2、B3 双差超宽巷整周模糊度与其准确值的差值较小，利用超宽巷波长较长的优势和双差超宽巷整周模糊度固定为整数的准则可快速确定 B2、B3 超宽巷整周模糊度。GPS 的 L1、L2 双差宽巷整周模糊度对应的波长为 0.86 m，虽然远远小于 B2、B3 双差超宽巷整周模糊度对应的波长，但 GPS 的信号质量要好于 BDS，GPS 各卫星的 L1、L2 双差宽巷整周模糊度经过平滑处理之后，其与整周模糊度准确值的差值在 0.25 周以内，利用双差宽巷整周模糊度固定为整数的准则可快速确定 L1、L2 宽巷整周模糊度。

BDS 的 B2、B3 双差超宽巷整周模糊度确定之后，按照 4.4.2 中提出的 BDS 网络 RTK 参考站三频整周模糊度解算方法进一步对 BDS 参考站 B1、B2 和 B1、B3 双差宽巷整周模糊度进行解算，为了验证所解算的 B1、B2 双差宽巷整周模糊度和 B1、B3 双差宽巷整周模糊度的正确性和可靠性，可通过 B1、B2 双差宽巷载波相位观测方程和 B1、B3 双差宽巷载波相位观测方程线性组合计算得到 B1、B2 双差宽巷载波相位观测值对应的双差电离层延迟误差和双差对流层延迟误差。BDS 双差宽巷观测值对应的双差电离层延迟误差和双差对流层延迟误差随时间的变化情况可对所解算的 B1、B2 双差宽巷整周模糊度和 B1、B3 双差宽巷整周模糊度做出可靠性判断，固定正确的双差宽巷整周模糊度对应的双差电离层延迟误差和双差对流层延迟误差会在合理的范围内进行有规律的连续变化，相邻历元间相差较小，不会出现突然增大或减小、不连续及突变的情况，而且满足闭合基线双差电离层延迟误差和双差对流层延迟误差之和等于零。

按照 BDS 的 GEO、IGSO 和 MEO 三种不同的轨道卫星，图 4.16、图 4.17 和图 4.18 分别给出了 24 h 观测时段内的卫星 C02、C09 和 C14 在 Station_A-Station_B、Station_B-Station_C、Station_C-Station_A 参考站对应的 B1、B2 双差宽巷观测值的双差电离层延迟误差和双差对流层延迟误差，在此省略了基准卫星。由于对 BDS 载波相位观测值进行了线性组合，B1、B2 双差宽巷观测值对应的双差大气延迟误差的噪声被放大，但 B1、B2 双差宽巷观测值对应的大气延迟误差仍会根据卫星高度角进行有规律的连续变化。从图 4.16 至图 4.18 可以看出，卫星 C02、C09 和 C14 的 B1、B2 双差宽巷观测值对应的双差电离层延迟误差和双差对流层延迟误差在观测时段内进行有规律的连续变化，双差电离层延迟误差随着双差卫星电离层穿刺点的经纬度方向的差值进行有规律的变化，双差对流层延迟误差随着卫星高度角进行有规律的变化，相邻历元间相差较小，一般在卫星新升起和变换基准卫星的时候进行有规律的连续增大，并且双差大气延迟误差满足闭合基线大气延迟误差之和等于零，即在 Station_A-Station_B、Station_B-Station_C、Station_C-Station_A 上同一对双差卫星的大气延迟误差之和为零。卫星 C02、

C09 和 C14 的 B1、B2 双差宽巷观测值对应的双差大气延迟误差在合理范围内进行有规律的连续变化，进一步验证了 4.4.2 中的 BDS 网络 RTK 参考站三频整周模糊度解算算法所解算的 B1、B2 双差宽巷整周模糊度的准确性和可靠性。

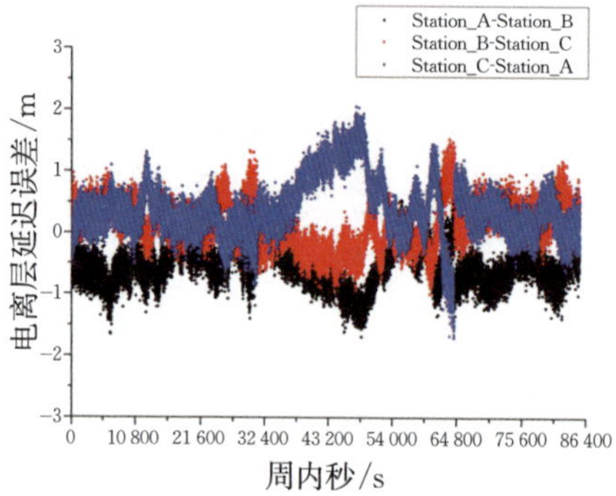

（a）C02双差电离层延迟误差

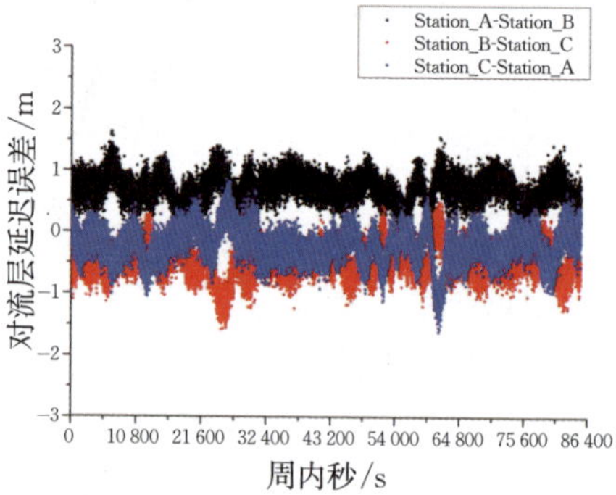

（b）C02双差对流层延迟误差

图 4.16 C02 的 B1、B2 双差大气延迟误差

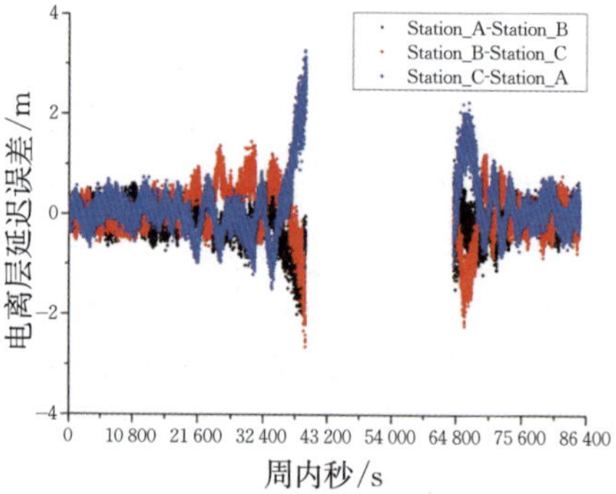

（a）C09双差电离层延迟误差

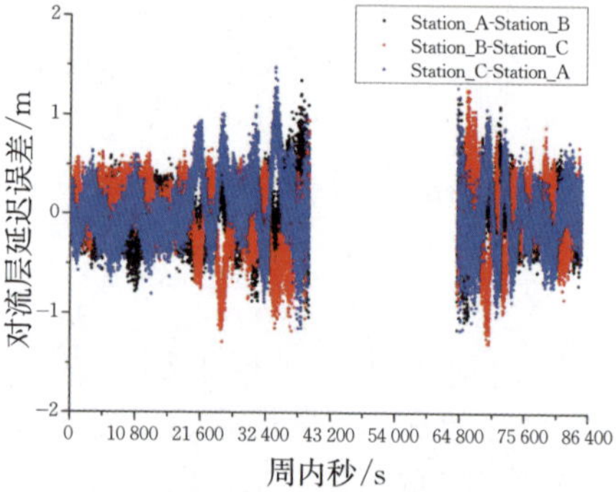

（b）C09双差对流层延迟误差

图 4.17 C09 的 B1、B2 双差大气延迟误差

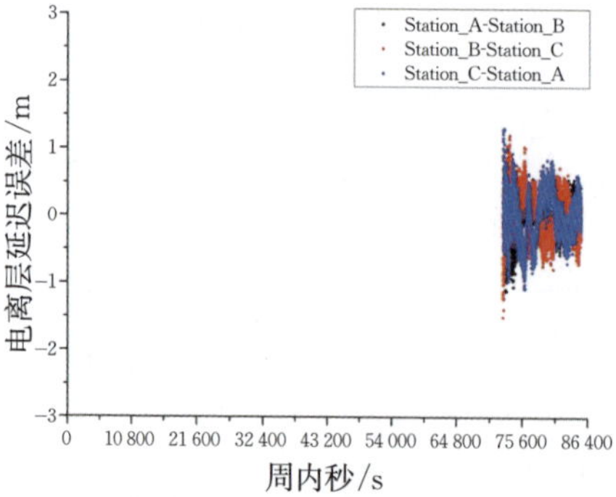

（a）C14双差电离层延迟误差

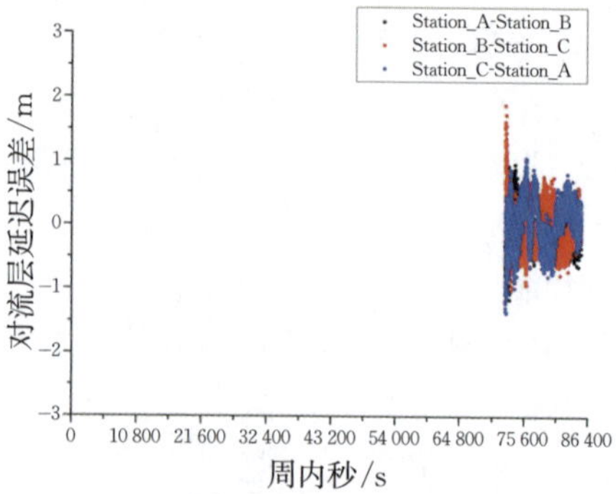

（b）C14双差对流层延迟误差

图 4.18 C14 的 B1、B2 双差大气延迟误差

BDS和GPS的B1、B2双差宽巷整周模糊度和L1、L2双差宽巷整周模糊度确定之后，按照4.4.2中提出的BDS/GPS网络RTK参考站三频整周模糊度解算方法对BDS和GPS参考站双差整周模糊度进行解算。为了验证所解算的B1、B2、B3、L1和L2双差整周模糊度的正确性和可靠性，可通过B1、B2、L1和L2双差载波相位观测方程线性组合计算得到原始频率的双差大气延迟误差。双差电离层延迟误差和双差对流层延迟误差随时间的变化情况可对所解算的B1和L1双差整周模糊度做出可靠性判断，固定正确的双差整周模糊度，对应的双差电离层延迟误差和双差对流层延迟误差会在合理的范围内进行有规律的连续变化，相邻历元间相差较小，不会出现突然增大或减小、不连续及突变的情况，而且满足闭合基线双差电离层延迟误差和双差对流层延迟误差之和等于零。

图4.19、图4.20和图4.21给出了24 h观测时段内的卫星C02、C09和C14卫星在Station_A-Station_B、Station_B-Station_C、Station_C-Station_A参考站对应的B1频率的双差电离层延迟误差和双差对流层延迟误差。从图4.19至图4.21可以看出，卫星C02、C09和C14的B1频率的双差电离层延迟误差和双差对流层延迟误差在观测时段内进行有规律的连续变化，双差电离层延迟误差随着双差卫星电离层穿刺点的经纬度方向的差值进行有规律的变化，双差对流层延迟误差随着卫星高度角进行有规律的变化，相邻历元间相差较小，一般在卫星新升起和变换基准卫星的时候进行有规律的连续增大，并且双差大气延迟误差满足闭合基线大气延迟误差之和等于零。卫星C02、C09和C14的B1频率的双差大气延迟误差在合理范围内进行有规律的连续变化，进一步验证了所解算的B1、B2双差整周模糊度的准确性和可靠性。

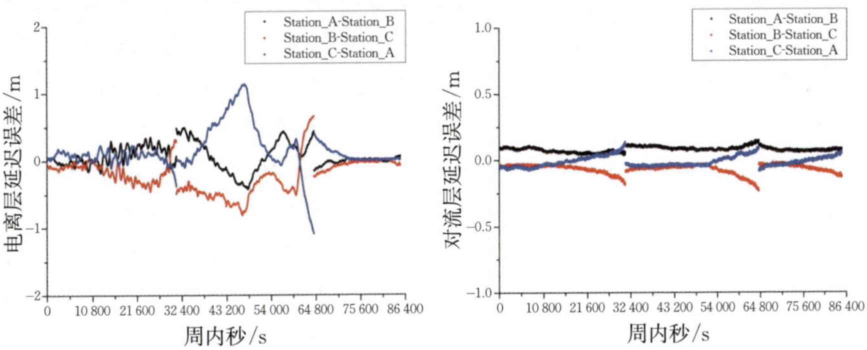

(a) C02双差电离层延迟误差　　(b) C02双差对流层延迟误差

图4.19　C02双差大气延迟误差

图4.22、图4.23和图4.24分别给出了24 h观测时段内卫星G02、G16和G32在Station_A、Station_B和Station_C参考站对应的L1频率的双差电离层延迟误差和双差对流层延迟误差。从24 h观测时段内各卫星的双差电离层延迟误

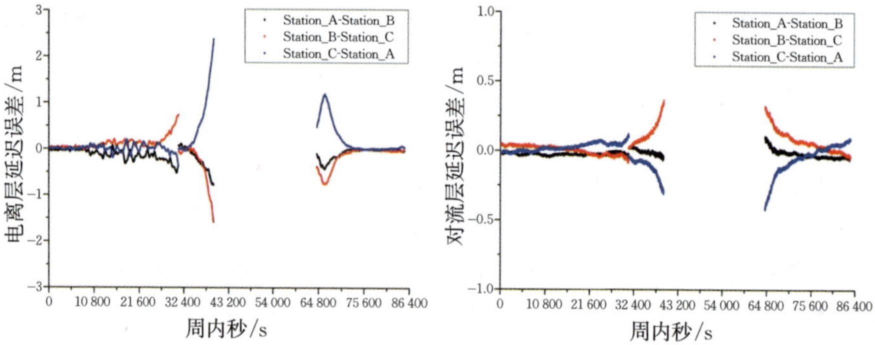

（a）C09双差电离层延迟误差　（b）C09双差对流层延迟误差

图 4.20　C09 双差大气延迟误差

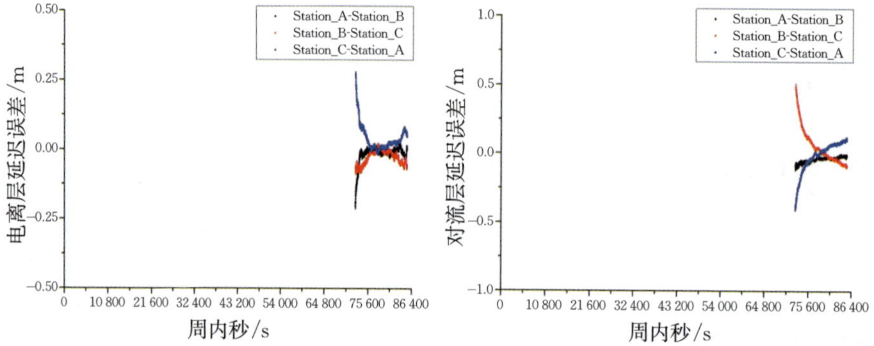

（a）C14双差电离层延迟误差　（b）C14双差对流层延迟误差

图 4.21　C14 双差大气延迟误差

差和双差对流层延迟误差的变化情况可以看出，在基准卫星变化的时刻，双差电离层延迟误差和双差对流层延迟误差会出现较大的平移变化，其他观测时段内双差电离层延迟误差和双差对流层延迟误差随着卫星高度角进行有规律的变化，相邻历元间相差较小，并且双差电离层延迟误差和双差对流层延迟误差满足闭合基线大气延迟误差之和等于零，即在 Station_A-Station_B、Station_B-Station_C 和 Station_C-Station_A 上同一对双差卫星的大气延迟误差之和为零。卫星 G02、G16 和 G32 的双差电离层延迟误差和双差对流层延迟误差在合理范围内进行有规律的连续变化，进一步验证了所解算的 L1 双差整周模糊度的准确性和可靠性。

按照 4.4.2 中提出的 BDS/GPS 网络 RTK 参考站三频整周模糊度解算方法对 BDS 和 GPS 参考站整周模糊度进行解算，图 4.25 给出了按照 4.2、4.3 和 4.4.2 中提出的网络 RTK 参考站整周模糊度解算方法处理 Station_A-Station_B、Station_B-Station_C 和 Station_C-Station_A 参考站 24 h 观测数据的 B2、B3 双差超宽巷整周模糊度，B1、B2 双差宽巷整周模糊度，L1、L2 双差宽巷整周模糊度，B1 双差整周模糊度和 L1 双差整周模糊度的固定成功率，以精密数据处理软件解算

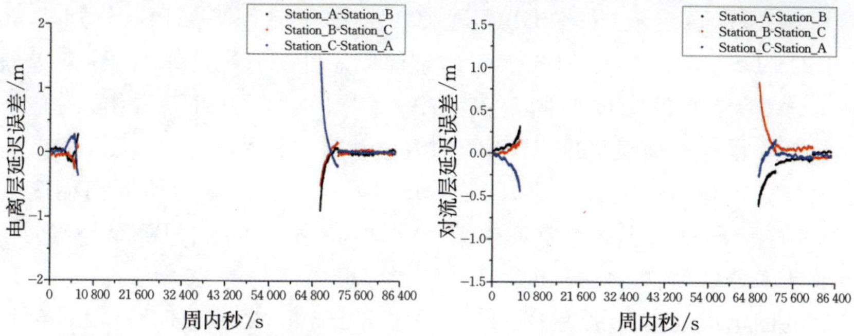

（a）G02双差电离层延迟误差　　（b）G02双差对流层延迟误差

图 4.22　G02 双差大气延迟误差

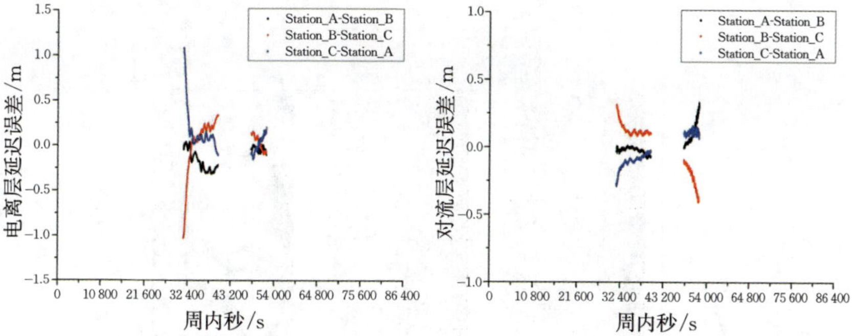

（a）G16双差电离层延迟误差　　（b）G16双差对流层延迟误差

图 4.23　G16 双差大气延迟误差

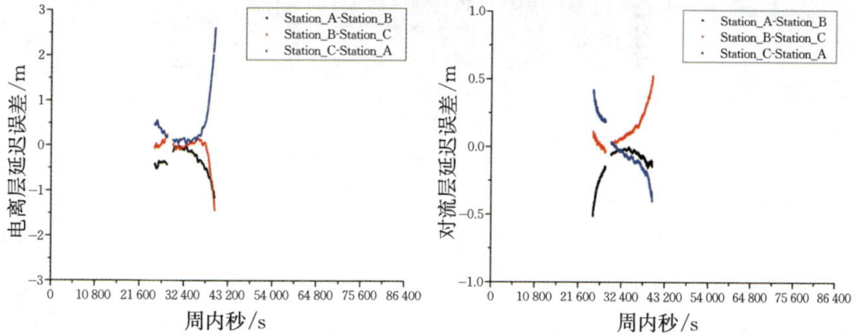

（a）G32双差电离层延迟误差　　（b）G32双差对流层延迟误差

图 4.24　G32 双差大气延迟误差

的双差整周模糊度作为准确值。图 4.25 中 B2B3（BDS）、B1B2（BDS）和 B1（BDS）分别表示按照 4.2 中的 BDS 网络 RTK 参考站三频整周模糊度解算方法求解 B2、B3 双差超宽巷整周模糊度，B1、B2 双差宽巷整周模糊度和 B1 双差整周模糊度的固定成功率；L1L2（GPS）和 L1（GPS）分别表示按照 4.3 中的 GPS 网络 RTK 参考站双频整周模糊度解算方法求解 L1、L2 双差宽巷整周模糊度和 L1 双差整周模糊度的固定成功率；B1（BDS/GPS）和 L1（BDS/GPS）分别表示按照 4.4.2 中的 BDS/GPS 网络 RTK 参考站整周模糊度解算方法求解 B1 双差整周模糊度和 L1 双差整周模糊度的固定成功率。从图 4.25 中可以看出，三条基线的 B2、B3 双差超宽巷整周模糊度，B1、B2 双差宽巷整周模糊度和 L1、L2 双差宽巷整周模糊度具有较高的固定成功率，均为 99.99%。在双差宽巷整周模糊度固定之后，进一步确定 B1 和 L1 双差整周模糊度，BDS 单系统条件下 B1 双差整周模糊度的固定成功率分别为 98.43%、98.47%和 98.56%；GPS 单系统条件下 L1 双差整周模糊度的固定成功率分别为 99.26%、99.31%和 99.35%；BDS/GPS 条件下 B1 双差整周模糊度的固定成功率分别为 98.60%、98.61%和 98.67%；BDS/GPS 条件下 L1 双差整周模糊度的固定成功率分别为 99.27%、99.31%和 99.35%。

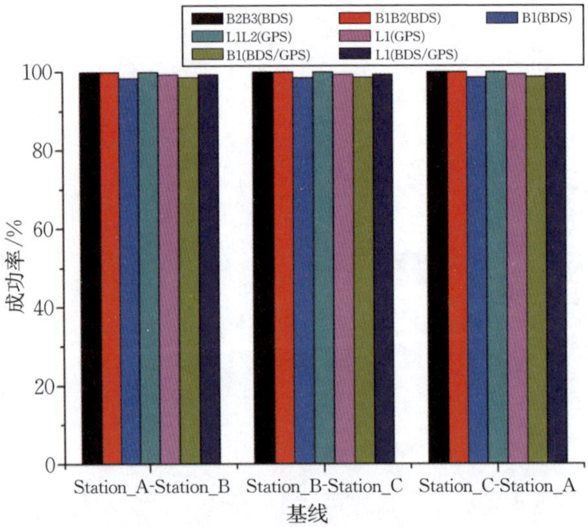

图 4.25 整周模糊度固定成功率

3. 长距离 GPS 低高度角整周模糊度解算

该算例利用华东地区某省 CORS 网的 GPS 实测数据进行算法检验，观测时段为 2010 年 10 月 9 日 UTC 时 00：00：00—04：00：00 共 4 h，采样间隔为 15 s，卫星截止高度角为 10°。该实验数据共有 3 个参考站和 1 个流动站，参考站和流动站分布如图 4.26 所示，Sta_A 到 Sta_B 距离为 167 km，Sta_B 到 Sta_C 距离为 155 km，Sta_C 到 Sta_A 距离为 201 km，流动站 ROVER 到参考站 Sta_A、Sta_B 和 Sta_C 的距离分别为 101 km、78 km 和 125 km。

图 4.27 为观测时段内参考站观测到的可视卫星的卫星高度角变化情况，根据图 4.27 中各卫星高度角变化的趋势选取 4 组具有代表性的低高度角双差卫星组合进行下一步的双差整周模糊度和大气延迟误差的分析，即双差卫星组合 G06-G16、G07-G16、G13-G16 和 G19-G16，其中 G16 为观测时段内选择的基准卫星，基准卫星

高度角的变化趋势为逐渐减小的过程。卫星G06-G16 在观测的开始时刻均为高高度角卫星，卫星 G06 的高度角先增大后减小，观测的结束时刻双差卫星均变为低高度角卫星。卫星 G07-G16中卫星 G07 的高度角变化与卫星 G16 的变化过程相反，呈现逐渐增大的趋势，在其观测的开始时刻为低高度角卫星，在观测的结束时刻变为高度角卫星，而此时卫星 G16 变为低高度角卫星。卫星 G13-G16 中卫星 G13 的高度角变化为先增大后减小，并且观测时段内大部分时间在 40°以下，在其观测的开始时刻和结束时刻均为低高度角卫星，卫星 G16 逐渐由高高度角卫星变为低高度角卫星。卫星 G19-G16 中卫星 G19 的高度角变化虽然为先增大后减小，但其始终为高高度角卫星，而卫星 G16 逐渐由高高度角卫星变为低高度角卫星。

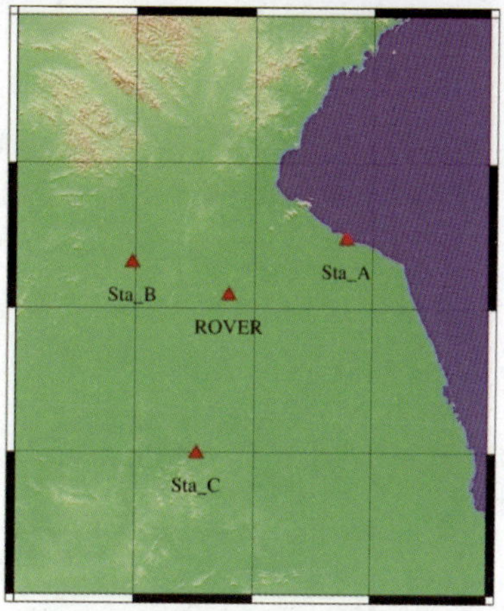

图 4.26　测站分布

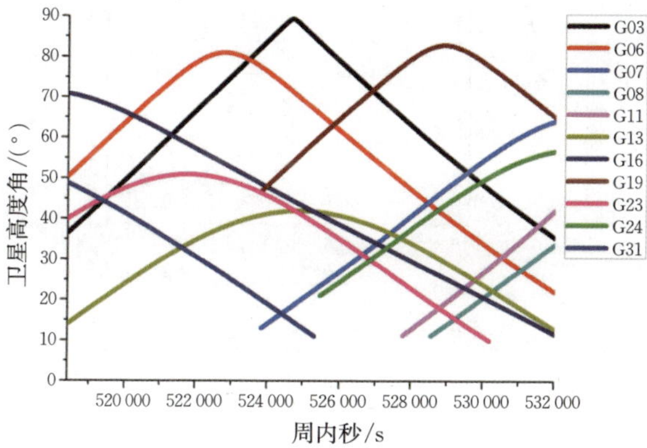

图 4.27　卫星高度角

卫星 G06-G16、G07-G16、G13-G16 和 G19-G16 对应的各参考站宽巷整周模糊度计算结果如图 4.28 所示。图 4.28(a)中由于卫星 G06-G16 在观测开始时刻，两颗双差卫星的卫星高度角较大，多路径误差较小，使用双差宽巷整周模糊度固定为整数的准则可快速确定卫星G06-G16 的宽巷整周模糊度；在观测的结束时刻，两颗双差卫星均变为低高度角卫星，采用双差宽巷整周模糊度固定为整数的准则仍然可以快速确定其宽巷整周模糊度。图 4.28(b)和图 4.28(c)中的卫星 G07-G16 与 G13-G16 在观测的开始时刻，两对双差卫星中均存在低高度角卫星，由于低高度角卫星比高高度角卫星受到外界环境干扰较大，并且双差宽巷组合观测值放大了观测噪声，影响了宽巷整周模糊度的固定，但随着历元数增加及利用整周模糊度固定为整数的准则也可准确确定整周模糊度；卫星 G13-G16 在观测的结束时刻，两颗双差卫星均变为高度角接近于 10°的低高度角卫星，在进行卫星 G07-G16 与 G13-G16的宽巷整周模糊度解算过程中，实时地采用 MW 组合模型逐历元取平均值的方法来削弱观测值噪声的影响，同时利用固定整周模糊度的卫星计算的天顶对流层延迟误差及利用卫星 G07-G16 与 G13-G16 的载波相位无电离层组合模型计算其宽巷整周模糊度,两种确定宽巷整周模糊度的方法同时进行数据处理,互相进行整周模糊度检核,可保证参考站低高度角卫星双差宽巷整周模糊度的准确固定。图 4.28(d)中卫星 G19-G16 在整个观测时段内,G19 始终为高高度角卫星,使用双差宽巷整周模糊度固定为整数的准则能保证在整个观测时段可快速准确地确定其宽巷整周模糊度。卫星 G06-G16、G07-G16、G13-G16 和 G19-G16 在 Sta_A-Sta_B、Sta_B-Sta_C、Sta_C-Sta_A 参考站的双差宽巷整周模糊度分别为(−10,−9,19)、(−15,4,11)、(−5,11,−6)和(−7,−5,12),满足模糊度闭合条件。

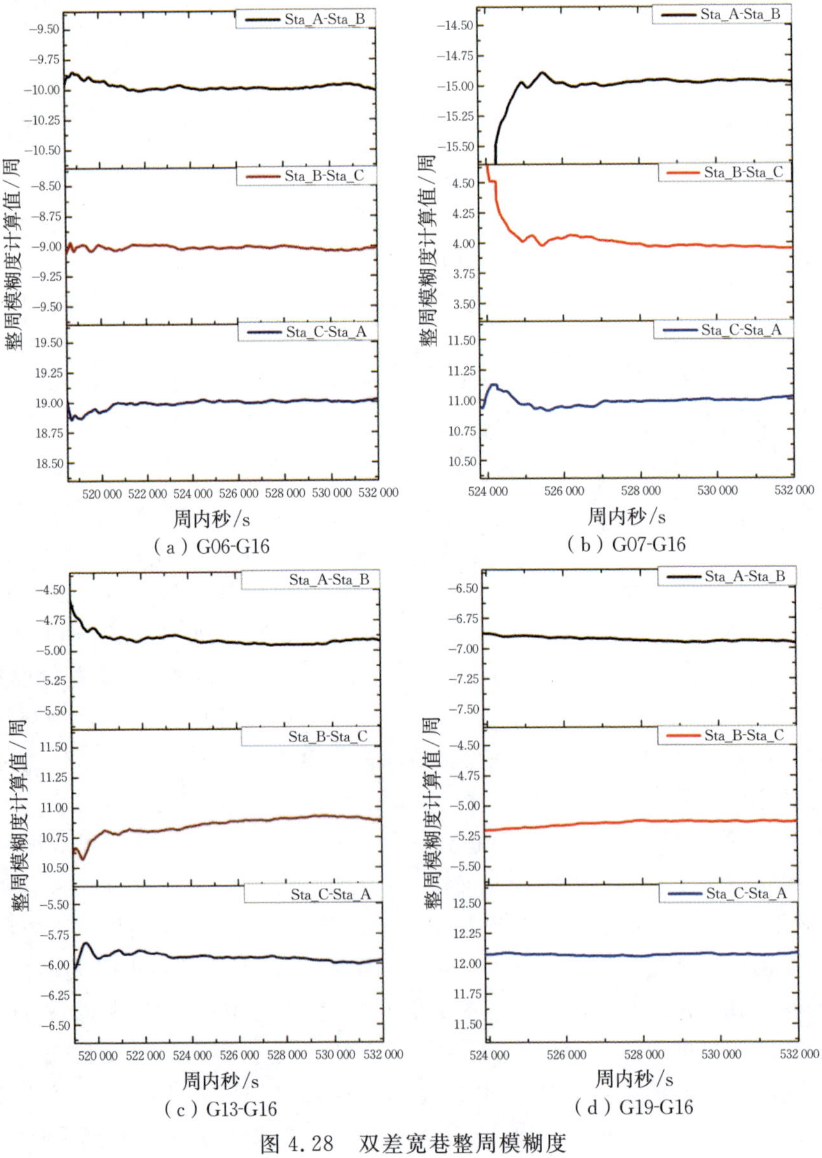

图 4.28 双差宽巷整周模糊度

GPS 载波相位整周模糊度确定之后可以得到 L1 频率的双差对流层延迟误差。双差对流层延迟误差随时间的变化情况可真实反映所固定的 L1 双差整周模糊度的正确与否，正确固定的双差整周模糊度对应的双差对流层延迟误差会在合理的范围内进行有规律的连续变化，相邻历元间相差较小，不会出现突然增大或减小的情况。图 4.29 给出了选取的 4 组双差卫星组合在 Sta_A-Sta_B、Sta_B-Sta_C 和 Sta_C-Sta_A 参考站的双差对流层延迟误差。图 4.29 中 L1 频率的双差对流层延迟误差除了随着观测时间变化外，还与卫星高度角有关，卫星高度角越小，双差对流层延迟误差越大。卫星 G06-G16 的双差对流层延迟误差在观测的开始阶段变化较缓慢，随着 G06 和 G16 的卫星高度角逐渐减小，双差对流层延迟误差逐渐增大；卫星 G07-G16 的双差对流层延迟误差与其卫星高度角变化趋势基本一致，在观测时段的两端均存在低高度角卫星，相对应的双差对流层延迟误差较大；卫星 G13-G16 在观测的结束时刻两颗双差卫星均变为高度角接近于 10°的低高度角卫星，其对应的双差对流层延迟误差增大至约 2.4 m；卫星 G19-G16 的双差对流层延迟误差在观测的开始阶段变化较缓慢，随着 G16 逐渐变为低高度角卫星，双差对流层延迟误差逐渐增大。从图 4.29 中可以看出，在长距离参考站间载波相位双差整周模糊度确定过程中，双差对流层延迟误差是主要误差源，严重影响模糊度的固定，在解算低高度角卫星双差整周模糊度的过程中通过整周模糊度固定的卫星大气延迟误差计算低高度角卫星的大气延迟误差，可以有效减弱对流层延迟误差影响，有助于低高度角卫星的载波相位整周模糊度的解算。图 4.29 中的双差对流层延迟误差满足闭合基线对流层延迟误差之和等于零，即在 Sta_A-Sta_B、Sta_B-Sta_C 和 Sta_C-Sta_A 上同一对双差卫星的对流层延迟误差之和为零。4 组双差卫星的对流层延迟误差在合理范围内进行有规律的连续变化，进一步验证了采用 4.5 中的方法固定 L1 双差整周模糊度的正确性。

图 4.30 中 N12、N1 和 N2 分别表示采用 4.5 中方法解算 L1、L2 双差宽巷整周模糊度，L1 双差整周模糊度和 L2 双差整周模糊度的固定成功率。从图 4.30 中可以看出，Sta_A-Sta_B、Sta_B-Sta_C 和 Sta_C-Sta_A 参考站的 L1、L2 双差宽巷整周模糊度具有较高的固定成功率。在 L1、L2 双差宽巷整周模糊度固定之后，进一步确定 L1、L2 双差整周模糊度，利用整周模糊度固定的卫星约束参考站低高度角卫星的载波相位整周模糊度，其固定成功率分别为 94.13%、94.72% 和 95.43%。从 L1、L2 双差宽巷整周模糊度和 L1、L2 双差整周模糊度的固定成功率可以看出，4.5 中的长距离 GPS 网络 RTK 参考站低高度角卫星整周模糊度解算方法可正确有效地实现参考站载波相位整周模糊度的准确固定。

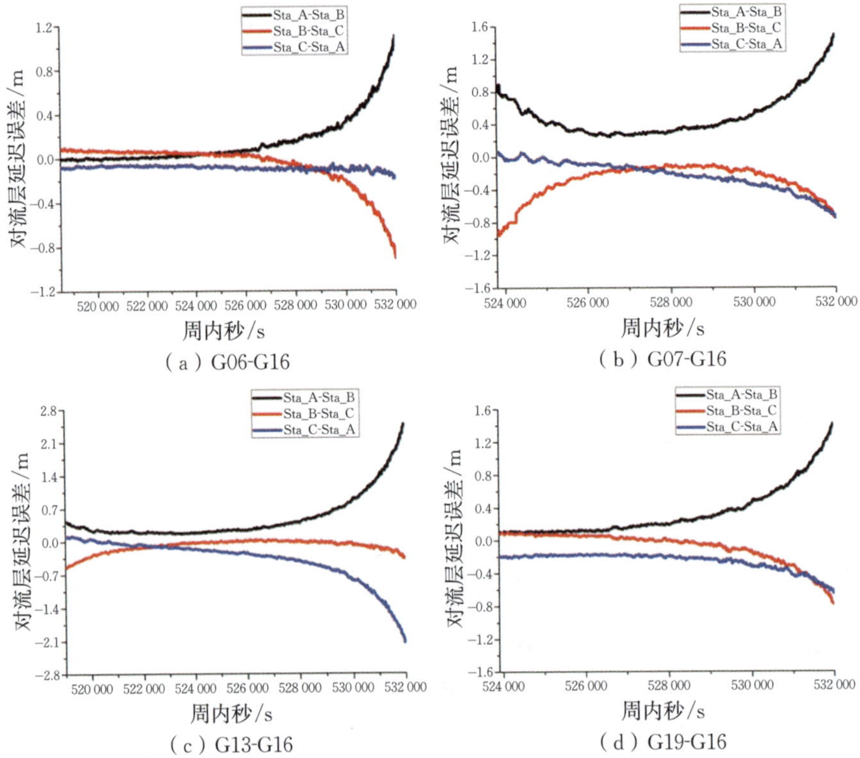

(a) G06-G16　(b) G07-G16　(c) G13-G16　(d) G19-G16

图 4.29　对流层延迟误差

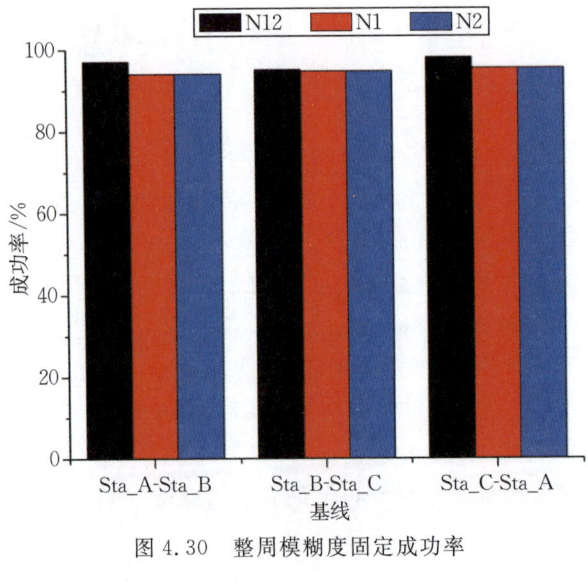

图 4.30　整周模糊度固定成功率

第5章　基于非差观测模型的 BDS/GNSS 参考站区域误差改正方法

网络 RTK 参考站的整周模糊度确定后，对流动站观测值误差的处理是核心问题。流动站观测值误差的处理直接影响流动站载波相位整周模糊度的解算和流动站定位的精度。流动站误差改正的方法主要有两类：一是将电离层延迟误差、中性大气延迟误差、卫星轨道误差等误差分离开，分别建立误差模型，然后根据流动站的位置内插出相应的误差影响；二是把电离层延迟误差、中性大气延迟误差、卫星轨道误差等误差放在一起，不进行误差分离，直接根据流动站相对于几个参考站的位置内插出各种误差的综合影响。目前，常用的参考站区域误差改正方法主要基于双差观测模型，双差观测值间的相关性给数据处理增加了难度。

本章首先介绍了现有网络 RTK 流动站观测值的误差改正方法，这些方法主要是对流动站观测值的双差误差进行处理。然后介绍了一种基于非差观测模型的参考站区域误差改正方法，该方法克服了双差模型中测站和卫星间的相关性，以单颗卫星为对象，建立高精度非差观测模型，根据参考站网的非差观测误差和线性内插拟合函数，实现参考站网覆盖范围内观测误差的精确模型化，使用非差观测模型改正流动站的观测误差，恢复流动站载波相位整周模糊度的整数特性。

5.1　网络 RTK 流动站误差改正方法

目前，网络 RTK 系统中常用的流动站误差改正方法，主要有主辅站法、虚拟参考站法、区域误差改正参数法、综合误差内插法和改进综合误差内插法。前三种方法是已有的国外商业化软件中使用的误差方法，由于商业机密的原因，这些流动站误差改正方法的具体实现过程和数学模型是严格保密的，只能对其方法的使用进行简单的介绍。

5.1.1　主辅站方法

主辅站方法是由欧洲瑞士的徕卡(Leica)公司基于“主辅站概念”提出的。主辅站方法的基本概念是参考站网以高度压缩的形式，将所有相关的、代表整周模糊度水平的观测数据，例如色散性的和非色散性的差分改正数，作为网络的改正数据播发给流动站用户。其数据传输过程如图 5.1 所示(吴星华 等，2005)。

图 5.1 中，A、B、C、D、X 五个参考站组成一个参考站网络，其中主参考站为

A，其他为辅站，还有一个数据处理中心和一个流动站用户(Rover)，1003表示改正数数据类型。主辅站方法的整个过程是数据处理中心首先进行参考站网的数据处理，即辅站相对于主参考站改正数差的计算，然后把主参考站改正数和辅站与主参考站改正数差发送给流动站。

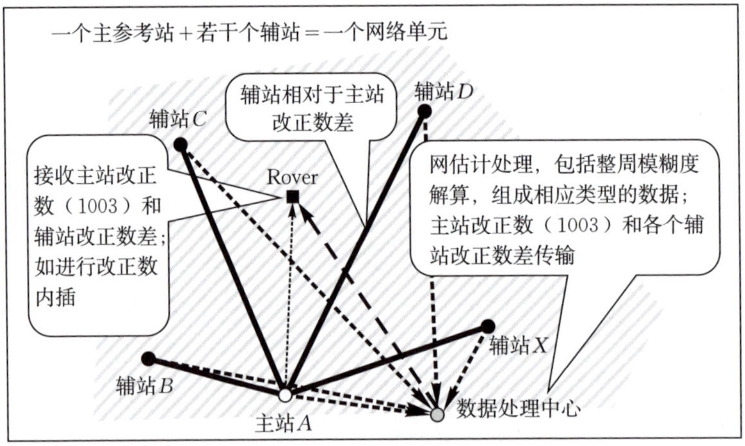

图 5.1　主辅站的概念

为了降低参考站系统网络中数据的播发量，主辅站方法发送其中一个参考站作为主参考站的全部改正数及坐标信息，对于辅参考站，播发的是相对于主参考站的差分改正数及坐标差。主参考站与每一个辅站之间的差分信息从数量上来说要少得多，而且，能够以较少的数据量来表达这些信息。

对于用户来说，主参考站并不要求是距离最近的那个参考站，因为主参考站仅仅是为了方便进行数据传输，在差分改正数的计算中并没有任何特殊的作用。如果由于某种原因，主参考站传来的数据不再具有有效性，或者根本无法获取主参考站的数据，那么，可以选择任意一个辅站作为主参考站。

5.1.2　虚拟参考站方法

Landau等(2002)等提出了虚拟参考站(virtual reference station，VRS)的概念和技术。虚拟参考站方法是通过与流动站用户相邻的几个参考站(一般是3个)之间的基线计算各项观测误差，来消除或大大削弱这些误差项对流动站定位带来的影响。数据处理中心根据流动站发来的用户近似坐标判断出该站位于哪3个参考站所组成的三角形内。然后根据插值方法建立一个对应于流动站点位的虚拟参考站，将这个虚拟参考站的观测数据传输给流动站用户，流动站用户利用虚拟参考站的数据与自身的观测数据进行差分定位。服务区每一个流动站用户对应着一个不同的虚拟参考站，由于虚拟参考站发送的是RTCM标准格式的信息，因此流动站用户并不需要知道参考站采用的参考模型。参考站需要根据流动站的坐标建立相应的局部改正数模型，所以，流动站用户必须将自己的概略位置坐标信息发送给数据处理中心，即流动站用户需要配备双向数据通信设备。

利用虚拟参考站方法的作业流程如图5.2所示。

5.1.3 区域误差改正参数法

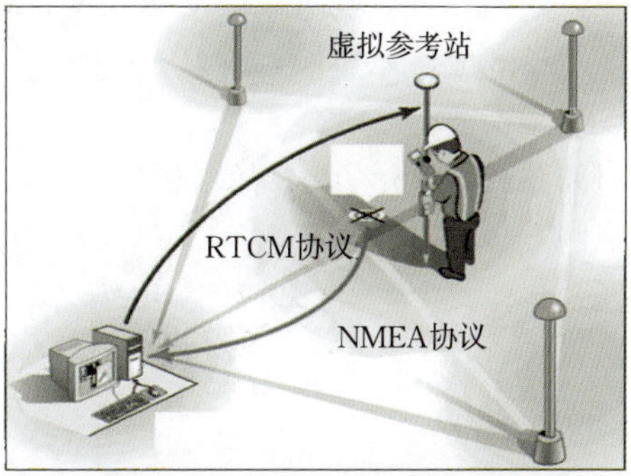

图5.2 虚拟参考站作业流程

区域误差改正参数（源于德语，简称FKP）方法是由德国的Geo++ GmbH最早提出来的。该方法基于状态空间模型（SSM-State space model），其主要过程是数据处理中心首先计算出网内电离层延迟和几何信号的误差影响，再将这些误差影响描述成南北方向和东西方向的区域参数，并以广播的方式发播出去，最后流动站用户根据这些参数和自身的位置计算流动站观测值的误差改正数。

FKP方法分为两步：一是FKP参数的拟合，二是利用FKP参数计算流动站用户观测值的误差。首先计算出参考站网内电离层延迟和几何信号的误差影响，把这些误差影响描述成区域参数，然后流动站利用区域参数计算出误差并进行改正。对于测站(φ,λ)，其与距离相关的误差可以表示为

$$\delta r_0 = 6.37[N_0(\varphi-\varphi_R)+E_0(\lambda-\lambda_R)\cos\varphi_R] \tag{5.1}$$

$$\delta r_I = 6.37H[N_I(\varphi-\varphi_R)+E_I(\lambda-\lambda_R)\cos\varphi_R] \tag{5.2}$$

式中，N_0、E_0为南北方向和东西方向的几何信号区域改正参数（无电离层延迟误差）；N_I、E_I分别为南北方向和东西方向的电离层信号区域误差改正数（对窄巷）；φ、λ为测站在WGS-84坐标系下的地理坐标；φ_R、λ_R为参考站在WGS-84坐标系下的地理坐标；$H=1+16(0.53-E/\pi)^3$；E为卫星的高度角；δr_0为几何信号（无电离层）的距离相关误差；δr_I为电离层信号（窄巷）的距离相关误差。

L1和L2载波相位的信号距离相关误差δr_1、δr_2为

$$\delta r_1 = \delta r_0 + (120/154)\delta r_I \tag{5.3}$$

$$\delta r_2 = \delta r_0 + (154/120)\delta r_I \tag{5.4}$$

5.1.4 综合误差内插法

网络RTK定位的综合误差内插法在参考站网计算误差改正信息时，不区分电离层延迟误差、对流层延迟误差等误差，也不将各参考站所得到的误差改正信息都发给用户，而是由数据处理中心统一集中所有参考站观测数据，选择、计算和播发流动站用户的综合误差改正信息（高星伟，2002）。综合误差内插法用综合误差

表示双差观测方程中所有系统误差的综合影响，对于卫星 p、q 和测站 A、B 双差综合误差为 $\Delta\nabla m_{AB}^{pq}$（L1 和 L2 情况类似，不再进行区分），即

$$\Delta\nabla m_{AB}^{pq}=\Delta\nabla d_{\mathrm{trop}\,AB}^{\ \ pq}+\Delta\nabla d_{\mathrm{ion}\,AB}^{\ \ pq}+\Delta\nabla d_{m\,AB}^{\ \ pq}+\Delta\nabla d_{\mathrm{orb}\,AB}^{\ \ pq}+\Delta\nabla\varepsilon_{AB}^{pq} \tag{5.5}$$

式中，$\Delta\nabla d_{\mathrm{trop}}$ 为双差对流层延迟误差，$\Delta\nabla d_{\mathrm{ion}}$ 为双差电离层延迟误差，$\Delta\nabla d_{m}$ 为双差多路径效应误差影响，$\Delta\nabla d_{\mathrm{orb}}$ 为双差卫星轨道误差影响，$\Delta\nabla\varepsilon$ 为双差残余误差及非模型化误差。

如图 5.3 所示，A、B、C 为三个参考站的编号，p 为双差的卫星号。参考站双差观测方程为

$$\lambda\cdot\Delta\nabla\varphi_{AB}^{pq}=\Delta\nabla\rho_{AB}^{pq}-\lambda\cdot\Delta\nabla N_{AB}^{pq}+\Delta\nabla m_{AB}^{pq} \tag{5.6}$$

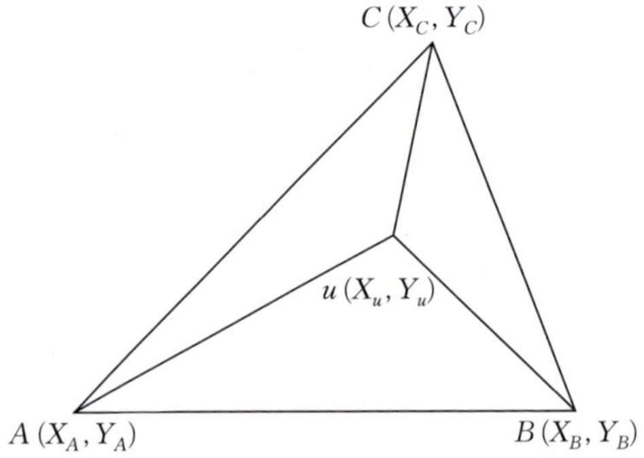

图 5.3　综合误差内插的测站分布

参考站的载波相位整周模糊度确定之后，由式(5.6)可得参考站的综合误差为

$$\Delta\nabla m_{AB}^{pq}=\lambda\cdot\Delta\nabla\varphi_{AB}^{pq}-\Delta\nabla\rho_{AB}^{pq}+\lambda\cdot\Delta\nabla N_{AB}^{pq} \tag{5.7}$$

则流动站双差综合误差的内插公式为

$$\Delta\nabla m_{Au}^{pq}=\begin{bmatrix}X_u-X_A & Y_u-Y_A\end{bmatrix}\cdot\begin{bmatrix}X_B-X_A & Y_B-Y_A\\ X_C-X_A & Y_C-Y_A\end{bmatrix}^{-1}\cdot\begin{bmatrix}\Delta\nabla m_{AB}^{pq}\\ \Delta\nabla m_{AC}^{pq}\end{bmatrix} \tag{5.8}$$

式中，(X_A, Y_A)、(X_B, Y_B)、(X_C, Y_C) 和 (X_u, Y_u) 分别为参考站 A、B、C 和流动站用户 u 在平面坐标系中的坐标。

5.1.5　改进的综合误差内插法

改进的综合误差内插方法（唐卫明，2006）是在综合误差内插法的基础上，分析了各种观测误差的不同特性得出的一种新的误差处理方法。在综合误差表达式(5.5)中，各种双差误差不加以区分，统一表示为综合误差 $\Delta\nabla m_{AB}^{pq}$。由于参考站双差整周模糊度已确定，可计算出高精度的双差电离层延迟误差。对于对流层延迟误差，可分为两个部分，一是对流层延迟误差模型改正部分，另一部分是模型残差部分。图 5.3 中，对于卫星 p、q 和参考站 A、B，当参考站整周模糊度确定以后，

其综合误差影响可由式(5.7)得到。

去掉测站和卫星的标识，参考站间综合误差 $\Delta\nabla m$ 可分解为

$$\Delta\nabla m = \Delta\nabla d_{\text{ion}} + \Delta\nabla d_{\text{trop}} + \delta \tag{5.9}$$

式中，$\Delta\nabla d_{\text{trop}}$ 为对流层延迟误差模型计算出的误差，$\Delta\nabla d_{\text{ion}}$ 是双差电离层延迟误差的一阶项误差，δ 为电离层延迟误差的高阶项误差、对流层延迟误差的模型误差和卫星轨道误差、观测噪声等综合影响。整理后得

$$\Delta\nabla m - \Delta\nabla d_{\text{trop}} = \Delta\nabla d_{\text{ion}} + \delta \tag{5.10}$$

$\Delta\nabla d_{\text{ion}}$ 与信号传播的频率有关。δ 中虽然含有电离层高阶项影响，但比较小，可认为 δ 与载波频率相关性很小而可忽略。

设 $\Delta\nabla m' = \Delta\nabla m - \Delta\nabla d_{\text{trop}}$，则新的综合误差影响公式为

$$\Delta\nabla m'^{pq}_{AB} = \lambda \cdot \Delta\nabla\phi^{pq}_{AB} - \Delta\nabla\rho^{pq}_{AB} - \lambda \cdot \Delta\nabla N^{pq}_{AB} - \Delta\nabla d_{\text{trop}}{}^{pq}_{AB} \tag{5.11}$$

误差分解后为

$$\Delta\nabla m' = \Delta\nabla d_{\text{ion}} + \delta \tag{5.12}$$

因此，误差可以分为两部分，一是一阶电离层延迟误差项，二是电离层高阶项误差、对流层延迟误差的模型误差和卫星轨道误差、观测噪声等综合影响。

流动站误差内插时，按照综合误差内插公式，可以求出流动站L1载波相位观测值的双差电离层延迟误差为

$$\Delta\nabla d^{\text{L1}}_{\text{ion},Au} = [X_u - X_A \quad Y_u - Y_A] \cdot \begin{bmatrix} X_B - X_A & Y_B - Y_A \\ X_C - X_A & Y_C - Y_A \end{bmatrix}^{-1} \cdot \begin{bmatrix} \Delta\nabla d_{\text{ion},AB} \\ \Delta\nabla d_{\text{ion},AC} \end{bmatrix} \tag{5.13}$$

L2和宽巷载波相位观测值的双差电离层延迟误差为

$$\Delta\nabla d^{\text{L2}}_{\text{ion},Au} = \frac{f_1^2}{f_2^2} \Delta\nabla d^{\text{L1}}_{\text{ion},Au} \tag{5.14}$$

$$\Delta\nabla d^{\text{WL}}_{\text{ion},Au} = -\frac{f_1}{f_2} \Delta\nabla d^{\text{L1}}_{\text{ion},Au} \tag{5.15}$$

除双差电离层延迟误差一阶项外的残余误差影响为

$$\Delta\nabla\delta_{Au} = [X_u - X_A \quad Y_u - Y_A] \cdot \begin{bmatrix} X_B - X_A & Y_B - Y_A \\ X_C - X_A & Y_C - Y_A \end{bmatrix}^{-1} \cdot \begin{bmatrix} \Delta\nabla\delta_{AB} \\ \Delta\nabla\delta_{AC} \end{bmatrix} \tag{5.16}$$

则流动站双频和宽巷载波相位观测值的误差改正数为

$$\Delta\nabla m^{\text{L1}}_{Au} = \Delta\nabla d^{\text{L1}}_{\text{ion},Au} + \Delta\nabla\delta_{Au} \tag{5.17}$$

$$\Delta\nabla m^{\text{L2}}_{Au} = \Delta\nabla d^{\text{L2}}_{\text{ion},Au} + \Delta\nabla\delta_{Au} \tag{5.18}$$

$$\Delta\nabla m^{\text{WL}}_{Au} = \Delta\nabla d^{\text{WL}}_{\text{ion},Au} + \Delta\nabla\delta_{Au} \tag{5.19}$$

5.2 区域误差非差改正方法

网络 RTK 定位中如果基于传统的双差模式进行双差误差改正和流动站定位，流动站用户就需要从参考站网中选择一个参考站作为主参考站组成双差观测值。如果流动站在参考站网中不断地移动，有时还需要重新选择主参考站。整个参考站网按照双差模式进行误差改正，各子网独立进行双差模糊度的解算和双差误差改正数的计算，因此，基于不同子网的同一双差误差改正数是不一致的，或者说整个 CORS 网的误差改正数是不统一的。而且参考站网与流动站用户间的数据传输要消耗一些时间，流动站用户需要接收主参考站的观测数据进行双差观测值的组合，也增加了数据传输量。由于采用双差模式是基于双差误差的分析与内插，所以不便于系统误差的原始提取与分析建模。

如果使用基于非差观测模型的参考站间区域误差非差改正方法，将克服基于双差模型的网络 RTK 测站和卫星间的相关性，不需要区分主参考站和辅站，所有参考站的地位都一样，参考站网覆盖范围内的误差改正模型是基于非差观测模型建立的，直接利用参考站间的非差载波相位整周模糊度、载波相位观测值及已知的参考站坐标建立网络 RTK 区域范围内的误差改正模型。流动站使用的是参考站网提供的非差误差改正信息，流动站不再受传统双差模型的限制，可以任意进行星间单差组合。基于非差观测模型的网络 RTK 不仅克服了双差网络 RTK 带来的测站和卫星间的相关性，而且也能够在算法上实现不同 CORS 网之间的融合，使网络 RTK 的作业方式更加灵活，适用于在参考站网覆盖区域内实现统一的 BDS/GNSS 高精度实时动态定位算法。

下面详细介绍基于非差观测模型的参考站间区域误差非差改正方法，主要包括了参考站和流动站伪距观测值的非差误差改正数值计算，参考站和流动站载波相位观测值的非差误差改正数值计算及流动站的误差消除。基于非差观测模型的 BDS/GNSS 参考站间区域误差改正方法如图 5.4 所示，其中测站 A、B、C 为参考站，U 为用户流动站，卫星包括了 BDS 的三种轨道卫星和 GPS 卫星。

5.2.1 伪距观测值的非差误差改正方法

本节以 BDS 的 B1 频率测码伪距观测值或 GPS 的 L1 频率的测码伪距观测值为例，介绍伪距观测值的非差误差改正数计算和流动站改正的实现过程。首先计算参考站伪距观测值的非差误差改正数，参考站一般设置在比较开阔的地方，假设可以先忽略多路径效应的影响，则可以根据式(2.22)得到 BDS、GPS 参考站 A、B、C 和流动站 U 上的测码伪距观测值的非差观测方程为

$$\left.\begin{aligned}P_{1,A}^{s}&=\rho_{A}^{s}+c\cdot(t_{A}-t^{s})+T_{A}^{s}+\kappa_{A}^{s}/f_{1}^{2}+d_{1,A}-d_{1}^{s}+\varepsilon_{p,1,A}^{s}\\P_{1,B}^{s}&=\rho_{B}^{s}+c\cdot(t_{B}-t^{s})+T_{B}^{s}+\kappa_{B}^{s}/f_{1}^{2}+d_{1,B}-d_{1}^{s}+\varepsilon_{p,1,B}^{s}\\P_{1,C}^{s}&=\rho_{C}^{s}+c\cdot(t_{C}-t^{s})+T_{C}^{s}+\kappa_{C}^{s}/f_{1}^{2}+d_{1,C}-d_{1}^{s}+\varepsilon_{p,1,C}^{s}\end{aligned}\right\}\tag{5.20}$$

$$P_{1,U}^{s}=\boldsymbol{B}^{s}\cdot\delta X+\rho_{0,U}^{s}+c\cdot(t_{U}-t^{s})+T_{U}^{s}+\kappa_{U}^{s}/f_{1}^{2}+d_{1,C}-d_{1}^{s}+\varepsilon_{p,1,U}^{s}\tag{5.21}$$

式中,下标1为BDS的B1频率测码伪距观测值或GPS的L1频率的测码伪距观测值;P为伪距观测值;ρ为站星间几何距离;κ^{s}/f_{1}^{2}为电离层延迟误差;T是对流层延迟误差和卫星轨道误差;t^{s}为卫星钟差;t为接收机钟差,下标A、B、C表示参考站,U表示流动站;c为真空中的光速;ε为伪距观测噪声;S代表卫星编号;$\boldsymbol{B}^{s}=[l_{s}\quad m_{s}\quad n_{s}]$为流动站接收机至卫星的方向余弦;$\delta X$为流动站接收机的坐标改正值;其他符号的含义与式(2.50)的含义相同。本节以三颗卫星为例进行公式推导,因此分别取$S=p,k,q$。

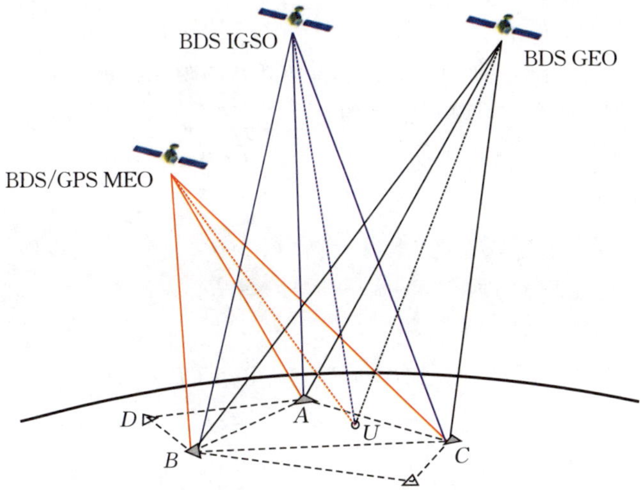

图5.4 基于非差观测模型的区域误差改正

以参考站A为例,卫星p的BDS的B1频率测码伪距观测值或GPS的L1频率的测码伪距观测值的非差误差改正信息$Err_{P,1,A}^{p}$为

$$Err_{P,1,A}^{p}=P_{1,A}^{p}-\rho_{A}^{p}=T_{A}^{p}+\kappa_{A}^{p}/f_{1}^{2}+c\cdot(t_{A}-t^{p})+d_{1,A}-d_{1}^{p}+\varepsilon_{p,1,A}^{p}\tag{5.22}$$

类似的参考站A、B、C上卫星p、k、q的BDS的B1频率测码伪距观测值或GPS的L1频率的测码伪距观测值的非差误差改正信息为

$$\left.\begin{aligned}Err_{P,1,A}^{k}&=P_{1,A}^{k}-\rho_{A}^{k}=T_{A}^{k}+\kappa_{A}^{k}/f_{1}^{2}+c\cdot(t_{A}-t^{k})+d_{1,A}-d_{1}^{k}+\varepsilon_{p,1,A}^{k}\\Err_{P,1,A}^{q}&=P_{1,A}^{q}-\rho_{A}^{q}=T_{A}^{q}+\kappa_{A}^{q}/f_{1}^{2}+c\cdot(t_{A}-t^{q})+d_{1,A}-d_{1}^{q}+\varepsilon_{p,1,A}^{q}\end{aligned}\right\}\tag{5.23}$$

$$\left.\begin{array}{l}Err_{P,1,B}^{p}=P_{1,B}^{p}-\rho_{B}^{p}=T_{B}^{p}+\kappa_{B}^{p}/f_{1}^{2}+c\cdot(t_{B}-t^{p})+d_{1,B}-d_{1}^{p}+\varepsilon_{p,1,B}^{p}\\Err_{P,1,B}^{k}=P_{1,B}^{k}-\rho_{B}^{k}=T_{B}^{k}+\kappa_{B}^{k}/f_{1}^{2}+c\cdot(t_{B}-t^{k})+d_{1,B}-d_{1}^{k}+\varepsilon_{p,1,B}^{k}\\Err_{P,1,B}^{q}=P_{1,B}^{q}-\rho_{B}^{q}=T_{B}^{q}+\kappa_{B}^{q}/f_{1}^{2}+c\cdot(t_{B}-t^{q})+d_{1,B}-d_{1}^{q}+\varepsilon_{p,1,B}^{q}\end{array}\right\}\tag{5.24}$$

$$\left.\begin{array}{l}Err_{P,1,C}^{p}=P_{1,C}^{p}-\rho_{C}^{p}=T_{C}^{p}+\kappa_{C}^{p}/f_{1}^{2}+c\cdot(t_{C}-t^{p})+d_{1,C}-d_{1}^{p}+\varepsilon_{p,1,C}^{p}\\Err_{P,1,C}^{k}=P_{1,C}^{k}-\rho_{C}^{k}=T_{C}^{k}+\kappa_{C}^{k}/f_{1}^{2}+c\cdot(t_{C}-t^{k})+d_{1,C}-d_{1}^{k}+\varepsilon_{p,1,C}^{k}\\Err_{P,1,C}^{q}=P_{1,C}^{q}-\rho_{C}^{q}=T_{C}^{q}+\kappa_{C}^{q}/f_{1}^{2}+c\cdot(t_{C}-t^{q})+d_{1,C}-d_{1}^{q}+\varepsilon_{p,1,C}^{q}\end{array}\right\}\tag{5.25}$$

流动站 U 上卫星 p、k、q 的测码伪距观测值的非差误差改正信息可以由系数 a_1、a_2 和 a_3 线性表示，即

$$\begin{bmatrix}Err_{P,1,U}^{p}\\Err_{P,1,U}^{k}\\Err_{P,1,U}^{q}\end{bmatrix}=\begin{bmatrix}Err_{P,1,A}^{p}&Err_{P,1,B}^{p}&Err_{P,1,C}^{p}\\Err_{P,1,A}^{k}&Err_{P,1,B}^{k}&Err_{P,1,C}^{k}\\Err_{P,1,A}^{q}&Err_{P,1,B}^{q}&Err_{P,1,C}^{q}\end{bmatrix}\cdot\begin{bmatrix}a_1\\a_2\\a_3\end{bmatrix}\tag{5.26}$$

流动站 U 上卫星 p、q 的 BDS 的 B1 频率测码伪距观测值或 GPS 的 L1 频率的测码伪距观测值的非差误差改正信息为

$$\begin{aligned}Err_{P,1,U}^{p}&=a_1\cdot Err_{P,1,A}^{p}+a_2\cdot Err_{P,1,B}^{p}+a_3\cdot Err_{P,1,C}^{p}\\&=a_1\cdot(P_{1,A}^{p}-\rho_{A}^{p})+a_2\cdot(P_{1,B}^{p}-\rho_{B}^{p})+a_3\cdot(P_{1,C}^{p}-\rho_{C}^{p})\\&=a_1\cdot(T_{A}^{p}+\kappa_{A}^{p}/f_{1}^{2}+c\cdot t_{A}-c\cdot t^{p}+d_{1,A}-d_{A}^{p}+\varepsilon_{p,1,A}^{p})+\\&\quad a_2\cdot(T_{B}^{p}+\kappa_{B}^{p}/f_{1}^{2}+c\cdot t_{B}-c\cdot t^{p}+d_{1,B}-d_{B}^{p}+\varepsilon_{p,1,B}^{p})+\\&\quad a_3\cdot(T_{C}^{p}+\kappa_{C}^{p}/f_{1}^{2}+c\cdot t_{C}-c\cdot t^{p}+d_{1,C}-d_{C}^{p}+\varepsilon_{p,1,C}^{p})\\&=a_1\cdot(T_{A}^{p}+\kappa_{A}^{p}/f_{1}^{2}+c\cdot t_{A}+d_{1,A})+a_2\cdot(T_{B}^{p}+\kappa_{B}^{p}/f_{1}^{2}+c\cdot t_{B}+d_{1,B})+\\&\quad a_3\cdot(T_{C}^{p}+\kappa_{C}^{p}/f_{1}^{2}+c\cdot t_{C}+d_{1,C})-c\cdot t^{p}-d_{1}^{p}+\varepsilon_{P,1}^{p}\end{aligned}\tag{5.27}$$

$$\begin{aligned}Err_{P,1,U}^{q}&=a_1\cdot Err_{P,1,A}^{q}+a_2\cdot Err_{P,1,B}^{q}+a_3\cdot Err_{P,1,C}^{q}\\&=a_1\cdot(P_{1,A}^{q}-\rho_{A}^{q})+a_2\cdot(P_{1,B}^{q}-\rho_{B}^{q})+a_3\cdot(P_{1,C}^{q}-\rho_{C}^{q})\\&=a_1\cdot(T_{A}^{q}+\kappa_{A}^{q}/f_{1}^{2}+c\cdot t_{A}-c\cdot t^{q}+d_{1,A}-d_{A}^{q}+\varepsilon_{p,1,A}^{q})+\\&\quad a_2\cdot(T_{B}^{q}+\kappa_{B}^{q}/f_{1}^{2}+c\cdot t_{B}-c\cdot t^{q}+d_{1,B}-d_{B}^{q}+\varepsilon_{p,1,B}^{q})+\\&\quad a_3\cdot(T_{C}^{q}+\kappa_{C}^{q}/f_{1}^{2}+c\cdot t_{C}-c\cdot t^{q}+d_{1,C}-d_{C}^{q}+\varepsilon_{p,1,C}^{q})\\&=a_1\cdot(T_{A}^{q}+\kappa_{A}^{q}/f_{1}^{2}+c\cdot t_{A}+d_{1,A})+a_2\cdot(T_{B}^{q}+\kappa_{B}^{q}/f_{1}^{2}+c\cdot t_{B}+d_{1,B})+\\&\quad a_3\cdot(T_{C}^{q}+\kappa_{C}^{q}/f_{1}^{2}+c\cdot t_{C}+d_{1,C})-c\cdot t^{q}-d_{1}^{q}+\varepsilon_{P,1}^{q}\end{aligned}\tag{5.28}$$

其中

$$\varepsilon_{P1}^{p}=a_1\cdot\varepsilon_{p,1,A}^{p}+a_2\cdot\varepsilon_{p,1,B}^{p}+a_3\cdot\varepsilon_{p,1,C}^{p}$$

$$\varepsilon_{P1}^{q}=a_1\cdot\varepsilon_{p,1,A}^{q}+a_2\cdot\varepsilon_{p,1,B}^{q}+a_3\cdot\varepsilon_{p,1,C}^{q}$$

利用测码伪距观测值的非差误差改正信息处理后，流动站 U 上卫星 p、q 的

BDS的B1频率测码伪距观测值或GPS的L1频率的测码伪距观测值的非差观测方程为

$$P_{1,U}^{p}-Err_{P,1,U}^{p}=B^{p}\cdot\delta X+\rho_{0,U}^{p}+c\cdot(t_U-t^{p})+T_U^{p}+\kappa_U^{p}/f_1^2+d_{1,C}-d_1^{p}+\varepsilon_{p,1,U}^{p}-Err_{1,U}^{p} \tag{5.29}$$

$$P_{1,U}^{q}-Err_{P,1,U}^{q}=B^{q}\cdot\delta X+\rho_{0,U}^{q}+c\cdot(t_U-t^{q})+T_U^{q}+\kappa_U^{q}/f_1^2+d_{1,C}-d_1^{q}+\varepsilon_{p,1,U}^{q}-Err_{1,U}^{q} \tag{5.30}$$

将对式(5.27)和式(5.28)代入式(5.29)和式(5.30)做进一步处理得到

$$\begin{aligned}P_{1,U}^{p}-Err_{P,1,U}^{p}=&B^{p}\cdot\delta X+\rho_{0,U}^{p}+c\cdot t_U+T_U^{p}+\kappa_U^{p}/f_1^2+d_{1,C}+\varepsilon_{p,1,U}^{p}-\\&a_1\cdot(T_A^{p}+\kappa_A^{p}/f_1^2+c\cdot t_A+d_{1,A})+a_2\cdot(T_B^{p}+\kappa_B^{p}/f_1^2+c\cdot\\&t_B+d_{1,B})+a_3\cdot(T_C^{p}+\kappa_C^{p}/f_1^2+c\cdot t_C+d_{1,C})+\varepsilon_{P,1}^{p}\end{aligned} \tag{5.31}$$

$$\begin{aligned}P_{1,U}^{q}-Err_{P,1,U}^{q}=&B^{q}\cdot\delta X+\rho_{0,U}^{q}+c\cdot t_U+T_U^{q}+\kappa_U^{q}/f_1^2+d_{1,C}+\varepsilon_{p,1,U}^{q}-\\&a_1\cdot(T_A^{q}+\kappa_A^{q}/f_1^2+c\cdot t_A+d_{1,A})+a_2\cdot(T_B^{q}+\kappa_B^{q}/f_1^2+c\cdot\\&t_B+d_{1,B})+a_3\cdot(T_C^{q}+\kappa_C^{q}/f_1^2+c\cdot t_C+d_{1,C})+\varepsilon_{P,1}^{q}\end{aligned} \tag{5.32}$$

参考站A、B、C和流动站U上接收机钟差和硬件延迟误差可以通过式(5.31)和式(5.32)做差进行消除，即

$$\begin{aligned}P_{1,U}^{p}-P_{1,U}^{q}-(Err_{P,1,U}^{p}-Err_{P,1,U}^{q})=&(B^{p}-B^{q})\cdot\delta X+(\rho_{0,U}^{p}-\rho_{0,U}^{q})+\\&(T_U^{p}-T_U^{q})+(\kappa_U^{p}/f_1^2-\kappa_U^{q}/f_1^2)-err_{P,1,U}^{pq}+\\&(\varepsilon_{P,1,U}^{p}-\varepsilon_{P,1,U}^{q})-\varepsilon_{P,1}^{p}-\varepsilon_{P,1}^{q}\end{aligned} \tag{5.33}$$

其中

$$\begin{aligned}err_{P,1,U}^{pq}=&(a_1\cdot T_A^{p}+a_2\cdot T_B^{p}+a_3\cdot T_C^{p})-(a_1\cdot T_A^{q}+a_2\cdot T_B^{q}+a_3\cdot T_C^{q})+\\&(a_1\cdot\kappa_A^{p}/f_1^2+a_2\cdot\kappa_B^{p}/f_1^2+a_3\cdot\kappa_C^{p}/f_1^2)-\\&(a_1\cdot\kappa_A^{q}/f_1^2+a_2\cdot\kappa_B^{q}/f_1^2+a_3\cdot\kappa_C^{q}/f_1^2)\end{aligned}$$

式中，$(a_1\cdot\kappa_A^{p}/f_1^2+a_2\cdot\kappa_B^{p}/f_1^2+a_3\cdot\kappa_C^{p}/f_1^2)$、$(a_1\cdot\kappa_A^{q}/f_1^2+a_2\cdot\kappa_B^{q}/f_1^2+a_3\cdot\kappa_C^{q}/f_1^2)$为内插计算的流动站$U$上卫星$p$、$q$的BDS的B1频率测码伪距观测值或GPS的L1频率的测码伪距观测值的非差电离层延迟误差修正信息，$(a_1\cdot T_A^{p}+a_2\cdot T_B^{p}+a_3\cdot T_C^{p})$、$(a_1\cdot T_A^{q}+a_2\cdot T_B^{q}+a_3\cdot T_C^{q})$为内插计算的流动站$U$上卫星$p$、$q$的BDS的B1频率测码伪距观测值或GPS的L1频率的测码伪距观测值的非差对流层延迟误差和卫星轨道等误差的误差修正信息。流动站U的BDS的B1频率伪距观测值或GPS的L1频率的伪距观测值经过误差修正信息数据处理之后，可消除卫星钟差、接收机钟差，式(5.33)中的$(\kappa_U^{p}/f_1^2-\kappa_U^{q}/f_1^2)$和$(T_U^{p}-T_U^{q})$得到了消除或削弱。进一步可以得到式(5.33)的简化形式，即

$$\begin{aligned}P_{1,U}^{p}-P_{1,U}^{q}-(Err_{P,1,U}^{p}-Err_{P,1,U}^{q})=&(B^{p}-B^{q})\cdot\delta X+(\rho_{0,U}^{p}-\rho_{0,U}^{q})+\\&(T_U^{p}-T_U^{q})+(\kappa_U^{p}/f_1^2-\kappa_U^{q}/f_1^2)-\\&c\cdot(t^{p}-t^{q})-(Err_{P,1,U}^{p}-Err_{P,1,U}^{q})+\Delta\varepsilon_{P,1,U}^{pq}\end{aligned} \tag{5.34}$$

误差拟合的精度高是由三个系数决定的,如果误差计算的精度足够高,则式(5.34)中 $(\kappa_U^p/f_1^2-\kappa_U^q/f_1^2)$ 和$(T_U^p-T_U^q)$ 会得到有效的清除或消弱。按照上述非差伪距观测值改正信息的计算及改正方法,可以得到卫星 k 与 q 的单差伪距观测方程,并依次得到当前历元所有观测卫星在消除误差后的伪距观测方程,然后可进行流动站的定位,计算出相对于伪距单点定位精度较高的流动站坐标。按照上述基于非差观测模型的伪距观测值误差改正方法也可以对 BDS 的 B2、B3 频率伪距观测值或 GPS 的 L2 频率伪距观测值进行误差处理,其过程与 BDS 的 B1 频率测码伪距观测值或 GPS 的 L1 频率的测码伪距观测值的非差误差改正相同。使用这种非差误差改正方法进行流动站定位,可以取得与双差网络差分定位等效的结果,并且不需要选择主参考站进行双差伪距观测值组合,参考站改正数据的播发非常方便,流动站用户的作业比较自由。

5.2.2 载波相位观测值的非差误差改正方法

本节以 BDS 的 B1 频率载波相位观测值或 GPS 的 L1 频率的载波相位观测值为例,详细介绍了载波相位观测值的非差误差改正数计算和流动站改正的实现过程。首先计算参考站载波相位观测值的非差误差改正数,参考站一般设置在比较开阔的地方,假设可以先忽略多路径效应的影响,则根据式(2.24)可以得到 BDS、GPS 参考站 A、B、C 上和流动站 U 上的载波相位观测值的非差观测方程为

$$\left.\begin{aligned}\lambda_1\cdot\varphi_{1,A}^s&=\rho_A^s+c\cdot(t_A-t^s)-\lambda_1\cdot N_{1,A}^s+b_{1,A}-b_1^s+T_A^s-\kappa_A^s/f_1^2+\varepsilon_{\phi,1,A}^s\\\lambda_1\cdot\varphi_{1,B}^s&=\rho_B^s+c\cdot(t_B-t^s)-\lambda_1\cdot N_{1,B}^s+b_{1,B}-b_1^s+T_B^s-\kappa_B^s/f_1^2+\varepsilon_{\phi,1,B}^s\\\lambda_1\cdot\varphi_{1,C}^s&=\rho_C^s+c\cdot(t_C-t^s)-\lambda_1\cdot N_{1,C}^s+b_{1,C}-b_1^s+T_C^s-\kappa_C^s/f_1^2+\varepsilon_{\phi,1,C}^s\end{aligned}\right\}\tag{5.35}$$

$$\begin{aligned}\lambda_1\cdot\varphi_{1,U}^s=B^s\cdot\delta X+\rho_{0,U}^s+c\cdot(t_U-t^s)-\lambda_1\cdot N_{1,U}^s+b_{1,U}-b_1^s+\\T_U^s-\kappa_U^s/f_1^2+\varepsilon_{\phi,1,U}^s\end{aligned}\tag{5.36}$$

式中,下标 1 为 BDS 的 B1 频率载波相位观测值或 GPS 的 L1 频率的载波相位观测值;φ 为载波相位观测值;$\lambda_1=c/f_1$,为 BDS 的 B1 载波相位的波长或 GPS 的 L1 载波相位的波长,f 为载波相位的频率;N 为模糊度;其他符号的含义与式(5.20)和式(5.21)的含义相同。以 3 颗卫星为例进行公式推导,因此分别取 $S=p,k,q$。

以参考站 A 为例,卫星 p 的 BDS 的 B1 频率载波相位观测值或 GPS 的 L1 频率的载波相位观测值的非差误差改正信息 $Err_{\phi,1,A}^p$ 为

$$\begin{aligned}Err_{\phi,1,A}^p=\lambda_1\cdot\varphi_{1,A}^p-\rho_A^p=-\lambda_1\cdot N_{1,A}^p+b_{1,A}-b_1^p+\\c\cdot(t_A-t^p)+T_A^p-\kappa_A^p/f_1^2+\varepsilon_{\phi,1,A}^p\end{aligned}\tag{5.37}$$

若式(5.37)中已经准确确定非差载波相位整周模糊度,可以得到类似于

式(5.22)的非差误差改正信息 $ErrCor_{1,A}^{p}$ 为

$$ErrCor_{1,A}^{p}=Err_{\phi,1,A}^{p}+\lambda_1\cdot N_{1,A}^{p}=T_A^p-\kappa_A^p/f_1^2+b_{1,A}-b_1^p+c\cdot(t_A-t^p)+\varepsilon_{\phi,1,A}^{p} \tag{5.38}$$

参考站 A、B、C 上卫星 p、k、q 在 BDS 的 B1 频率载波相位观测值或 GPS 的 L1 频率的载波相位观测值的非差误差改正信息为

$$\left.\begin{aligned}Err_{\phi,1,A}^{k}&=\lambda_1\cdot\varphi_{1,A}^{k}-\rho_A^k=-\lambda_1\cdot N_{1,A}^{k}+b_{1,A}-b_1^k+\\&\quad c\cdot(t_A-t^k)+T_A^k-\kappa_A^k/f_1^2+\varepsilon_{\phi,1,A}^{k}\\Err_{\phi,1,A}^{q}&=\lambda_1\cdot\varphi_{1,A}^{q}-\rho_A^q=-\lambda_1\cdot N_{1,A}^{q}+b_{1,A}-b_1^q+\\&\quad c\cdot(t_A-t^q)+T_A^q-\kappa_A^q/f_1^2+\varepsilon_{\phi,1,A}^{q}\end{aligned}\right\} \tag{5.39}$$

$$\left.\begin{aligned}ErrCor_{1,A}^{k}&=Err_{\phi,1,A}^{k}+\lambda_1\cdot N_{1,A}^{k}=T_A^k-\kappa_A^k/f_1^2+b_{1,A}-b_1^k+\\&\quad c\cdot(t_A-t^k)+\varepsilon_{\phi,1,A}^{k}\\ErrCor_{1,A}^{q}&=Err_{\phi,1,A}^{q}+\lambda_1\cdot N_{1,A}^{q}=T_A^q-\kappa_A^q/f_1^2+b_{1,A}-b_1^q+\\&\quad c\cdot(t_A-t^q)+\varepsilon_{\phi,1,A}^{q}\end{aligned}\right\} \tag{5.40}$$

$$\left.\begin{aligned}Err_{\phi,1,B}^{p}&=\lambda_1\cdot\varphi_{1,B}^{p}-\rho_B^p=-\lambda_1\cdot N_{1,B}^{p}+b_{1,B}-b_1^p+\\&\quad c\cdot(t_B-t^p)+T_B^p-\kappa_B^p/f_1^2+\varepsilon_{\phi,1,B}^{p}\\Err_{\phi,1,B}^{k}&=\lambda_1\cdot\varphi_{1,B}^{k}-\rho_B^k=-\lambda_1\cdot N_{1,B}^{k}+b_{1,B}-b_1^k+\\&\quad c\cdot(t_B-t^k)+T_B^k-\kappa_B^k/f_1^2+\varepsilon_{\phi,1,B}^{k}\\Err_{\phi,1,B}^{q}&=\lambda_1\cdot\varphi_{1,B}^{q}-\rho_B^q=-\lambda_1\cdot N_{1,B}^{q}+b_{1,B}-b_1^q+\\&\quad c\cdot(t_B-t^q)+T_B^q-\kappa_B^q/f_1^2+\varepsilon_{\phi,1,B}^{q}\end{aligned}\right\} \tag{5.41}$$

$$\left.\begin{aligned}ErrCor_{1,B}^{p}&=Err_{\phi,1,B}^{p}+\lambda_1\cdot N_{1,B}^{p}=T_B^p-\kappa_B^p/f_1^2+b_{1,B}-b_1^p+\\&\quad c\cdot(t_B-t^p)+\varepsilon_{\phi,1,B}^{p}\\ErrCor_{1,B}^{k}&=Err_{\phi,1,B}^{k}+\lambda_1\cdot N_{1,B}^{k}=T_B^k-\kappa_B^k/f_1^2+b_{1,B}-b_1^k+\\&\quad c\cdot(t_B-t^k)+\varepsilon_{\phi,1,B}^{k}\\ErrCor_{1,B}^{q}&=Err_{\phi,1,B}^{q}+\lambda_1\cdot N_{1,B}^{q}=T_B^q-\kappa_B^q/f_1^2+b_{1,B}-b_1^q+\\&\quad c\cdot(t_B-t^q)+\varepsilon_{\phi,1,B}^{q}\end{aligned}\right\} \tag{5.42}$$

流动站 U 上卫星 p、k、q 的载波相位观测值的非差误差改正信息可以由系数 a_1、a_2 和 a_3 线性表示，即

$$\begin{bmatrix}ErrCor_{1,U}^{p}\\ErrCor_{1,U}^{k}\\ErrCor_{1,U}^{q}\end{bmatrix}=\begin{bmatrix}ErrCor_{1,A}^{p}&ErrCor_{1,B}^{p}&ErrCor_{1,C}^{p}\\ErrCor_{1,A}^{k}&ErrCor_{1,B}^{k}&ErrCor_{1,C}^{k}\\ErrCor_{1,A}^{q}&ErrCor_{1,B}^{q}&ErrCor_{1,C}^{q}\end{bmatrix}\cdot\begin{bmatrix}a_1\\a_2\\a_3\end{bmatrix}$$

$$
=\begin{bmatrix} Err^p_{\phi,1,A}+\lambda_1\cdot N^p_{1,A} & Err^p_{\phi,1,B}+\lambda_1\cdot N^p_{1,B} & Err^p_{\phi,1,C}+\lambda_1\cdot N^p_{1,C} \\ Err^k_{\phi,1,A}+\lambda_1\cdot N^k_{1,A} & Err^k_{\phi,1,B}+\lambda_1\cdot N^k_{1,B} & Err^k_{\phi,1,C}+\lambda_1\cdot N^k_{1,C} \\ Err^q_{\phi,1,A}+\lambda_1\cdot N^q_{1,A} & Err^q_{\phi,1,B}+\lambda_1\cdot N^q_{1,B} & Err^q_{\phi,1,C}+\lambda_1\cdot N^q_{1,C} \end{bmatrix}\cdot\begin{bmatrix} a_1 \\ a_2 \\ a_3 \end{bmatrix}
$$

$$
=\begin{bmatrix} Err^p_{\phi,1,A} & Err^p_{\phi,1,B} & Err^p_{\phi,1,C} \\ Err^k_{\phi,1,A} & Err^k_{\phi,1,B} & Err^k_{\phi,1,C} \\ Err^q_{\phi,1,A} & Err^q_{\phi,1,B} & Err^q_{\phi,1,C} \end{bmatrix}+\lambda_1\cdot\begin{bmatrix} N^p_{1,A} & N^p_{1,B} & N^p_{1,C} \\ N^k_{1,A} & N^k_{1,B} & N^k_{1,C} \\ N^q_{1,A} & N^q_{1,B} & N^q_{1,C} \end{bmatrix}\cdot\begin{bmatrix} a_1 \\ a_2 \\ a_3 \end{bmatrix} \tag{5.43}
$$

其中

$$
\begin{aligned}
N_{1B}^{p} &= N_{1A}^{p}-N_{1A}^{q}+N_{1B}^{q}-N_{1AB}^{pq} \\
N_{1C}^{p} &= N_{1A}^{p}-N_{1A}^{q}+N_{1C}^{q}-N_{1AC}^{pq} \\
N_{1B}^{k} &= N_{1A}^{k}-N_{1A}^{q}+N_{1B}^{q}-N_{1AB}^{kq} \\
N_{1C}^{k} &= N_{1A}^{k}-N_{1A}^{q}+N_{1C}^{q}-N_{1AC}^{kq}
\end{aligned}
$$

式中，N_{1AB}^{pq}、N_{1AC}^{pq}、N_{1AB}^{kq}、N_{1AC}^{kq} 为 BDS 的 B1 频率载波相位观测值或 GPS 的 L1 频率的载波相位观测值的双差整周模糊度，上标表示卫星号，下标表示参考站；a_1、a_2 和 a_3 为流动站误差内插系数。

流动站 U 上卫星 p、q 的 BDS 的 B1 频率载波相位观测值或 GPS 的 L1 频率的载波相位观测值的非差误差改正信息为

$$
\begin{aligned}
ErrCor^p_{1,U} &= a_1\cdot Err^p_{\phi,1,A}+a_2\cdot Err^p_{\phi,1,B}+a_3\cdot Err^p_{\phi,1,C}+ \\
&\quad \lambda_1\cdot(a_1\cdot N^p_{1,A}+a_2\cdot N^p_{1,B}+a_3\cdot N^p_{1,C}) \\
ErrCor^q_{1,U} &= a_1\cdot Err^q_{\phi,1,A}+a_2\cdot Err^q_{\phi,1,B}+a_3\cdot Err^q_{\phi,1,C}+ \\
&\quad \lambda_1\cdot(a_1\cdot N^q_{1,A}+a_2\cdot N^q_{1,B}+a_3\cdot N^q_{1,C})
\end{aligned} \tag{5.44}
$$

式(5.44)进一步进行详细表示，即

$$
\begin{aligned}
ErrCor^p_{1,U} &= a_1\cdot Err^p_{\phi,1,A}+a_2\cdot Err^p_{\phi,1,B}+a_3\cdot Err^p_{\phi,1,C}+\lambda_1\cdot(a_1\cdot N^p_{1,A}+a_2\cdot \\
&\quad N^p_{1,B}+a_3\cdot N^p_{1,C}) \\
&= a_1\cdot(-\lambda_1\cdot N^p_{1,A}+T^p_A-\kappa^p_A/f_1^2+b_{1,A}-b^p_1-c\cdot t^p+c\cdot t_A)+ \\
&\quad a_2\cdot(-\lambda_1\cdot N^p_{1,B}+T^p_B-\kappa^p_B/f_1^2+b_{1,B}-b^p_1-c\cdot t^p+c\cdot t_B)+ \\
&\quad a_3\cdot(-\lambda_1\cdot N^p_{1,C}+T^p_C-\kappa^p_C/f_1^2+b_{1,C}-b^p_1-c\cdot t^p+c\cdot t_C)+ \\
&\quad \lambda_1\cdot(a_1\cdot N^p_{1,A}+a_2\cdot N^p_{1,B}+a_3\cdot N^p_{1,C}) \\
&= a_1\cdot(T^p_A-\kappa^p_A/f_1^2+b_{1,A}+c\cdot t_A)+a_2\cdot(T^p_B-\kappa^p_B/f_1^2+b_{1,B}+c\cdot \\
&\quad t_B)+a_3\cdot(T^p_C-\kappa^p_C/f_1^2+b_{1,C}+c\cdot t_C)-c\cdot t^p-b^p_1
\end{aligned} \tag{5.45}
$$

$$
\begin{aligned}
ErrCor^q_{1,U} &= a_1\cdot Err^q_{\phi,1,A}+a_2\cdot Err^q_{\phi,1,B}+a_3\cdot Err^q_{\phi,1,C}+\lambda_1\cdot(a_1\cdot N^q_{1,A}+a_2\cdot \\
&\quad N^q_{1,B}+a_3\cdot N^q_{1,C}) \\
&= a_1\cdot(-\lambda_1\cdot N^q_{1,A}+T^q_A-\kappa^q_A/f_1^2+b_{1,A}-b^q_1-c\cdot t^q+c\cdot t_A)+ \\
&\quad a_2\cdot(-\lambda_1\cdot N^q_{1,B}+T^q_B-\kappa^q_B/f_1^2+b_{1,B}-b^q_1-c\cdot t^q+c\cdot t_B)+
\end{aligned}
$$

$$a_3 \cdot (-\lambda_1 \cdot N_{1,C}^q + T_C^q - \kappa_C^q / f_1^2 + b_{1,C} - b_1^q - c \cdot t^q + c \cdot t_C) + \lambda_1 \cdot (a_1 \cdot N_{1,A}^q + a_2 \cdot N_{1,B}^q + a_3 \cdot N_{1,C}^q)$$

$$= a_1 \cdot (T_A^q - \kappa_A^q / f_1^2 + b_{1,A} + c \cdot t_A) + a_2 \cdot (T_B^q - \kappa_B^q / f_1^2 + b_{1,B} + c \cdot t_B) + a_3 \cdot (T_C^q - \kappa_C^q / f_1^2 + b_{1,C} + c \cdot t_C) - c \cdot t^q - b_1^q \tag{5.46}$$

利用载波观测值的非差误差改正信息处理后，流动站 U 上卫星 p、q 的 BDS 的 B1 频率载波观测值或 GPS 的 L1 频率的载波观测值的非差观测方程为

$$\lambda_1 \cdot \varphi_{1,U}^p - ErrCor_{1,U}^p = B^p \cdot \delta X + \rho_{0,U}^p + c \cdot (t_U - t^p) - \lambda_1 \cdot N_{1,U}^p + b_{1,U} - b_1^p + T_U^p - \kappa_U^p / f_1^2 + \varepsilon_{\phi,1,U}^p - ErrCor_{1,U}^p \tag{5.47}$$

$$\lambda_1 \cdot \varphi_{1,U}^q - ErrCor_{1,U}^q = B^q \cdot \delta X + \rho_{0,U}^q + c \cdot (t_U - t^q) - \lambda_1 \cdot N_{1,U}^q + b_{1,U} - b_1^q + T_U^q - \kappa_U^q / f_1^2 + \varepsilon_{\phi,1,U}^q - ErrCor_{1,U}^q \tag{5.48}$$

将式(5.45)和式(5.46)代入对式(5.47)和式(5.48)做进一步处理得到

$$\begin{aligned}\lambda_1 \cdot \varphi_{1,U}^p - ErrCor_{1,U}^p = {} & B^p \cdot \delta X + \rho_{0,U}^p + c \cdot (t_U - t^p) - \lambda_1 \cdot N_{1,U}^p + b_{1,U} - b_1^p + T_U^p - \kappa_U^p / f_1^2 - ErrCor_{1,U}^p - (a_1 \cdot (T_A^p - \kappa_A^p / f_1^2 + b_{1,A} + c \cdot t_A) + a_2 \cdot (T_B^p - \kappa_B^p / f_1^2 + b_{1,B} + c \cdot t_B) + a_3 \cdot (T_C^p - \kappa_C^p / f_1^2 + b_{1,C} + c \cdot t_C) - c \cdot t^p - b_1^p) \\ = {} & B^p \cdot \delta X + \rho_{0,U}^p + c \cdot t_U - \lambda_1 \cdot N_{1,U}^p + b_{1,U} + T_U^p - \kappa_U^p / f_1^2 - [a_1 \cdot (T_A^p - \kappa_A^p / f_1^2 + b_{1,A} + c \cdot t_A) + a_2 \cdot (T_B^p - \kappa_B^p / f_1^2 + b_{1,B} + c \cdot t_B) + a_3 \cdot (T_C^p - \kappa_C^p / f_1^2 + b_{1,C} + c \cdot t_C)]\end{aligned} \tag{5.49}$$

$$\begin{aligned}\lambda_1 \cdot \varphi_{1,U}^q - ErrCor_{1,U}^q = {} & B^q \cdot \delta X + \rho_{0,U}^q + c \cdot (t_U - t^q) - \lambda_1 \cdot N_{1,U}^q + b_{1,U} - b_1^q + T_U^q - \kappa_U^q / f_1^2 - ErrCor_{1,U}^p - (a_1 \cdot (T_A^q - \kappa_A^q / f_1^2 + b_{1,A} + c \cdot t_A) + a_2 \cdot (T_B^q - \kappa_B^q / f_1^2 + b_{1,B} + c \cdot t_B) + a_3 \cdot (T_C^q - \kappa_C^q / f_1^2 + b_{1,C} + c \cdot t_C) - c \cdot t^q - b_1^q) \\ = {} & B^q \cdot \delta X + \rho_{0,U}^q + c \cdot t_U - \lambda_1 \cdot N_{1,U}^q + b_{1,U} + T_U^q - \kappa_U^q / f_1^2 - [a_1 \cdot (T_A^q - \kappa_A^q / f_1^2 + b_{1,A} + c \cdot t_A) + a_2 \cdot (T_B^q - \kappa_B^q / f_1^2 + b_{1,B} + c \cdot t_B) + a_3 \cdot (T_C^q - \kappa_C^q / f_1^2 + b_{1,C} + c \cdot t_C)]\end{aligned} \tag{5.50}$$

参考站 A、B、C 和流动站 U 上接收机钟差和硬件延迟误差可以通过式(5.49)和式(5.50)做差进行消除，即

$$\lambda_1 \cdot \varphi_{1,U}^p - \lambda_1 \cdot \varphi_{1,U}^q - (ErrCor_{1,U}^p - ErrCor_{1,U}^q) = (B^p - B^q) \cdot \delta X + (\rho_{0,U}^p - \rho_{0,U}^q) - \lambda_1 \cdot (N_{1,U}^p - N_{1,U}^q) + (T_U^p - T_U^q) - (\kappa_U^p / f_1^2 - \kappa_U^q / f_1^2) - Err\_Cor \tag{5.51}$$

其中

$$Err\_Cor=[a_1\cdot(T_A^p-\kappa_A^p/f_1^2+b_{1,A}+c\cdot t_A)+a_2\cdot(T_B^p-\kappa_B^p/f_1^2+b_{1,B}+c\cdot t_B)+a_3\cdot(T_C^p-\kappa_C^p/f_1^2+b_{1,C}+c\cdot t_C)]-[a_1\cdot(T_A^q-\kappa_A^q/f_1^2+b_{1,A}+c\cdot t_A)+a_2\cdot(T_B^q-\kappa_B^q/f_1^2+b_{1,B}+c\cdot t_B)+a_3\cdot(T_C^q-\kappa_C^q/f_1^2+b_{1,C}+c\cdot t_C)]$$

对式(5.51)做进一步的推导，即

$$\begin{aligned}\lambda_1\cdot\varphi_{1,U}^p-\lambda_1\cdot\varphi_{1,U}^q-(ErrCor_{1,U}^p-ErrCor_{1,U}^q)&=(B^p-B^q)\cdot\delta X+(\rho_{0,U}^p-\rho_{0,U}^q)-\lambda_1\cdot(N_{1,U}^p-N_{1,U}^q)+(T_U^p-T_U^q)-(\kappa_U^p/f_1^2-\kappa_U^q/f_1^2)-\\&\quad\{[a_1\cdot(T_A^p-\kappa_A^p/f_1^2)+a_2\cdot(T_B^p-\kappa_B^p/f_1^2)+a_3\cdot(T_C^p-\kappa_C^p/f_1^2)]-\\&\quad[a_1\cdot(T_A^q-\kappa_A^q/f_1^2)+a_2\cdot(T_B^q-\kappa_B^q/f_1^2)+a_3\cdot(T_C^q-\kappa_C^q/f_1^2)]\}\\&=(B^p-B^q)\cdot\delta X+(\rho_{0,U}^p-\rho_{0,U}^q)-\lambda_1\cdot(N_{1,U}^p-N_{1,U}^q)+(T_U^p-T_U^q)-\\&\quad(\kappa_U^p/f_1^2-\kappa_U^q/f_1^2)+[(a_1\cdot\kappa_A^p/f_1^2+a_2\cdot\kappa_B^p/f_1^2+a_3\cdot\kappa_C^p/f_1^2)-\\&\quad(a_1\cdot\kappa_A^q/f_1^2+a_2\cdot\kappa_B^q/f_1^2+a_3\cdot\kappa_C^q/f_1^2)]-[(a_1\cdot T_A^p+a_2\cdot T_B^p+\\&\quad a_3\cdot T_C^p)-(a_1\cdot T_A^q+a_2\cdot T_B^q+a_3\cdot T_C^q)]\end{aligned}\tag{5.52}$$

式中，$(a_1\cdot\kappa_A^p/f_1^2+a_2\cdot\kappa_B^p/f_1^2+a_3\cdot\kappa_C^p/f_1^2)$、$(a_1\cdot\kappa_A^q/f_1^2+a_2\cdot\kappa_B^q/f_1^2+a_3\cdot\kappa_C^q/f_1^2)$ 为内插计算的流动站 U 上卫星 p、q 的 BDS 的 B1 频率载波相位观测值或 GPS 的 L1 频率的载波相位观测值的非差电离层延迟误差修正信息，$(a_1\cdot T_A^p+a_2\cdot T_B^p+a_3\cdot T_C^p)$、$(a_1\cdot T_A^q+a_2\cdot T_B^q+a_3\cdot T_C^q)$ 为内插计算的流动站 U 上卫星 p、q 的 BDS 的 B1 频率载波相位观测值或 GPS 的 L1 频率的载波相位观测值的非差对流层延迟误差和卫星轨道等误差的误差修正信息。流动站 U 的 BDS 的 B1 频率载波相位观测值或 GPS 的 L1 频率的载波相位观测值经过修正信息数据处理之后，可消除卫星钟差、接收机钟差，式(5.52)中 $(\kappa_U^p/f_1^2-\kappa_U^q/f_1^2)$ 和 $(T_U^p-T_U^q)$ 得到了有效的削弱或消除。进一步可以得到式(5.52)的简化形式，即

$$\begin{aligned}\lambda_1\cdot\varphi_{1,U}^p-\lambda_1\cdot\varphi_{1,U}^q-(ErrCor_{1,U}^p-ErrCor_{1,U}^q)&=(B^p-B^q)\cdot\delta X+\\&\quad(\rho_{0,U}^p-\rho_{0,U}^q)-\lambda_1\cdot(N_{1,U}^p-N_{1,U}^q)+(T_U^p-T_U^q)-(\kappa_U^p/f_1^2-\\&\quad\kappa_U^q/f_1^2)-c\cdot(t^p-t^q)-(ErrCor_{1,U}^p-ErrCor_{1,U}^q)+\Delta\varepsilon_{\varphi,1,U}^{pq}\end{aligned}\tag{5.53}$$

按照上述载波观测值非差误差改正数的计算及流动站改正方法，可得到形如式(5.53)的卫星 k 与 q 的 BDS 的 B1 频率载波相位观测值或 GPS 的 L1 频率的载波相位观测值的单差观测方程，并可以依次推导流动站上当前历元所有观测卫星在消除误差后的 BDS 的 B1 频率载波相位观测值或 GPS 的 L1 频率的载波相位观测值的观测方程。利用上述非差误差改正方法，可对流动站各观测卫星的 BDS 的 B2、B3 频率载波相位观测值或 GPS 的 L2 频率载波相位观测值进行非差误差改正，其过程与 BDS 的 B1 频率载波相位观测值或 GPS 的 L1 频率的载波相位观测值的非差误差改正相同，然后可利用载波相位观测值进行流动站多频非差组合载波相位整周模糊度解算和定位。

5.3 基于非差观测模型的BDS/GNSS参考站区域误差改正方法实验

网络RTK算法和其他差分定位算法的主要目的就是计算出高精度的流动站定位误差。非差误差改正信息的准确计算及流动站的非差误差改正是决定流动站用户能否在参考站网覆盖区域内实现统一的BDS/GNSS高精度实时动态定位算法的关键之一，也决定着能否实现基于非差观测模型的BDS/GNSS网络RTK定位服务模式。使用CORS的BDS/GNSS实测数据对5.2中的区域误差非差改正方法进行实验检验。

1. BDS双频与GPS双频非差改正信息

该实验算例使用4.7中处理过的云贵高原某省CORS网的BDS/GPS实测双频数据，参考站和流动站分布如图4.3所示，以测站BASE_A、BASE_B和BASE_C为参考站，ROVER为流动站。利用4.4中的方法可以准确固定参考站网间的双差载波相位整周模糊度，之后利用4.6中提出的参考站网间非差整周模糊度实时单历元快速计算方法可以进一步得到参考站网中所有的非差整周模糊度。表5.1和表5.2分别给出了BDS和GPS各系统各频率首个连续观测弧段内BASE_A、BASE_B、BASE_C参考站上所有卫星的非差整周模糊度，非差基准整周模糊度取为0。表5.3和表5.4分别给出了BDS和GPS各系统各频率首个连续观测弧段内BASE_A、BASE_B、BASE_C参考站上所有卫星的非差整周模糊度，非差基准整周模糊度取为非0。BDS首个连续观测弧段内非差基准卫星取为C10，GPS首个连续观测弧段内非差基准卫星取为G28。

表5.1 BDS非差整周模糊度(基准为0)

PRN	参考站BASE_A		参考站BASE_B		参考站BASE_C	
	B1	B2	B1	B2	B1	B2
C10	0	0	0	0	0	0
C01	0	0	−12	−14	−21	142
C02	0	0	−69	−12	−41	−17
C03	0	0	35	20	52	21
C05	0	0	105	23	−6	−257
C06	0	0	4	−5	5	−6
C07	0	0	−2	−9	−4	−12
C08	0	0	22	−6	11	−6
C09	0	0	5	−4	2	−10
C11	0	0	−5	−6	−4	−6
C12	0	0	0	−7	1	−10
C14	0	0	−7	−9	−7	−7

表 5.2 GPS 非差整周模糊度(基准为 0)

PRN	参考站 BASE_A		参考站 BASE_B		参考站 BASE_C	
	L1	L2	L1	L2	L1	L2
G28	0	0	0	0	0	0
G01	0	0	29	3	12	14
G02	0	0	25	12	23	7
G03	0	0	35	7	33	5
G04	0	0	12	8	4	5
G05	0	0	19	1	175	12
G06	0	0	−116	0	17	2
G07	0	0	10	6	8	−1
G09	0	0	27	−3	10	5
G11	0	0	54	1	8	0
G12	0	0	13	9	8	10
G17	0	0	30	−2	17	1
G19	0	0	−94	3	−105	−1
G30	0	0	20	2	28	2

表 5.1 中的非差基准整周模糊度取为 0,即 BASE_A 参考站上卫星各频率的非差整周模糊度为 0,BASE_B 和 BASE_C 参考站上基准卫星 C10 各频率的非差整周模糊度为 0。以卫星 C01 和卫星 C10 为例,BASE_A-BASE_B 和 BASE_B-BASE_C 参考站间 C01-C10 的 B1 频率的双差载波相位整周模糊度分别为 12 和 9;BASE_A-BASE_B 和 BASE_B-BASE_C 参考站间 C01-C10 的 B2 频率的双差载波相位整周模糊度分别为 14 和−156。利用 4.6 的方法可以计算得到 BASE_B 和 BASE_C 参考站上卫星 C01 的 B1 频率的非差整周模糊度分别为 $0-0+0-12=-12$ 和 $-12-0+0-9=-21$,BASE_B 和 BASE_C 参考站上卫星 C01 的 B2 频率的非差整周模糊度分别为 $0-0+0-14=-14$ 和 $-14-0+0+156=142$。表 5.1 中的其他卫星的非差整周模糊度确定过程与上述处理过程相同。

表 5.2 中的非差基准整周模糊度取为 0,即 BASE_A 参考站上卫星各频率的非差整周模糊度为 0,BASE_B 和 BASE_C 参考站上基准卫星 G28 各频率的非差整周模糊度为 0。以卫星 G01 和卫星 G28 为例,BASE_A-BASE_B 和 BASE_B-BASE_C 参考站间 G01-G28 的 L1 频率的双差载波相位整周模糊度分别为−29 和 17,BASE_A-BASE_B 和 BASE_B-BASE_C 参考站间 G01-G28 的 L2 频率的双差载波相位整周模糊度分别为−3 和−11。利用 4.6 的方法可以计算得到 BASE_B 和 BASE_C 参考站上卫星 G01 的 L1 频率的非差整周模糊度分别为 $0-0+0+29=29$ 和 $29-0+0-17=12$,BASE_B 和 BASE_C 参考站上卫星 G01 的 L2 频率的非差整周模糊度分别为 $0-0+0+3=3$ 和 $3-0+0+11=14$。表 5.2 中的其他卫星的非差整周模糊度确定过程与上述处理过程相同。

表 5.3　BDS 非差整周模糊度(基准为非 0)

PRN	参考站 BASE_A		参考站 BASE_B		参考站 BASE_C	
	B1	B2	B1	B2	B1	B2
C10	12 560	12 573	12 563	12 570	12 564	12 568
C01	560	562	551	545	543	699
C02	563	473	497	458	526	451
C03	490	392	528	409	546	408
C05	256	352	364	372	254	90
C06	445	641	452	633	454	630
C07	429	862	430	850	429	845
C08	120	111	145	102	135	100
C09	156	354	164	347	162	339
C11	125	625	123	616	125	614
C12	555	950	558	940	560	935
C14	345	842	341	830	342	830

表 5.4　GPS 非差整周模糊度(基准为非 0)

PRN	参考站 BASE_A		参考站 BASE_B		参考站 BASE_C	
	L1	L2	L1	L2	L1	L2
G28	17 860	17 865	17 864	17 863	17 862	17 861
G01	860	865	893	866	874	875
G02	786	686	815	696	811	689
G03	560	615	599	620	595	616
G04	360	461	376	467	366	462
G05	162	222	185	221	339	230
G06	223	290	111	288	242	288
G07	452	543	466	547	462	538
G09	389	156	420	151	401	157
G11	199	569	257	568	209	565
G12	453	290	470	297	463	296
G17	217	334	251	330	236	331
G19	764	542	674	543	661	537
G30	445	786	469	786	475	784

表 5.3 中的非差基准整周模糊度取为非 0，即 BASE_A 参考站上卫星 B1 频率和 B2 频率的非差整周模糊度可以任意取值，具体数值如表中所示；BASE_B 和 BASE_C 参考站上基准卫星 C10 的 B1 和 B2 频率非差整周模糊度可以任意取值，此处取值分别为(12 563，12 570)和(12 564，12 568)。以卫星 C01 和卫星 C10 为例，BASE_A-BASE_B 和 BASE_B-BASE_C 参考站间 C01-C10 的 B1 频率的双差载波相位整周模糊度分别为 12 和 9，BASE_A-BASE_B 和 BASE_B-BASE_C 参

考站间 C01-C10 的 B2 频率的双差载波相位整周模糊度分别为 14 和 −156。利用 4.6 的方法可以计算得到 BASE_B 和 BASE_C 参考站上卫星 C01 的 B1 频率的非差整周模糊度分别为 560−12 560+12 563−12=551 和 551−12 563+12 564−9=543，BASE_B 和 BASE_C 参考站上卫星 C01 的 B2 频率的非差整周模糊度分别为 562−12 573+12 570−14=545 和 545−12 570+12 568+156=699。表 5.3 中的其他卫星的非差整周模糊度确定过程与上述处理过程相同。

表 5.4 中的非差基准整周模糊度取为非 0，即 BASE_A 参考站上卫星 L1 频率和 L2 频率的非差整周模糊度可以任意取值，具体数值如表中所示；BASE_B 和 BASE_C 参考站上基准卫星 G28 的 L1 和 L2 频率非差整周模糊度可以任意取值，此处取值分别为(17 864，17 862)和(17 863，17 861)。以卫星 G01 和卫星 G28 为例，BASE_A-BASE_B 和 BASE_B-BASE_C 参考站间 G01-G28 的 L1 频率的双差载波相位整周模糊度分别为 −29 和 17，BASE_A-BASE_B 和 BASE_B-BASE_C 参考站间 G01-G28 的 L2 频率的双差载波相位整周模糊度分别为 −3 和 −11。利用 4.6 的方法可以计算得到 BASE_B 和 BASE_C 参考站上卫星 G01 的 L1 频率的非差整周模糊度分别为 860−17 860+17 864+29=893 和 893−17 864+17 862−17=874，BASE_B 和 BASE_C 参考站上卫星 G01 的 L2 频率的非差整周模糊度分别为 865−17 865+17 863+3=866 和 866−17 863+17 861+11=875。表 5.4 中的其他卫星的非差整周模糊度确定过程与上述处理过程相同。

表 5.1 和表 5.3 中参考站 BASE_A 上卫星 C01 的 B1 和 B2 非差改正信息如图 5.5 所示。表 5.2 和表 5.4 中参考站 BASE_A 上卫星 G04 的 L1 和 L2 非差改正信息如图 5.6 所示。

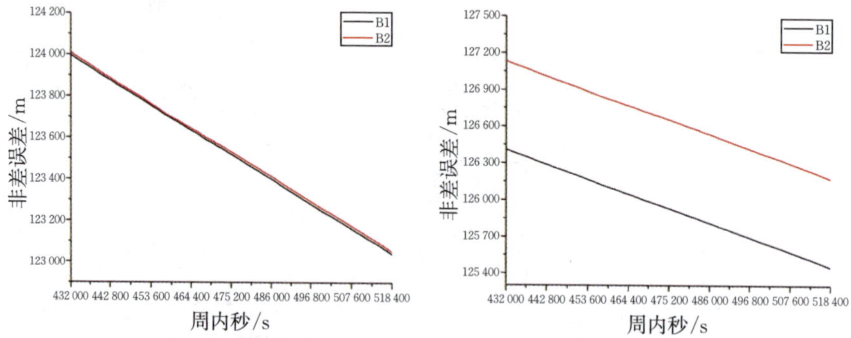

（a）基准取为0　　（b）基准取为非0

图 5.5　C01 的 B1 和 B2 非差改正信息

从图 5.5 和图 5.6 可以看出，非差基准模糊度的选取不同，相应的非差误差改正信息是互异的，非差误差改正信息吸收了不同非差基准模糊度之间的差异是造成这种结果的原因，虽然选择了不同的非差基准模糊度，但这种差异可以被流动站的整周模糊度吸收，不会影响流动站的误差处理，选择不同的非差基准模糊度对流动站整周模糊度的影响将在6.3中做进一步的介绍。

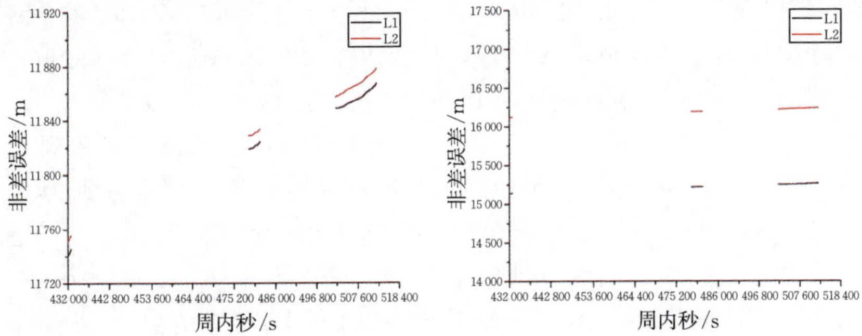

（a）基准取为0　　（b）基准取为非0

图5.6　G04的L1和L2非差改正信息

2. BDS三频与GPS双频非差误差改正信息

该实验算例使用4.7中处理过的西南地区某省CORS网的BDS/GPS实测三频数据，参考站和流动站分布如图4.13所示，以测站Station_A、Station_B和Station_C为参考站，ROVER为流动站。利用4.4中的方法可以准确固定参考站网间的双差载波相位整周模糊度，之后利用4.6中提出的参考站网间非差整周模糊度实时单历元快速计算方法可以进一步得到参考站网中所有的非差整周模糊度。表5.5和表5.6分别给出了BDS和GPS各系统各频率首个连续观测弧段内Station_A、Station_B、Station_C参考站上所有卫星的非差整周模糊度，非差基准整周模糊度取为0。表5.7和表5.8分别给出了BDS和GPS各系统各频率首个连续观测弧段内Station_A、Station_B、Station_C参考站上所有卫星的非差整周模糊度，非差基准整周模糊度取为非0。BDS首个连续观测弧段内非差基准卫星取为C06，GPS首个连续观测弧段内非差基准卫星取为G05。

表5.5　BDS非差整周模糊度(基准为0)

PRN	参考站 Station_A			参考站 Station_B			参考站 Station_C		
	B1	B2	B3	B1	B2	B3	B1	B2	B3
C06	0	0	0	0	0	0	0	0	0
C01	0	0	0	−85	−92	−92	−43	−101	−106
C02	0	0	0	−6	9	10	−116	−39	−38
C03	0	0	0	−14	−12	−12	−103	−153	−138
C05	0	0	0	−34	−60	−67	8	−19	−30
C07	0	0	0	−2	8	4	−24	−54	−34
C08	0	0	0	400	524	501	24	34	28
C09	0	0	0	−127	−210	−210	−166	−292	−273
C10	0	0	0	−30	−38	−37	−58	−82	−84
C13	0	0	0	−10	−9	−11	−93	−108	−110

表5.5中的非差基准整周模糊度取为0，即Station_A参考站上卫星各频率的非差整周模糊度为0，Station_B和Station_C参考站上基准卫星C06各频率的非差整周模糊度为0。以卫星C01和卫星C06为例，Station_A-Station_B和Station_B-Station_C参考站间C01-C06的B1、B2和B3频率的双差载波相位整周模糊度分别为(85,92,92)和(−42,9,14)。利用4.6的方法可以计算得到Station_B和Station_C参考站上卫星C01的B1频率的非差整周模糊度分别为0−0+0−85=−85和−85−0+0+42=−43，BASE_B和BASE_C参考站上卫星C01的B2频率的非差整周模糊度分别为0−0+0−92=−92和−92−0+0−9=−101，Station_B和Station_C参考站上卫星C01的B3频率的非差整周模糊度分别为0−0+0−92=−92和−92−0+0−14=−106。表5.5中的其他卫星的非差整周模糊度确定过程与上述处理过程相同。

表5.6 GPS非差整周模糊度(基准为0)

PRN	参考站 Station_A		参考站 Station_B		参考站 Station_C	
	L1	L2	L1	L2	L1	L2
G05	0	0	0	0	0	0
G02	0	0	−29	−25	−27	3
G15	0	0	3	14	13	18
G18	0	0	−14	−14	20	37
G21	0	0	11	−13	38	41
G24	0	0	13	8	6	20
G26	0	0	−2	−19	14	50
G29	0	0	0	−7	7	20

表5.6中的非差基准整周模糊度取为0，即Station_A参考站上卫星各频率的非差整周模糊度为0，Station_B和Station_C参考站上基准卫星G05各频率的非差整周模糊度为0。以卫星G02和卫星G05为例，Station_A-Station_B和Station_B-Station_C参考站间G02-G05的L1和L2频率的双差载波相位整周模糊度分别为(29,25)和(−2,−28)。利用4.6的方法可以计算得到Station_B和Station_C参考站上卫星G02的L1频率的非差整周模糊度分别为0−0+0−29=−29和−29−0+0+2=−27，Station_B和Station_C参考站上卫星G02的L2频率的非差整周模糊度分别为0−0+0−25=−25和−25−0+0+28=3。表5.6中的其他卫星的非差整周模糊度确定过程与上述处理过程相同。

表5.7中的非差基准整周模糊度取为非0，即Station_A参考站上卫星B1、B2和B3频率的非差整周模糊度可以任意取值，具体数值如表5.7中所示；Station_B和Station_C参考站上基准卫星C06的B1、B2和B3频率非差整周模糊度可以任意取值，此处取值分别为(25 162,25 166)、(25 166,25 163)和(25 168,25 166)。以

卫星 C01 和卫星 C06 为例，Station_A-Station_B 和 Station_B-Station_C 参考站间 C01-C06 的 B1、B2 和 B3 频率的双差载波相位整周模糊度分别为(85,92,92)和(−42,9,14)。利用 4.6 的方法可以计算得到 Station_B 和 Station_C 参考站上卫星 C01 的 B1 频率的非差整周模糊度分别为 452−25 160+25 162−85=369 和 369−25 162+25 166+42=415，Station_B 和 Station_C 参考站上卫星 C01 的 B2 频率的非差整周模糊度分别为 432−25 164+25 166−92=342 和 342−25 166+25 163−9=330，Station_B 和 Station_C 参考站上卫星 C01 的 B3 频率的非差整周模糊度分别为 456−25 165+25 168−92=367 和 367−25 168+25 166−14=351。表 5.7 中的其他卫星的非差整周模糊度确定过程与上述处理过程相同。

表 5.7　BDS 非差整周模糊度(基准为非 0)

PRN	参考站 Station_A			参考站 Station_B			参考站 Station_C		
	B1	B2	B3	B1	B2	B3	B1	B2	B3
C06	25 160	25 164	25 165	25 162	25 166	25 168	25 166	25 163	25 166
C01	452	432	456	369	342	367	415	330	351
C02	234	254	222	230	265	235	124	214	185
C03	498	416	444	486	406	435	401	262	307
C05	673	663	666	641	605	602	687	643	637
C07	876	888	812	876	898	819	858	833	779
C08	112	143	214	514	669	718	142	176	243
C09	543	447	339	418	239	132	383	154	67
C10	871	554	721	843	518	687	819	471	638
C13	924	889	936	916	882	928	837	780	827

表 5.8　GPS 非差整周模糊度(基准为非 0)

PRN	参考站 Station_A		参考站 Station_B		参考站 Station_C	
	L1	L2	L1	L2	L1	L2
G05	31 210	31 212	31 213	31 214	31 215	31 216
G02	432	444	406	421	410	451
G15	346	365	352	381	364	387
G18	876	889	865	877	901	930
G21	765	777	779	766	808	822
G24	541	524	557	534	552	548
G26	142	119	143	102	161	173
G29	671	631	674	626	683	655

表 5.8 中的非差基准整周模糊度取为非 0，即 Station_A 参考站上卫星 L1 频率和 L2 频率的非差整周模糊度可以任意取值，具体数值如表 5.8 中所示；Station_B 和 Station_C 参考站上基准卫星 G05 的 L1 和 L2 频率非差整周模糊度可以任意取值，此处取值分别为(31 213,31 215)和(31 214,31 216)。以卫星 G02

和卫星 G05 为例，Station_A-Station_B 和 Station_B-Station_C 参考站间 G02-G05 的 L1 和 L2 频率的双差载波相位整周模糊度分别为(29,25)和(−2,−28)。利用 4.6 的方法可以计算得到 Station_B 和 Station_C 参考站上卫星 G02 的 L1 频率的非差整周模糊度分别为 432−31 210+31 213−29=406 和 406−31 213+31 215+2=410，Station_B 和 Station_C 参考站上卫星 G02 的 L2 频率的非差整周模糊度分别为 444−31 212+31 214−25=421 和 421−31 214+31 216+28=451。表 5.8 中的其他卫星的非差整周模糊度确定过程与上述处理过程相同。

表 5.5 和表 5.7 中参考站 BASE_A 上卫星 C02 的 B1、B2 和 B3 非差改正信息如图 5.7 所示。表 5.6 和表 5.8 中参考站 BASE_A 上卫星 G02 的 L1 和 L2 非差改正信息如图 5.8 所示。

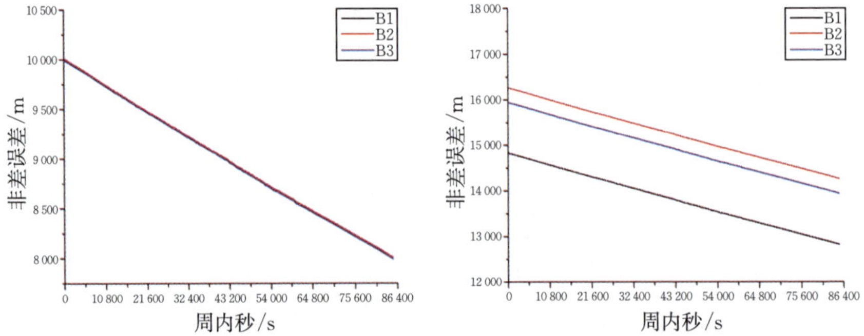

(a) 基准取为0　　(b) 基准取为非0

图 5.7　C02 的 B1、B2、B3 非差改正信息

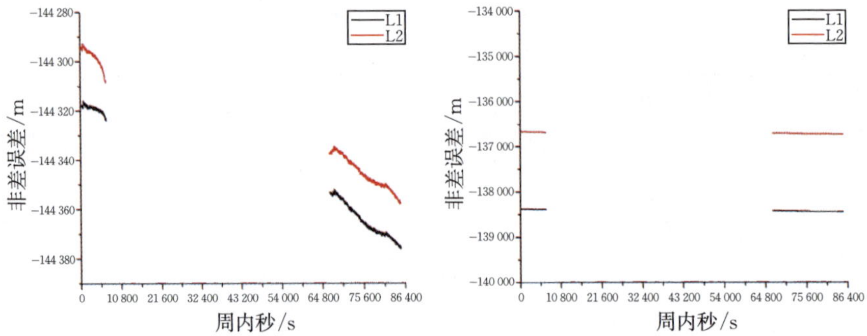

(a) 基准取为0　　(b) 基准取为非0

图 5.8　G02 的 L1、L2 非差改正信息

从图 5.7 和图 5.8 可以看出，非差基准模糊度的选取不同，相应的非差误差改正信息是互异的，非差误差改正信息吸收了不同非差基准模糊度之间的差异是造成这种结果的原因。虽然选择了不同的非差基准模糊度，但这种差异可以被流动站整周模糊度吸收，不会影响流动站的误差处理。选择不同的非差基准模糊度对流动站整周模糊度的影响将在 6.3 中做进一步的介绍。

第6章　BDS/GNSS 网络 RTK 流动站整周模糊度解算

相位整周模糊度分解，即整周模糊度的确定，是 BDS/GNSS 网络 RTK 的一项关键技术，尤其对于 BDS/GNSS 网络 RTK 流动站。在网络 RTK 定位中，参考站的载波相位整周模糊度正确固定之后，可以计算出高精度的区域误差，建立区域误差改正模型，并消除流动站载波相位观测值的误差影响，接下来的主要就是流动站载波相位观测值的整周模糊度解算。流动站载波相位整周模糊度一旦被确定，就可以使用高精度的 BDS/GNSS 载波相位观测值及测码伪距观测值进行流动站的高精度实时动态定位。

理论上，载波相位的模糊度是整数，但由于原始载波相位观测值中，包含有各种观测误差带来的非整数偏差，所以将整数模糊度与非整数偏差分离出来十分困难。常规的双差模型网络 RTK 定位中需要根据参考站网提供的双差误差进行流动站的双差观测值的误差改正，双差观测值间的相关性给数据处理增加了难度。而基于非差观测模型的网络 RTK 则不需要区分主参考站和辅站，所有参考站的地位都一样。由于参考站网覆盖范围内的误差修正模型是基于非差观测模型建立的，因此流动站直接使用参考站网提供的非差修正信息，不再受传统双差模型的限制，可以任意进行星间组合，而且也不需要考虑基准卫星的选择问题，克服了流动站和卫星间的相关性。

本章首先介绍了已有的整周模糊度实时动态解算方法，在此基础上，研究了一种 BDS/GNSS 网络 RTK 流动站多频非组合整周模糊度实时动态解算方法，该方法将各系统各频率的载波相位观测值同时进行参数估计，有效解决了观测值间线性组合放大噪声和逐级模糊度固定的计算冗余等问题，实现了 BDS/GNSS 流动站整周模糊度的快速准确固定和高精度定位。

6.1　流动站实时动态整周模糊度解算方法

整周模糊度的解算方法有许多种，其中常用的方法主要有取整法、最小二乘搜索法、模糊度协方差法、单历元整周模糊度搜索法、分步消元整周模糊度确定方法等，下文将详细介绍上述几种用于流动站载波相位整周模糊度解算的方法。

6.1.1　取整法

将最接近载波相位整周模糊度计算值的整数作为载波相位整周模糊度准确值

的过程称为取整法。取整法实质是四舍五入的过程，因此其算法相对简单。取整法使用的前提条件是，载波相位观测值中的残余误差对载波相位整周模糊度的影响在正负半波长之内，否则不能将载波相位整周模糊度与残余误差进行有效分离，导致取整得到的整周模糊度将偏离真实的整周模糊度数值。取整法与观测时间、观测值的精度、卫星的空间构型有关系。取整法一般和可靠性检验方法同时使用，以便更可靠地固定载波相位整周模糊度。

6.1.2 最小二乘模糊度搜索法

最小二乘模糊度搜索法（Hatch，1991）的基本思想是，在所有的双差整周模糊度中只要确定 3 个双差整周模糊度（即基本模糊度组），其他双差整周模糊度即可唯一确定。最小二乘搜索法可分为 3 个步骤。

1. 确定初始坐标并建立双差整周模糊度的搜索空间

测站初始坐标可以采用双差伪距观测值利用最小二乘算法计算得到。在求得初始坐标后，以伪距最小二乘解的精度作为指标建立一个三维坐标搜索空间，以该空间的八个顶点坐标和三个基本双差观测值计算出相应的载波相位模糊度初值，然后根据每个顶点上计算得到的模糊度初值，确定三个基本双差整周模糊度各自的最大整数值 $N^i_{\max}$ 和最小整数值 $N^i_{\min}$。搜索空间中的双差整周模糊度组合总数为

$$K=\prod_{i=1}^{3}(N^i_{\max}-N^i_{\min}+1) \tag{6.1}$$

2. 最小二乘搜索

最小二乘搜索的步骤为：

(1)从整周模糊度搜索空间中选取一组待检测的整周模糊度组合，利用相应的三个双差观测值计算出动态点位的三维坐标。

(2)利用求得的动态点位坐标计算其他双差载波相位观测值的整周模糊度。

(3)根据步骤(1)、(2)中得到的双差整周模糊度，利用该历元所有的双差载波相位观测值再次进行最小二乘解算，得到动态点位的三维坐标及相应的残差向量 $\boldsymbol{V}$。

(4)计算方差因子 $\hat{\sigma}_0^2$

$$\hat{\sigma}_0^2=\frac{\boldsymbol{V}^{\mathrm{T}}\boldsymbol{Q}^{-1}\boldsymbol{V}}{n-u} \tag{6.2}$$

式中，$\boldsymbol{V}$ 是残差向量，$\boldsymbol{Q}$ 为双差载波相位观测值的协因数矩阵，n 为双差载波相位观测值的个数，u 为待求参数的数量。如果 $\hat{\sigma}_0^2$ 小于某一限值，则将该组整周模糊度组合及 $\hat{\sigma}_0^2$ 值保留下来，否则剔除该组整周模糊度组合。

(5)重复步骤(1)～(4)，直到检测完所有的整周模糊度组合。

3. 固定整周模糊度

如果进行最小二乘搜索后仅剩下一组整周模糊度，则该组整周模糊度为正确的整周模糊度值，否则对保留下来的 $\hat{\sigma}_0^2$ 值进行基于固定解中次最小与最小后验方差比检验(Ratio 检验)，即

$$Ratio = \frac{(\boldsymbol{V}^{\mathrm{T}}\boldsymbol{Q}^{-1}\boldsymbol{V})_{\mathrm{sec}}}{(\boldsymbol{V}^{\mathrm{T}}\boldsymbol{Q}^{-1}\boldsymbol{V})_{\mathrm{min}}} = \frac{\hat{\sigma}_{0\mathrm{sec}}^2}{\hat{\sigma}_{0\mathrm{min}}^2} \tag{6.3}$$

若 Ratio 值大于某一限值(一般选取为大于 2 的常值)，则认为 $\hat{\sigma}_0^2$ 最小所对应的整周模糊度组合为正确的整周模糊度，否则需要增加更多历元的观测数据进行最小二乘搜索，直到剩下唯一的一组整周模糊度或 Ratio 值大于某一限值为止。

在最小二乘搜索法的基础上，Abidin(1993)提出了集成 OTF(on the fly)法。集成 OTF 法继承了最小二乘搜索法的基本特点，但在整周模糊度搜索空间的建立及搜索方法上都做了较大的改进。集成 OTF 法采用了顾及几何位置的时空性和整周模糊度之间数学相关性的椭球搜索空间，替代了最小二乘搜索法的立方体搜索空间。

$$(\hat{\boldsymbol{N}} - \tilde{\boldsymbol{N}})^{\mathrm{T}}\boldsymbol{Q}_{\tilde{N}\tilde{N}}^{-1}(\hat{\boldsymbol{N}} - \tilde{\boldsymbol{N}}) < \chi_{3,1-\alpha}^2 \tag{6.4}$$

式中，$\tilde{\boldsymbol{N}}$ 是模糊度参数的实数估值；$\hat{\boldsymbol{N}}$ 表示双差模糊度的整数估值；$\boldsymbol{Q}_{\tilde{N}\tilde{N}}$ 为初始基本模糊度组的协方差矩阵；$\chi_{3,1-\alpha}^2$ 为 3 个自由度，置信水平为 $1-\alpha$ 的 χ^2 分布百分位值。

最小二乘搜索法和集成 OTF 法都采用了基本模糊度组的思想，有助于减少整周模糊度搜索空间中整周模糊度组合的数量，提高了整周模糊度的搜索效率，但也存在一些问题。例如，如何选择基本模糊度组，如果基本模糊度组中出现卫星失锁则必需重新开始搜索过程，对剩余卫星的周跳不敏感等。

6.1.3　模糊度协方差法

模糊度协方差法不是指某一种整周模糊度确定方法，而是指一类整周模糊度解算方法的总称。这些方法的共同特点，是将模糊度作为待估参数的一部分，从平差处理结果中得到模糊度的协方差矩阵。模糊度的搜索过程就是寻找使残差平方和最小的整周模糊度组合的过程。

模糊度协方差法可以用混合整数最小二乘估计来描述。设历元 k 的双差载波相位观测方程可表示为

$$\boldsymbol{Y}_k = \boldsymbol{A}_k\boldsymbol{X}_k + \boldsymbol{B}_k\boldsymbol{N} + \boldsymbol{\varepsilon}_k, \quad \boldsymbol{N} \in \mathbb{Z}^n, \boldsymbol{X}_k \in \mathbb{R}^m \tag{6.5}$$

式中，$\boldsymbol{Y}_k$ 为历元 k 的双差载波相位观测值减去计算值向量；$\boldsymbol{X}_k$ 为历元 k 的流动站的位置坐标改正向量(实数)；$\boldsymbol{N}$ 为双差整周模糊度向量(整数)；$\boldsymbol{A}_k$、$\boldsymbol{B}_k$ 分别为 $\boldsymbol{X}_k$、$\boldsymbol{N}$ 的系数矩阵；$\boldsymbol{\varepsilon}_k$ 为载波相位的观测噪声向量；$\mathbb{Z}^n$ 为 n 维整数空间；$\mathbb{R}^m$ 为 m 维实

数空间。

式(6. 5)的最小二乘估计准则为

$$\boldsymbol{\Omega}_k=(\boldsymbol{Y}_k-\boldsymbol{A}_k\hat{X}_k-\boldsymbol{B}_k\hat{\boldsymbol{N}})^{\mathrm{T}}\boldsymbol{Q}_{yy}^{-1}(\boldsymbol{Y}_k-\boldsymbol{A}_k\hat{\boldsymbol{X}}_k-\boldsymbol{B}_k\hat{\boldsymbol{N}})=\min \tag{6.6}$$

式中,$\hat{\boldsymbol{N}}$ 表示双差整周模糊度的整数估值,$\hat{\boldsymbol{X}}_k$ 表示 $\boldsymbol{X}_k$ 的实数解,$\boldsymbol{Q}_{yy}$ 表示观测值向量 $\boldsymbol{Y}_k$ 的协方差矩阵。

由于式(6.5)中有模糊度为整数这一约束条件,因此,式(6.6)不能再通过普通的最小二乘法求解,实际上式(6.6)应该是一个混合最小化问题,没有解析解。所以,要将式(6.6)的最小化问题转化为常规的最小问题和整数最小问题的组合。可将式(6.5)重新表示为

$$\boldsymbol{Y}_k=\boldsymbol{A}_k\boldsymbol{X}_k+\boldsymbol{B}_k\boldsymbol{N}+\boldsymbol{\varepsilon}_k \tag{6.7}$$

$$\boldsymbol{N}=\hat{\boldsymbol{N}} \tag{6.8}$$

式中,模糊度参数 $\boldsymbol{N}$ 先以实数变量进行估计,并进一步由约束条件式(6.8)将模糊度参数固定为整数。通过约束条件式(6.8)求解线性模型式(6.7)时,最小化准则为

$$\begin{aligned}\boldsymbol{\Omega}_k=&(\boldsymbol{Y}_k-\boldsymbol{A}_k\widetilde{X}_k-\boldsymbol{B}_k\widetilde{\boldsymbol{N}})^{\mathrm{T}}Q_{yy}^{-1}(\boldsymbol{Y}_k-\boldsymbol{A}_k\widetilde{\boldsymbol{X}}_k-\boldsymbol{B}_k\widetilde{\boldsymbol{N}})+\\&(\widetilde{\boldsymbol{N}}-\hat{\boldsymbol{N}})^{\mathrm{T}}\boldsymbol{Q}_{\widetilde{N}\widetilde{N}}^{-1}(\widetilde{\boldsymbol{N}}-\hat{\boldsymbol{N}})=\min\end{aligned} \tag{6.9}$$

最小二乘准法则式(6. 9)等价于最小二乘准则式(6. 6)。利用式(6. 9),式(6.6)就能够通过两个步骤解算。

第一步,利用无约束最小二乘平差处理式(6.7),则有

$$\boldsymbol{\Omega}'_k=(\boldsymbol{Y}_k-\boldsymbol{A}_k\widetilde{X}_k-\boldsymbol{B}_k\widetilde{\boldsymbol{N}})^{\mathrm{T}}\boldsymbol{Q}_{yy}^{-1}(\boldsymbol{Y}_k-\boldsymbol{A}_k\widetilde{\boldsymbol{X}}_k-\boldsymbol{B}_k\widetilde{\boldsymbol{N}})=\min \tag{6.10}$$

第二步,模糊度参数的整数值可由以下最小化问题解决,即

$$\boldsymbol{\Omega}''_k=(\widetilde{\boldsymbol{N}}-\hat{\boldsymbol{N}})^{\mathrm{T}}\boldsymbol{Q}_{\widetilde{N}\widetilde{N}}^{-1}(\widetilde{\boldsymbol{N}}-\hat{\boldsymbol{N}})=\min \tag{6.11}$$

$$\boldsymbol{\Omega}_k=\boldsymbol{\Omega}'_k+\boldsymbol{\Omega}''_k \tag{6.12}$$

式(6.11)需要用整数搜索方法进行解算,不能得到它的解析解,只能通过搜索得到整数近似最优解。

实数模糊度 $\widetilde{\boldsymbol{N}}$ 和协方差矩阵 $\boldsymbol{Q}_{\widetilde{N}\widetilde{N}}$ 是通过单历元的观测数据得到的,如果仅靠单历元的载波相位观测数据,是无法进行未知参数估计的。因为单历元的载波相位观测方程是秩亏的,除了模糊度参数之外,还多出了流动站的三个位置参数。如果要在单历元进行未知参数的解算,就必须使用伪距观测值,而伪距观测值的精度又很低。因此,要进行载波相位整周模糊度的准确解算,就需要利用多个历元的载波相位观测数据,利用多个历元观测数据的位置参数解算模型可以用式(6.13)和式(6.14)来表示,即

$$\boldsymbol{Y}_k=\boldsymbol{A}_i\boldsymbol{X}_i+\boldsymbol{B}_i\boldsymbol{N}+\boldsymbol{\varepsilon}_i,\quad i=1,2,\cdots,k \tag{6.13}$$

$$\boldsymbol{N}=\hat{\boldsymbol{N}} \tag{6.14}$$

如果假设各历元观测数据不相关，与单历元求解类似，整周模糊度的解算也可以分两个步骤进行：

第一步，利用式(6.15)的最小二乘准则估计待估参数，即

$$\boldsymbol{\Omega}'_{k/k}=\sum_{i=1}^{K}\left\{[\boldsymbol{Y}_i-\boldsymbol{A}_i\widetilde{\boldsymbol{X}}_i-\boldsymbol{B}_i\widetilde{\boldsymbol{N}}]^{\mathrm{T}}\boldsymbol{Q}_{yy}^{-1}(i)(\boldsymbol{Y}_i-\boldsymbol{A}_i\widetilde{\boldsymbol{X}}_i-\boldsymbol{B}_i\widetilde{\boldsymbol{N}})\right\}=\min \tag{6.15}$$

第二步，利用第一步计算得到的实数模糊度 $\widetilde{N}$，根据式(6.16)解算模糊度的整数解，则有

$$\boldsymbol{\Omega}''_{k/k}=[\widetilde{\boldsymbol{N}}-\hat{\boldsymbol{N}}]^{\mathrm{T}}\boldsymbol{Q}_{\widetilde{N}\widetilde{N}}^{-1}(k/k)(\widetilde{\boldsymbol{N}}-\hat{\boldsymbol{N}})=\min \tag{6.16}$$

$$\boldsymbol{\Omega}_{k/k}=\boldsymbol{\Omega}'_{k/k}+\boldsymbol{\Omega}''_{k/k} \tag{6.17}$$

与单历元求解类似，也只能用搜索的方法解算。式(6.16)与式(6.11)的区别在于式(6.16)中用到的模糊度浮点估值 $\widetilde{\boldsymbol{N}}$ 及其协方差矩阵 $\boldsymbol{Q}_{\widetilde{N}\widetilde{N}}(k/k)$ 是使用所有可用历元的观测数据得到的，而式(6.11)仅使用了单历元的观测数据。

正确整周模糊度的搜索过程实质上是使式(6.16)或式(6.11)最小化的过程。在这一类实时动态整周模糊度解算方法中，Frei 等(1990)提出了用于快速解算静态定位整周模糊度(FARA)的方法，在此之后出现了一些可用于动态定位的模糊度协方差方法，这些方法在整周模糊度搜索空间的定义及加快搜索计算速度方面都取得了很大的成功。其中比较著名的模糊度协方差方法有优化 Cholesky 分解法(Euler et al，1992；Hatch et al，1994)、FASA 方法(Chen，1994)、LAMBDA 方法(Teunissen，1995)等。

模糊度协方差方法的优点在于以“近似最优”的方式应用所有的观测信息，因此往往只需要较少的搜索历元来确定正确的整周模糊度。当然这一类方法也有一些缺点，例如当整周模糊度搜索失败时，难以确定导致失败的原因。但基于整数最小二乘理论和在模糊度域内搜索的模糊度协方差搜索算法仍被认为是目前最好的一类整周模糊度解算方法。

6.1.4 单历元整周模糊度搜索法

高星伟(2002)提出了网络 RTK 流动站整周模糊度单历元搜索方法，该方法的主要思路是在不求解方程的前提下，可直接利用为整数的流动站载波相位的模糊度和双频模糊度间的线性关系搜索载波相位的整周模糊度。在常规的模糊度解算方法中，单历元载波相位观测方程是秩亏的，无法单历元解算。与常规方法相比，单历元流动站整周模糊度搜索法的主要优点是以单个双差卫星为对象搜索其载波相位的整周模糊度，并且不受流动站载波相位观测值周跳的影响。该方法的具体实现过程如下，首先由双差载波相位观测方程(2.37)，可得流动站去掉卫星和

测站标识后的双差观测方程为

$$\lambda_1 \cdot \Delta\nabla\varphi_1 = \Delta\nabla\rho - \lambda_1 \cdot \Delta\nabla N_1 + \Delta\nabla\delta_1 \tag{6.18}$$

$$\lambda_2 \cdot \Delta\nabla\varphi_2 = \Delta\nabla\rho - \lambda_2 \cdot \Delta\nabla N_2 + \Delta\nabla\delta_2 \tag{6.19}$$

由于经过参考站网的双差综合误差改正，其中各项观测误差已经被消除，$\Delta\nabla\delta$ 为误差残差，几何距离计算值是未知的，由式(6.18)、式(6.19)可得，即

$$\Delta\nabla N_1 = \frac{\lambda_2}{\lambda_1}\Delta\nabla N_2 + \frac{\lambda_2}{\lambda_1}\Delta\nabla\varphi_2 - \Delta\nabla\varphi_1 \tag{6.20}$$

式(6.20)可以简化为

$$\widetilde{N}_1 = k\widetilde{N}_2 + b \tag{6.21}$$

$$\left.\begin{aligned} k &= \frac{\lambda_2}{\lambda_1} = \frac{77}{60} = 1.28\dot{3} \\ b &= \frac{77}{60}\Delta\Phi_2 - \Delta\Phi_1 \\ \widetilde{N}_1 &= \Delta\nabla N_1, \widetilde{N}_1 \in \mathbb{Z} \\ \widetilde{N}_2 &= \Delta\nabla N_2, \widetilde{N}_2 \in \mathbb{Z} \end{aligned}\right\} \tag{6.22}$$

式中，k 为斜率，b 为斜距。

利用双频模糊度之间的线性关系式(6.21)和模糊度为整数的条件对载波相位模糊度进行单历元解算。根据式(6.21)，任意一个给定的 N_2，有唯一的 N_1 与之相对应。由于直线方程的斜率为 $k=77/60$，所以理论上 L1 和 L2 载波相位模糊度的备选值有无穷多对，并且具有周期性，即 L1 的整周模糊度变化 77 周，L2 的整周模糊度变化 60 周。实际应用当中，由于误差改正后的残差影响和载波相位测量精度的限制，完全满足式(6.21)的模糊度是很难找到的，可利用式(6.21)近似地找到双频模糊度的备选值。该方法单历元模糊度解算主要分三步进行：

(1)流动站观测值的误差消除与削弱。可使用参考站网的差分改正数消除或削弱流动站双差观测值的综合观测误差。

(2)流动站双差整周模糊度备选值的选取。流动站坐标初值误差和改正后的流动站双差误差残差对双差观测方程的影响是有限的。例如，双差 P 码观测值的观测噪声一般在 20～60 cm，如果参考站的双差整周模糊度准确固定，使用综合误差内插法进行流动站的误差改正，其残余误差最大不会超过 10 cm(高星伟，2002)，对于 L2 载波相位模糊度初值的影响也只有数周大小。根据经过差分改正后的流动站双差载波相位观测方程计算双差模糊度的初值，并使用式(6.21)在模糊度搜索空间中找出整周模糊度的备选值。

(3)在寻找出双频载波相位模糊度的备选值后，就可以进行双差整周模糊度的确定。假设流动站的坐标初值达到了一定精度，就可以用直接取整的方法固定流动站的整周模糊度。如果流动站的初始坐标精度不高，则可以通过其他的模糊度

判定方法确定出流动站的整周模糊度，如最小二乘搜索法等。

6.1.5　分步消元整周模糊度确定方法

分步消元整周模糊度确定方法（唐卫明，2006）含有两层意思：一是分步，即先确定宽巷整周模糊度，然后确定 L1、L2 载波相位整周模糊度；二是消元，即首先消去坐标参数，仅留下整周模糊度参数。消去动态定位中不断变化的坐标参数后，可以采用卡尔曼滤波或序贯最小二乘来动态确定整周模糊度。分步消元法先求解宽巷整周模糊度的实数解，然后可搜索确定出宽巷整周模糊度。最后利用固定了的宽巷整周模糊度来确定 L1、L2 载波相位的整周模糊度。

1. 消元算法

设在双差定位模式中有如式（6.23）的观测方程，即

$$\boldsymbol{AX}+\boldsymbol{BY}=\boldsymbol{L}+\boldsymbol{V},\ \boldsymbol{P} \tag{6.23}$$

式中，$\boldsymbol{X}$ 是坐标参数向量，$\boldsymbol{Y}$ 是整周模糊度参数向量，$\boldsymbol{P}$ 为权矩阵，$\boldsymbol{A}$ 为坐标参数向量的系数矩阵，$\boldsymbol{B}$ 为整周模糊度参数向量的系数矩阵，$\boldsymbol{L}$ 为已知观测值向量，$\boldsymbol{V}$ 为观测方程的偏差。在动态定位中，坐标参数向量 $\boldsymbol{X}$ 的维数是不断变化的，即随着历元数的增加坐标参数个数将不断增加，因此可以消除 $\boldsymbol{X}$，以简化观测方程。观测方程式（6.23）的法方程为

$$\begin{bmatrix}\boldsymbol{A}^{\mathrm T}\boldsymbol{PA} & \boldsymbol{A}^{\mathrm T}\boldsymbol{PB}\\ \boldsymbol{B}^{\mathrm T}\boldsymbol{PA} & \boldsymbol{B}^{\mathrm T}\boldsymbol{PB}\end{bmatrix}\begin{bmatrix}\boldsymbol{X}\\ \boldsymbol{Y}\end{bmatrix}=\begin{bmatrix}\boldsymbol{N}_{11} & \boldsymbol{N}_{12}\\ \boldsymbol{N}_{21} & \boldsymbol{N}_{22}\end{bmatrix}\begin{bmatrix}\boldsymbol{X}\\ \boldsymbol{Y}\end{bmatrix}=\begin{bmatrix}\boldsymbol{A}^{\mathrm T}\boldsymbol{PL}\\ \boldsymbol{B}^{\mathrm T}\boldsymbol{PL}\end{bmatrix} \tag{6.24}$$

设 $\boldsymbol{Z}=\boldsymbol{N}_{21}\boldsymbol{N}_{11}^{-1}$，$\boldsymbol{I}$ 为单位矩阵，方程中乘以 $\begin{bmatrix}\boldsymbol{I} & 0\\ -\boldsymbol{N}_{21}\boldsymbol{N}_{11}^{-1} & \boldsymbol{I}\end{bmatrix}$ 得

$$\begin{bmatrix}\boldsymbol{I} & 0\\ -\boldsymbol{N}_{21}\boldsymbol{N}_{11}^{-1} & \boldsymbol{I}\end{bmatrix}\begin{bmatrix}\boldsymbol{N}_{11} & \boldsymbol{N}_{12}\\ \boldsymbol{N}_{21} & \boldsymbol{N}_{22}\end{bmatrix}=\begin{bmatrix}\boldsymbol{N}_{11} & \boldsymbol{N}_{12}\\ 0 & -\boldsymbol{N}_{21}\boldsymbol{N}_{11}^{-1}\boldsymbol{N}_{12}+\boldsymbol{N}_{22}\end{bmatrix} \tag{6.25}$$

设 $\widetilde{\boldsymbol{N}}_{22}=\boldsymbol{B}^{\mathrm T}\boldsymbol{PB}-\boldsymbol{B}^{\mathrm T}\boldsymbol{PAN}_{11}^{-1}\boldsymbol{A}^{\mathrm T}\boldsymbol{PB}$，$\boldsymbol{J}=\boldsymbol{AN}_{11}^{-1}\boldsymbol{A}^{\mathrm T}\boldsymbol{P}$，则

$$\widetilde{\boldsymbol{N}}_{22}=\boldsymbol{B}^{\mathrm T}[\boldsymbol{I}-\boldsymbol{J}]^{\mathrm T}\boldsymbol{P}(\boldsymbol{I}-\boldsymbol{J})\boldsymbol{B} \tag{6.26}$$

又设 $\widetilde{\boldsymbol{B}}=(\boldsymbol{I}-\boldsymbol{J})\boldsymbol{B}$，则可得到新的法方程为

$$\widetilde{\boldsymbol{B}}^{\mathrm T}\boldsymbol{P}\widetilde{\boldsymbol{B}}\boldsymbol{Y}=\widetilde{\boldsymbol{B}}^{\mathrm T}\boldsymbol{PL} \tag{6.27}$$

同样，可以得到新的观测方程为

$$\widetilde{\boldsymbol{B}}^{\mathrm T}\boldsymbol{Y}=\boldsymbol{L}+\boldsymbol{U},\ \boldsymbol{P} \tag{6.28}$$

2. 确定双差宽巷整周模糊度

使用消元算法消去宽巷观测方程中的坐标参数，可以得到仅以宽巷整周模糊度为参数 $\boldsymbol{Y}$ 的观测方程为

$$\begin{bmatrix}\boldsymbol{I}\cdot\lambda_W\\ \widetilde{\boldsymbol{B}}\end{bmatrix}\boldsymbol{Y}=\begin{bmatrix}\boldsymbol{L}_{MW}\\ \boldsymbol{L}_W\end{bmatrix} \tag{6.29}$$

式中，$\widetilde{\boldsymbol{B}}$ 是宽巷载波相位观测值的系数矩阵，λ_W 是宽巷载波相位的波长，$\boldsymbol{Y}$ 是未知参数即宽巷模糊度向量，$\boldsymbol{I}$ 为单位矩阵，$\boldsymbol{L}_{MW}$ 为 MW 组合观测值向量，$\boldsymbol{L}_W$ 为以距离(米)为单位的宽巷载波相位观测值向量。

如果仅有单历元的观测数据，则可根据式(6.29)计算得到宽巷模糊度的实数解。如果利用多个历元的观测数据进行解算，$\boldsymbol{L}_{MW}$ 为所有历元 MW 组合观测值的平均值，宽巷载波相位观测值部分可使用序贯最小二乘等方法计算宽巷模糊度的实数解。

根据解算得到的宽巷模糊度的实数解及其协方差矩阵，使用 LAMBDA 方法就可以搜索出宽巷模糊度及 Ratio 值。

宽巷整周模糊度确定成功的判断标准为

$$\left.\begin{array}{l} Ratio > M \\ \boldsymbol{V}_W^{\mathrm{T}}\boldsymbol{P}\boldsymbol{V}_W = \min \end{array}\right\} \tag{6.30}$$

式中，M 为正数一般为 3.0，V 为残差，min 为最小值。

3. L1、L2 载波相位双差整周模糊度的确定

在仅以宽巷模糊度为参数的观测方程式(6.29)中，已经确定出了流动站的宽巷整周模糊度，然后可以利用固定的双差宽巷整周模糊度计算双频载波相位的双差整周模糊度。双频载波相位的双差整周模糊度与双差宽巷整周模糊度的关系可表示为

$$\nabla\Delta N_W = \nabla\Delta N_1 - \nabla\Delta N_2 \tag{6.31}$$

无电离层载波相位组合的模糊度为

$$\nabla\Delta N_{\mathrm{LC}} = \nabla\Delta N_1 - \frac{f_2}{f_1} \cdot \nabla\Delta N_2 \tag{6.32}$$

将式(6.31)、式(6.32)组合得到

$$\nabla\Delta N_{\mathrm{LC}} = \nabla\Delta N_1 - \frac{f_2}{f_1}(\nabla\Delta N_1 - \nabla\Delta N_W) = \frac{f_1 - f_2}{f_1}\nabla\Delta N_1 + \frac{f_2}{f_1}\nabla\Delta N_W \tag{6.33}$$

将式(6.33)代入载波相位无电离层组合的观测方程，就可根据式(6.33)获取以 $\nabla\Delta N_1$ 为参数的观测方程。利用消元算法消去各历元的位置参数，只保留 L1 载波相位的模糊度参数，得到以 $\widetilde{\boldsymbol{B}}$ 为系数的观测方程。可由确定的宽巷模糊度通过解算位置坐标参数计算出 $\nabla\Delta N_1$，加到观测方程组中。因为宽巷整周模糊度已经固定，所以 $\nabla\Delta N_1$ 具有一定的精度，可提高方程组解算参数的精度。由上述参数可组成

$$\begin{bmatrix} \boldsymbol{I} \cdot \lambda_1 \\ \widetilde{\boldsymbol{B}} \end{bmatrix}\boldsymbol{Y} = \begin{bmatrix} \boldsymbol{L}_W \\ \boldsymbol{L}_{\mathrm{LC}} \end{bmatrix} \tag{6.34}$$

式中，下标 1 表示 L1 载波，$\widetilde{\boldsymbol{B}}$ 为新的系数矩阵，λ_1 是 L1 载波相位的波长，$\boldsymbol{Y}$ 是 L1 载波相位整周模糊度向量，$\boldsymbol{I}$ 是单位矩阵，$\boldsymbol{L}_W$ 是由宽巷模糊度通过位置坐标解算得到的 $\nabla\Delta N_1$ 的值，$\boldsymbol{L}_{LC}$ 是以米为单位的无电离层组合观测值向量。

按照观测方程式(6.34)，进行解算可获得 $\nabla\Delta N_1$ 的实数解及其协方差矩阵。并使用 LAMBDA 方法进行模糊度搜索，搜索出多组模糊度组合及 Ratio 值，然后比较它们的残差平方和(SOSR)。根据宽巷模糊度与双频模糊度间的组合关系可以计算出每组 $\nabla\Delta N_1$ 模糊度对应的 L2 载波相位模糊度 $\nabla\Delta N_2$。最后按照下面的标准来确定载波相位的整周模糊度，即

$$\left.\begin{array}{l} Ratio > M \\ \boldsymbol{V}_{LC}^{T}\boldsymbol{P}\boldsymbol{V}_{LC} = \min \\ |(kN_2 + b) - N_1| < \delta \end{array}\right\} \tag{6.35}$$

式中，M 一般取 3.0，$\boldsymbol{V}$ 为残差，min 为最小值，δ 为一个给定的正数，$(kN_2+b)-N_1$ 为利用 $\nabla\Delta N_2$ 根据式(6.21)计算出的 L1 载波相位模糊度与搜索出的 $\nabla\Delta N_1$ 进行比较的结果。

6.1.6　快速解算模糊度法

快速解算模糊度法是一种建立在数理统计理论上的方法。该方法已在徕卡开发的 SKI 软件上得到了很好的验证。快速解算模糊度法首先进行参数估计，得到测站接收机的位置参数和整周模糊度浮点解，并且进一步得到平差后的精度信息，即方差与协方差矩阵和单位权中误差。利用模糊度浮点解、方差与协方差矩阵和单位权中误差得到整周模糊度的备选值范围，将整周模糊度备选值重新回代到误差模型中进行平差，最后取验后方差最小所对应的整周模糊度作为最优整周模糊度。

假定历元 i，测站接收机 A、B 同步观测到 $s+1$ 颗卫星，进一步得到误差观测方程为

$$\boldsymbol{V} = [\boldsymbol{A} \quad \boldsymbol{B}]\begin{bmatrix}\boldsymbol{X} \\ \boldsymbol{N}\end{bmatrix} + \boldsymbol{L},\ \boldsymbol{P} \tag{6.36}$$

其中

$$\boldsymbol{X} = [\delta x \quad \delta y \quad \delta z]$$
$$\boldsymbol{N} = [N_1 \quad N_2 \quad \cdots \quad N_s]^{T}$$

式中，$\boldsymbol{A}$ 和 $\boldsymbol{B}$ 分别为测站接收机的位置参数和整周模糊度参数的系数矩阵；$\boldsymbol{X}$ 和 $\boldsymbol{N}$ 分别为测站接收机的位置参数和整周模糊度浮点解；$\boldsymbol{L}$ 为常数项。

对式(6.36)进行平差计算，进一步得到平差后的整周模糊度方差与协方差矩阵 $\boldsymbol{Q}_{NN}$、方差 m_0^2 和单位权中误差 $m_{N_i} = \dfrac{\boldsymbol{V}^{T}\boldsymbol{P}\boldsymbol{V}}{n-u}$，其中 n 和 u 分别为观测方程和未知

参数的个数。

根据单位权中误差 m_{N_i} 可以得到整周模糊度 N_i 的置信区间，即

$$N_i - m_{N_i} t(\alpha/2) \leqslant N_i \leqslant N_i + m_{N_i} t(\alpha/2) \tag{6.37}$$

式中，α 为显著水平，$t(\alpha/2)$ 为与自由密度和 α 有关的函数。

由式(6.37)可以得到整周模糊度 N_i 的多个整周模糊度备选值，进一步确定 N 对应的整周模糊度备选值组合，将 N 对应的整周模糊度备选值组合重新回代到误差模型式(6.36)中进行平差，验后方差最小对应的整周模糊度备选值组合即为正确的整周模糊度组合。

6.1.7 扩频法

扩频法是一种基于双频观测值的整周模糊度确定方法，扩频法确定整周模糊度的过程如图 6.1 所示。扩频法为了减小测码伪距观测值受到的多路径和噪声的影响，利用载波相位观测值平滑伪距，之后将测码伪距和载波相位观测值应用到 MW 组合模型中计算载波相位宽巷整周模糊度的初值。进一步构建一种与频率无关的观测误差和几何距离影响的虚拟电离层组合观测值，利用这个新的组合观测值将宽巷整周模糊度初值和窄巷整周模糊度通过函数关系联系起来，通过评价电离层信号的精度确定窄巷整周模糊度，窄巷整周模糊度被准确固定之后，利用宽巷整周模糊度和窄巷整周模糊度之间的关系确定宽巷整周模糊度，宽巷整周模糊度和窄巷整周模糊度均被准确确定之后，原始频率载波相位整周模糊度可以通过二者的线性关系进一步计算得到。

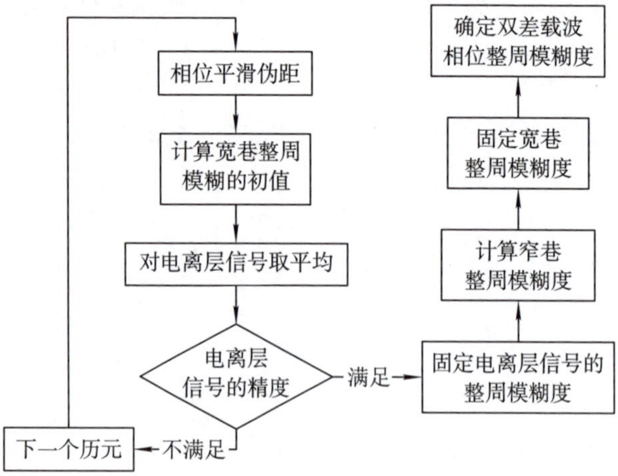

图 6.1 扩频法的过程

6.1.8　长距离单历元整周模糊度搜索法

单历元整周模糊度搜索法主要是利用弥散性误差和非弥散性误差对载波相位观测影响的不同特性，得到原始频率载波相位整周模糊度和宽巷载波相位整周模糊度的整数线性关系。整周模糊度间的约束关系将极大地减小整周模糊度备选值的范围，这种方法对于长波长的宽巷整周模糊度的作用最为有效。因此，单历元整周模糊度搜索算法首先利用线性约束条件确定宽巷整周模糊度备选值组合，然后将被极大压缩的宽巷整周模糊度备选值回代入宽巷载波相位误差观测方程中进行平差，利用平差精度因子可以较容易地确定宽巷整周模糊度。由于原始频率载波相位观测值的波长相比于宽巷整周模糊度的波长要小很多，因此原始频率载波相位观测值的整周模糊度对误差较为敏感，加大了整周模糊度和误差的分离难度。为了减少观测误差对原始频率载波相位整周模糊度的影响，采用线性组合模型消除与频率有关的误差，相应的组合观测值的整周模糊度可以表示成宽巷整周模糊度和原始频率整周模糊度的组合值，进一步将之前固定的宽巷整周模糊度代入组合观测值的载波相位误差观测方程中，最后将原始频率整周模糊度和测站位置作为未知参数进行最小二乘解算，并使用搜索算法进行原始频率整周模糊度的固定。

忽略载波相位观测值星间单差观测方程中残余误差的影响，由式(2.24)可以得到

$$\lambda_1 \cdot \Delta\varphi_1 = \Delta\rho - \lambda_1 \cdot \Delta N_1 + \Delta\delta_1 \tag{6.38}$$

$$\lambda_2 \cdot \Delta\varphi_2 = \Delta\rho - \lambda_2 \cdot \Delta N_2 + \Delta\delta_2 \tag{6.39}$$

$$\lambda_W \cdot \Delta\varphi_W = \Delta\rho - \lambda_W \cdot \Delta N_W + \Delta\delta_W \tag{6.40}$$

进一步得到原始频率载波相位整周模糊度和宽巷载波相位整周模糊度的整数线性约束关系为

$$\Delta N_2 = \frac{60}{77}\Delta N_1 + \frac{60}{77}\Delta\varphi_1 - \Delta\varphi_2 \tag{6.41}$$

$$\Delta N_W = \frac{17}{77}\Delta N_1 + \frac{17}{77}\Delta\varphi_1 - \Delta\varphi_W \tag{6.42}$$

宽巷载波相位整周模糊度的解算首先将星间单差测码伪距观测值和星间单差宽巷载波相位观测值同时进行最小二乘计算，以实现单历元求解，二者融合的误差观测方程为

$$\begin{bmatrix} \boldsymbol{V}_P \\ \boldsymbol{V}_{L_W} \end{bmatrix} = \begin{bmatrix} \boldsymbol{B} & 0 \\ \boldsymbol{B} & -\boldsymbol{I} \cdot \lambda_W \end{bmatrix} \begin{bmatrix} \boldsymbol{X} \\ \boldsymbol{N}_W \end{bmatrix} - \begin{bmatrix} \boldsymbol{P} \\ \boldsymbol{L}_W \end{bmatrix} \tag{6.43}$$

式中，$\boldsymbol{P}$ 和 $\boldsymbol{L}_W$ 分别为测码伪距观测值和宽巷载波相位观测值对应的常数项；$\boldsymbol{B}$ 为方向余弦矩阵，其他符号的含义与式(6.36)的含义相同。

对式(6.43)进行最小二乘参数解算，可以求解出载波相位宽巷整周模糊度浮

点解和精度因子,进一步得到宽巷整周模糊度的备选值组合。由于测码伪距的精度相比于载波相位观测值精度较低,利用式(6.43)求解得到的宽巷整周模糊度搜索范围较大,备选值组合较多。对于长波长的宽巷整周模糊度,利用式(6.42)将极大地减小宽巷整周模糊度备选值的范围,很多不正确的宽巷整周模糊度已被线性约束关系筛选掉,宽巷模糊度的备选值明显被压缩,进一步将这部分宽巷整周模糊度备选值回代入宽巷载波相位误差观测方程中进行平差,利用平差精度因子可以较容易地确定宽巷整周模糊度。

为了减少观测误差对原始频率载波相位整周模糊度的影响,采用线性组合模型消除与频率有关的误差,由式(6.38)和式(6.39)得到无电离层组合载波相位观测方程为

$$\lambda_{\mathrm{LC}} \cdot \Delta\varphi_{\mathrm{LC}} = \Delta\rho - \lambda_{\mathrm{LC}} \cdot \Delta N_{\mathrm{LC}} + \Delta\delta_{\mathrm{LC}} \tag{6.44}$$

其中

$$\Delta N_{\mathrm{LC}} = 77 \cdot \Delta N_1 - 60 \cdot \Delta N_2 = 17 \cdot \Delta N_1 + 60 \cdot \Delta N_{\mathrm{W}}$$

对式(6.44)做进一步的处理得到

$$\lambda_{\mathrm{LC}} \cdot \Delta\varphi_{\mathrm{LC}} = \Delta\rho - 17 \cdot \lambda_{\mathrm{LC}} \cdot \Delta N_1 - 60 \cdot \lambda_{\mathrm{LC}} \cdot \Delta N_{\mathrm{W}} + \Delta\delta_{\mathrm{LC}} \tag{6.45}$$

将准确固定的载波相位宽巷整周模糊度代入式(6.45),并将载波相位宽巷观测值作为约束条件得到二者融合的误差观测方程,即

$$\begin{bmatrix} \boldsymbol{V}_{L_{\mathrm{W}}} \\ \boldsymbol{V}_{L_{\mathrm{LC}}} \end{bmatrix} = \begin{bmatrix} \boldsymbol{B} & 0 \\ \boldsymbol{B} & -17 \cdot \boldsymbol{I} \cdot \lambda_{\mathrm{LC}} \end{bmatrix} \begin{bmatrix} \delta \boldsymbol{X} \\ \boldsymbol{N}_1 \end{bmatrix} - \begin{bmatrix} \boldsymbol{L}_{\mathrm{W}} + \lambda_{\mathrm{W}} \cdot \boldsymbol{N}_{\mathrm{W}} \\ \boldsymbol{L}_{\mathrm{LC}} + 60\lambda_{\mathrm{LC}} \cdot \boldsymbol{N}_{\mathrm{W}} \end{bmatrix} \tag{6.46}$$

对式(6.46)进行最小二乘解算,并使用搜索算法进行原始频率整周模糊度的固定。

6.2 BDS/GNSS 网络 RTK 流动站多频非组合整周模糊度解算方法

笔者研究了一种 BDS/GNSS 网络 RTK 流动站多频非组合整周模糊度解算方法。该方法基于几何模型,综合利用所有卫星的观测值信息,对于 BDS 的三频载波相位观测值和 GPS 的双频载波相位观测值,各系统间各频率的载波相位观测值不进行线性组合,也不采用逐级模糊度解算的策略,而是将各系统各频率的载波相位观测值同时进行数据处理,同时将伪距观测值作为约束条件,采用最小二乘参数估计各系统各频率的整周模糊度及位置参数,并搜索确定整周模糊度。BDS/GNSS 网络 RTK 流动站多频非组合整周模糊度解算方法比传统的模糊度固定方法更加简单及高效,并避免了线性组合导致的噪声放大对模糊度解算的影响。

基于非差观测模型的 BDS/GNSS 参考站间区域误差改正方法可对 BDS 和

GPS 的伪距观测值和载波相位观测值进行误差处理，该过程中消除或削弱了观测值中的弥散性误差和非弥散性误差等误差。由式(5.34)和式(5.53)可以得到经过参考站网非差误差观测模型处理后的卫星 p、q 星间单差伪距观测值和载波相位观测值的观测方程为

$$\Delta P_{m,U}^{pq} = \Delta\rho_{m,U}^{pq} + \Delta\delta_{P,m,U}^{pq} \tag{6.47}$$

$$\lambda_m \cdot \Delta\varphi_m = \Delta\rho_{m,U}^{pq} - \lambda_m \cdot \Delta N_{m,U}^{pq} + \Delta\delta_{\phi,m,U}^{pq} \tag{6.48}$$

经过参考站网非差误差观测模型误差处理后，式(6.47)和式(6.48)中的弥散性误差和非弥散性误差等误差得到了消除或削弱，$\Delta\nabla\delta$ 为残差和几何距离，式中其他符号含义与式(5.34)和式(5.53)相同。

6.2.1 BDS 和 GPS 流动站多频非组合整周模糊度解算方法

假定历元 i，流动站同步观测到 $s+1$ 颗卫星，将 BDS 或 GPS 的多频载波相位观测值同时进行数据处理。现以 BDS 的 B1、B2 和 B3 频率的载波相位观测值为例，并将 BDS 的任意一个频率的伪距观测值作为三频载波相位观测值的约束条件，由式(6.47)和式(6.48)得到非组合形式的伪距和载波相位误差方程组的矩阵形式为

$$\begin{bmatrix} \boldsymbol{V}_\phi \\ \boldsymbol{V}_P \end{bmatrix} = \begin{bmatrix} \boldsymbol{A}_\phi & \boldsymbol{B}_\phi \\ \boldsymbol{A}_P & 0 \end{bmatrix} \begin{bmatrix} \boldsymbol{X} \\ \boldsymbol{N} \end{bmatrix} - \begin{bmatrix} \boldsymbol{l}_\phi \\ \boldsymbol{V}_P \end{bmatrix} \tag{6.49}$$

其中

$$\boldsymbol{a} = \begin{bmatrix} l^1 & m^1 & n^1 \\ l^2 & m^2 & n^2 \\ \vdots & \vdots & \vdots \\ l^s & m^s & n^s \end{bmatrix}$$

$$\boldsymbol{b} = \begin{bmatrix} 1 & -1 & 0 & 0 & \cdots & 0 \\ 0 & 1 & -1 & 0 & \cdots & 0 \\ 0 & 0 & 1 & -1 & \cdots & 0 \\ \vdots & \vdots & \vdots & \vdots & \ddots & \vdots \\ 0 & 0 & 0 & 0 & 1 & -1 \end{bmatrix}$$

$$\boldsymbol{A}_\phi = [a \quad a \quad a]^{\mathrm{T}}$$

$$\boldsymbol{A}_P = \boldsymbol{a}$$

$$\boldsymbol{B}_\phi = \begin{bmatrix} \lambda_1 \cdot b & 0 & 0 \\ 0 & \lambda_2 \cdot b & 0 \\ 0 & 0 & \lambda_3 \cdot b \end{bmatrix}$$

$$\boldsymbol{X} = [\delta x \quad \delta y \quad \delta z]^{\mathrm{T}}$$

$$\boldsymbol{N} = [\boldsymbol{N}_1 \quad \boldsymbol{N}_2 \quad \boldsymbol{N}_3]^{\mathrm{T}}$$

$$\boldsymbol{N}_m = [N_m^1 \quad \cdots \quad N_m^{s+1}]^{\mathrm{T}}$$

$$\boldsymbol{l}_\phi = [\boldsymbol{l}_{\phi_1} \quad \boldsymbol{l}_{\phi_2} \quad \boldsymbol{l}_{\phi_3}]^{\mathrm{T}}$$

$$\boldsymbol{l}_{\phi_m} = \begin{bmatrix} \lambda_m \cdot \Delta\varphi_m^1 - \Delta\rho_{0,m}^1 \\ \vdots \\ \lambda_m \cdot \Delta\varphi_m^s - \Delta\rho_{0,m}^s \end{bmatrix}^{\mathrm{T}}$$

$$\boldsymbol{l}_P = \begin{bmatrix} \Delta P_m^1 - \Delta\rho_{0,m}^1 \\ \vdots \\ \Delta P_m^s - \Delta\rho_{0,m}^1 \end{bmatrix}^{\mathrm{T}}$$

式中，上标表示星间单差卫星，在此省略了基准卫星；下标 m 为频率编号；$\boldsymbol{a}$ 是由各卫星方向余弦组成的系数矩阵，其中 l、m 和 n 分别为星间单差观测值对应的方向余弦系数；$\boldsymbol{X}$ 为流动站坐标改正向量；$\boldsymbol{N}$ 为非差整周模糊度向量；ρ_0 为卫星到流动站接收机的概略几何距离；$\boldsymbol{l}_\phi$ 和 $\boldsymbol{l}_P$ 分别为星间单差载波相位和伪距观测方程对应的常数项向量；其他符号的含义与式(6.47)和式(6.48)的含义相同。

式(6.49)中左边为星间单差伪距和载波相位观测值，而右边的整周模糊度向量对应的为非差整周模糊度，这种处理方法避免了星间单差组合过程中基准卫星变化的问题，将使数据处理变的更加简单且高效。

由于 B3 频率的码长是 B1 和 B2 频率的 10 倍，其受多路径误差影响较小，B3 频率噪声和多路径误差的量级要比 B1 和 B2 频率小，因此式(6.49)选择 B3 频率的伪距观测值作为约束信息。

对于随机模型，式(6.49)采用卫星高度角定权，即可得到其权矩阵为

$$\boldsymbol{P}(E) = \begin{cases} 1, & E \geqslant 30^\circ \\ 2\sin E, & E < 30^\circ \end{cases} \tag{6.50}$$

式中，E 为流动站观测到的卫星的平均高度角；$\boldsymbol{P}(E)$ 为权值。根据 BDS 的伪距和载波相位观测值的测量精度，按照 1∶100 的权比对伪距和载波相位定权。

进一步利用法方程的可加性，采用多个历元的观测数据进行法方程叠加，之后进行最小二乘参数估计，得到位置改正数和载波相位整周模糊度实数解及平差精度因子。利用模糊度参数对应的协方差矩阵及模糊度实数解，并采用 LAMBDA 搜索得到模糊度最优值，最终得到固定解。

GPS 非组合形式的伪距和载波相位误差方程组的矩阵形式与式(6.49)类似，仅需将式(6.49)中载波相位观测值变成双频载波相位观测值即可，其他处理过程二者相同。

6.2.2　BDS/GPS 流动站多频非组合整周模糊度解算方法

假定历元 i，流动站同步观测到 S_C+S_G+2 颗卫星，将 BDS 的 B1、B2 和 B3 频率的载波相位观测值和 GPS 的 L1 和 L2 频率的载波相位观测值同时进行数据处理，并将 BDS 和 GPS 的任意一个频率的伪距观测值作为两个系统载波相位观测值的约束条件，由式(6.47)和式(6.48)得到 BDS、GPS 非组合形式的伪距和载波相位误差方程组的矩阵形式为

$$\begin{bmatrix}\boldsymbol{V}_{\phi\_CG}\\\boldsymbol{V}_{P\_CG}\end{bmatrix}=\begin{bmatrix}\boldsymbol{A}_{\phi\_CG} & \boldsymbol{B}_{\phi\_CG}\\\boldsymbol{A}_{P\_CG} & 0\end{bmatrix}\begin{bmatrix}\boldsymbol{X}\\\boldsymbol{N}_{CG}\end{bmatrix}-\begin{bmatrix}\boldsymbol{l}_{\phi\_CG}\\\boldsymbol{V}_{P\_CG}\end{bmatrix}\tag{6.51}$$

其中

$$\boldsymbol{A}_{\phi\_CG}=[a\quad a\quad a\quad a\quad a]^{\mathrm{T}}$$

$$\boldsymbol{A}_{P\_CG}=[a\quad a]^{\mathrm{T}}$$

$$\boldsymbol{B}_{\phi\_CG}=\begin{bmatrix}\lambda_{\mathrm{C},1}\cdot b & 0 & 0 & 0 & 0\\0 & \lambda_{\mathrm{C},2}\cdot b & 0 & 0 & 0\\0 & 0 & \lambda_{\mathrm{C},3}\cdot b & 0 & 0\\0 & 0 & 0 & \lambda_{\mathrm{G},1}\cdot b & 0\\0 & 0 & 0 & 0 & \lambda_{\mathrm{G},2}\cdot b\end{bmatrix}$$

$$\boldsymbol{X}=[\delta x\quad \delta y\quad \delta z]^{\mathrm{T}}$$

$$\boldsymbol{N}_{CG}=[\boldsymbol{N}_{\mathrm{C},1}\quad \boldsymbol{N}_{\mathrm{C},2}\quad \boldsymbol{N}_{\mathrm{C},3}\quad \boldsymbol{N}_{\mathrm{G},1}\quad \boldsymbol{N}_{\mathrm{G},2}]^{\mathrm{T}}$$

$$\boldsymbol{N}_{\mathrm{C},m}=\begin{bmatrix}N_m^1 & \cdots & N_m^{s_{\mathrm{C}}+1}\end{bmatrix}^{\mathrm{T}}$$

$$\boldsymbol{N}_{\mathrm{G},m}=\begin{bmatrix}N_m^1 & \cdots & N_m^{s_{\mathrm{G}}+1}\end{bmatrix}^{\mathrm{T}}$$

$$\boldsymbol{l}_{\phi\_CG}=[\boldsymbol{l}_{\phi_1\_C}\quad \boldsymbol{l}_{\phi_2\_C}\quad \boldsymbol{l}_{\phi_3\_C}\quad \boldsymbol{l}_{\phi_1\_G}\quad \boldsymbol{l}_{\phi_2\_G}]^{\mathrm{T}}$$

$$\boldsymbol{l}_{\phi_m\_C}=\begin{bmatrix}\lambda_m\cdot\Delta\varphi_m^1-\Delta\rho_{0,m}^1\\\vdots\\\lambda_m\cdot\Delta\varphi_m^{s_{\mathrm{C}}}-\Delta\rho_{0,m}^{s_{\mathrm{C}}}\end{bmatrix}^{\mathrm{T}}$$

$$\boldsymbol{l}_{\phi_m\_G}=\begin{bmatrix}\lambda_m\cdot\Delta\varphi_m^1-\Delta\rho_{0,m}^1\\\vdots\\\lambda_m\cdot\Delta\varphi_m^{s_{\mathrm{G}}}-\Delta\rho_{0,m}^{s_{\mathrm{G}}}\end{bmatrix}^{\mathrm{T}}$$

$$\boldsymbol{l}_{P\_CG}=[\boldsymbol{l}_{P\_C}\quad \boldsymbol{l}_{P\_G}]^{\mathrm{T}}$$

$$\boldsymbol{l}_{P\_C}=\begin{bmatrix}\Delta P_m^1-\Delta\rho_{0,m}^1\\\vdots\\\Delta P_m^{s_{\mathrm{C}}}-\Delta\rho_{0,m}^{s_{\mathrm{C}}}\end{bmatrix}^{\mathrm{T}}$$

$$\boldsymbol{l}_{P\_G}=\begin{bmatrix}\Delta P_m^1-\Delta\rho_{0,m}^1\\\vdots\\\Delta P_m^{s_{\mathrm{G}}}-\Delta\rho_{0,m}^{s_{\mathrm{G}}}\end{bmatrix}$$

式中，上标表示星间单差卫星，在此省略了基准卫星；下标第一个标识表示系统，第二个标识表示频率编号；其他符号的含义与式(6.49)的含义相同。

进一步利用法方程的可加性，采用多个历元的观测数据进行法方程叠加，之后进行最小二乘参数估计，得到位置改正数和载波相位整周模糊度实数解及平差精度因子。利用模糊度参数对应的协方差矩阵及模糊度实数解，并采用 LAMBDA 搜索得到模糊度最优值，最终得到 BDS 和 GPS 的整周模糊度固定解。

6.3 BDS/GNSS 网络 RTK 流动站多频非组合整周模糊度解算实验

利用非差误差改正信息进行 BDS/GNSS 网络 RTK 流动站观测误差改正之后，就可以使用流动站多频非组合整周模糊度解算流动站的整周模糊度。利用 4.7 中的两组数据进行 BDS/GNSS 网络 RTK 流动站多频非组合整周模糊度解算方法进行实验，按照 6.2 中介绍的方法，对这两组数据中的流动站进行整周模糊度解算，并分析模糊度解算结果。

1. 短基线 BDS 三频与 GPS 双频非组合整周模糊度解算

该实验算例使用 4.7 中处理过的西南地区某省 CORS 网的 BDS/GPS 实测三频数据，选取一条以测站 Station_A 为参考站的 8.04 km 短基线进行 BDS/GNSS 多频非组合整周模糊度解算方法的验证。实验数据的观测时段为 2014 年 3 月 2 日 UTC 时 04∶07∶06—06∶12∶03，采样间隔为 1 s，卫星截止高度角为 10°。利用 6.2 中的 BDS/GPS 多频非组合整周模糊度解算方法可得到短基线流动站的位置结果。图 6.2 给出了 BDS 的定位结果与流动站坐标准确的差值在东(E)、北(N)和天顶(U)方向的时间序列信息。图 6.3 给出了 GPS 的定位结果与流动站坐标准确的差值在东(E)、北(N)和天顶(U)方向的时间序列信息。图 6.4 给出了 BDS/GPS 的定位结果与流动站坐标准确的差值在东(E)、北(N)和天顶(U)方向的时间序列信息。

从图 6.2 至图 6.4 可以看出，利用 6.2.1 中的 BDS 三频非组合整周模糊度解算方法可以准确地确定 B1、B2 和 B3 频率的载波相位整周模糊度，之后利用 B1 频率载波相位观测值进行实时高精度定位。利用 6.2.1 中的 GPS 双频非组合整周模糊度解算方法也可以准确地确定 L1 和 L2 频率的载波相位整周模糊度，之后利用 L1 频率载波相位进行实时高精度定位。利用 6.2.2 中的 BDS/GNSS 多频非组合整周模糊度解算方法仍然可以准确地确定 B1、B2、B3、L1 和 L2 频率的载波相位整周模糊度，之后利用 B1 和 L1 频率载波相位进行实时高精度定位。

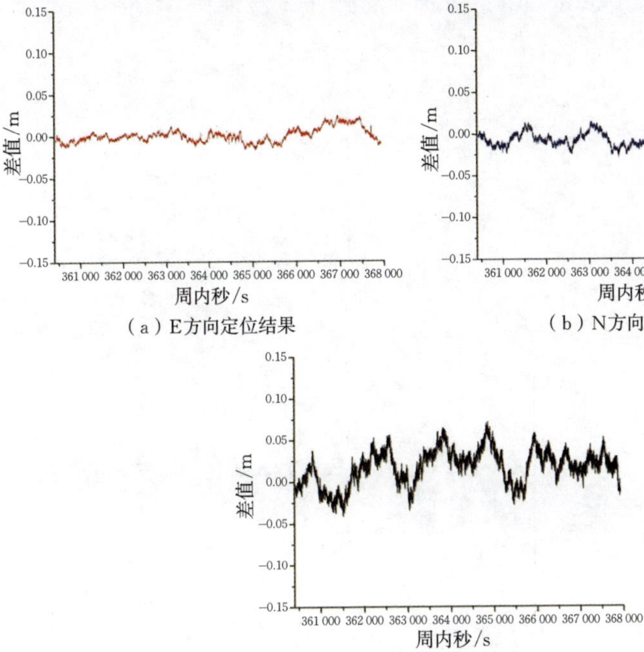

（a）E方向定位结果　（b）N方向定位结果

（c）U方向定位结果

图 6.2　流动站 BDS 定位结果

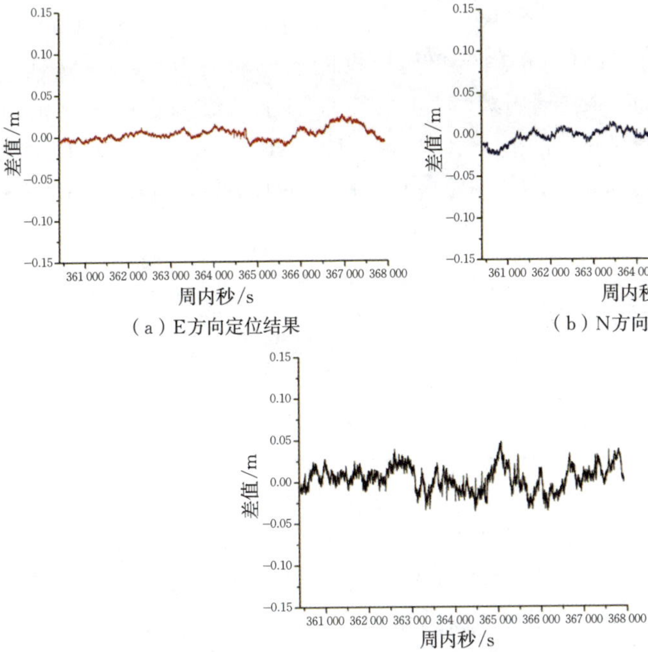

（a）E方向定位结果　（b）N方向定位结果

（c）U方向定位结果

图 6.3　流动站 GPS 定位结果

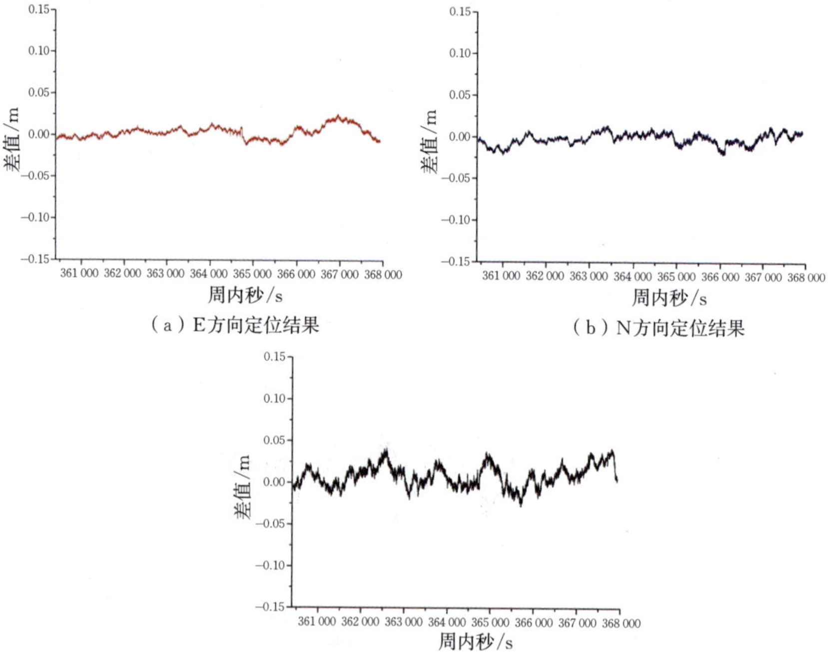

（a）E方向定位结果　（b）N方向定位结果　（c）U方向定位结果

图 6.4　流动站 BDS/GPS 定位结果

从图 6.2 至图 6.4 的定位结果可以看出，6.2 中的 BDS、GPS 和 BDS/GNSS 多频非组合整周模糊度解算方法确定整周模糊度的成功率为 100%，并且可以在 1 个历元内准确可靠的固定整周模糊度，最终得到厘米级的定位精度。为了定量分析，计算图 6.2 至图 6.4 的 BDS、GPS 和 BDS/GPS 定位结果时间序列信息的均方根误差（root mean square，RMS），表 6.1 给出了 BDS、GPS 和 BDS/GPS 定位结果的 RMS。

表 6.1　定位结果的 RMS

RMS	E/m	N/m	U/m
BDS	0.010	0.014	0.026
GPS	0.008	0.009	0.015
BDS/GPS	0.008	0.007	0.015

2. BDS 双频和 GPS 双频非组合整周模糊度解算

使用 4.7 中云贵高原 BDS/GPS 实测双频数据进行算法实验，图 4.3 给出了测站分布图。利用 4.4.1 中的方法进行参考站间载波相位双差整周模糊度解算之后，利用 4.6 中的参考站网间非差整周模糊度实时单历元快速计算方法可以进一步得到参考站网中所有的非差整周模糊度。利用 5.2 中的基于非差观测模型的参考站间区域误差改正方法对流动站进行数据处理，最后利用 6.2 中的 BDS/GNSS

多频非组合整周模糊度解算算法进行流动站模糊度处理，实现流动站的载波相位整周模糊度的准确固定，提供高精度的定位结果。

表6.2和表6.3分别给出了5.3中表5.1和表5.3对应的BDS各频率首个连续观测弧段内BASE_A、BASE_B、BASE_C参考站上所有卫星的非差整周模糊度和流动站ROVER的非差整周模糊度，表6.2中参考站非差基准整周模糊度取为0，表6.3中参考站非差基准整周模糊度取为非0。

表6.2 BDS流动站整周模糊度(基准为0)

PRN	参考站 BASE_A		参考站 BASE_B		参考站 BASE_C		流动站 ROVER	
	B1	B2	B1	B2	B1	B2	B1	B2
C10	0	0	0	0	0	0	0	0
C01	0	0	−12	−14	−21	142	−47	−7
C02	0	0	−69	−12	−41	−17	62	101
C03	0	0	35	20	52	21	47	89
C05	0	0	105	23	−6	−257	−97	1
C06	0	0	4	−5	5	−6	21	15
C07	0	0	−2	−9	−4	−12	−7	6
C08	0	0	22	−6	11	−6	−12	9
C09	0	0	5	−4	2	−10	22	17
C11	0	0	−5	−6	−4	−6	−7	8
C12	0	0	0	−7	1	−10	−4	7
C14	0	0	−7	−9	−7	−7	41	20

表6.3 BDS流动站整周模糊度(基准为非0)

PRN	参考站 BASE_A		参考站 BASE_B		参考站 BASE_C		流动站 ROVER	
	B1	B2	B1	B2	B1	B2	B1	B2
C10	12 560	12 573	12 563	12 570	12 564	12 568	0	0
C01	560	562	551	545	543	699	11 953	12 004
C02	563	473	497	458	526	451	12 059	12 201
C03	490	392	528	409	546	408	12 117	12 270
C05	256	352	364	372	254	90	12 207	12 222
C06	445	641	452	633	454	630	12 136	11 947
C07	429	862	430	850	429	845	12 124	11 717
C08	120	111	145	102	135	100	12 428	12 471
C09	156	354	164	347	162	339	12 426	12 236
C11	125	625	123	616	125	614	12 428	11 956
C12	555	950	558	940	560	935	12 001	11 630
C14	345	842	341	830	342	830	12 256	11 751

从表6.2和表6.3可以看到，选取不同参考站非差基准模糊度对流动站的非差整周模糊度影响较大。以卫星C01和卫星C10为例，选取B1和B2频率，

表 6.2 中 $N_{1,A}^{1}=0$、$N_{1,A}^{10}=0$、$N_{2,A}^{1}=0$、$N_{2,A}^{10}=0$，表 6.3 中 $N_{1,A}^{1}=560$、$N_{1,A}^{10}=12\,560$、$N_{2,A}^{1}=562$、$N_{2,A}^{10}=12\,573$。通过对比表 6.2 和表 6.3 可以发现，二者选取的参考站非差基准整周模糊度的关系为 560－12 560－0＋0＝－12 000，562－12 573－0＋0＝－12 011，流动站 C01-C10 的星间单差整周模糊度的差异为－47－0－11 953＋0＝－12 000，－7－0－12 004＋0＝－12 011。选取的两种不同的参考站非差基准整周模糊度之间的差异与流动站星间单差整周模糊度之间的差异相同，流动站星间单差整周模糊度可以将两种不同的参考站非差基准整周模糊度之间的差异吸收掉，使流动站最终的定位结果是相同的。因此，流动站的误差处理不受参考站非差基准整周模糊度选取影响。表 6.2 和表 6.3 中的其他卫星的流动站非差整周模糊度的处理过程与上述过程相同。

表 6.4 和表 6.5 分别给出了 5.3 中表 5.2 和表 5.4 对应的 GPS 各频率首个连续观测弧段内 BASE_A、BASE_B、BASE_C 参考站上所有卫星的非差整周模糊度和流动站 ROVER 的非差整周模糊度，表 6.4 中参考站非差基准整周模糊度取为 0，表 6.5 中参考站非差基准整周模糊度取为非 0。

表 6.4 GPS 流动站整周模糊度(基准为 0)

PRN	参考站 BASE_A		参考站 BASE_B		参考站 BASE_C		流动站 ROVER	
	L1	L2	L1	L2	L1	L2	L1	L2
G28	0	0	0	0	0	0	0	0
G01	0	0	29	3	12	14	−2	−22
G02	0	0	25	12	23	7	7	−4
G03	0	0	35	7	33	5	−17	−19
G04	0	0	12	8	4	5	21	−9
G05	0	0	19	1	175	12	−14	−3
G06	0	0	−116	0	17	2	11	−15
G07	0	0	10	6	8	−1	−5	−13
G09	0	0	27	−3	10	5	13	−20
G11	0	0	54	1	8	0	3	−9
G12	0	0	13	9	8	10	26	−14
G17	0	0	30	−2	17	1	−6	−10
G19	0	0	−94	3	−105	−1	126	−13
G30	0	0	20	2	28	2	−9	−9

表 6.5 GPS 流动站整周模糊度(基准为非 0)

PRN	参考站 BASE_A		参考站 BASE_B		参考站 BASE_C		流动站 ROVER	
	L1	L2	L1	L2	L1	L2	L1	L2
G28	17 860	17 865	17 864	17 863	17 862	17 861	0	0
G01	860	865	893	866	874	875	16 998	16 978

续表

PRN	参考站 BASE_A		参考站 BASE_B		参考站 BASE_C		流动站 ROVER	
	L1	L2	L1	L2	L1	L2	L1	L2
G02	786	686	815	696	811	689	17 081	17 175
G03	560	615	599	620	595	616	17 283	17 231
G04	360	461	376	467	366	462	17 521	17 395
G05	162	222	185	221	339	230	17 684	17 640
G06	223	290	111	288	242	288	17 648	17 560
G07	452	543	466	547	462	538	17 403	17 309
G09	389	156	420	151	401	157	17 484	17 689
G11	199	569	257	568	209	565	17 664	17 287
G12	453	290	470	297	463	296	17 433	17 561
G17	217	334	251	330	236	331	17 637	17 521
G19	764	542	674	543	661	537	17 222	17 310
G30	445	786	469	786	475	784	17 406	17 070

从表 6.4 和表 6.5 可以看到，选取不同参考站非差基准模糊度对流动站的非差整周模糊度影响较大。以卫星 G01 和卫星 G28 为例，选取 L1 和 L2 频率，表 6.4 中 $N_{1,A}^{1}=0$、$N_{1,A}^{28}=0$、$N_{2,A}^{1}=0$、$N_{2,A}^{28}=0$，表 6.5 中 $N_{1,A}^{1}=860$、$N_{1,A}^{28}=17\,860$、$N_{2,A}^{1}=865$、$N_{2,A}^{28}=17\,865$。通过对比表 6.4 和表示 6.5 可以发现，二者选取的参考站非差基准整周模糊度的关系为 $860-17\,860-0+0=-17\,000$，$865-17\,865-0+0=-17\,000$，流动站 G01-G28 的星间单差整周模糊度的差异为 $-2-0-16\,998+0=-17\,000$，$-22-0-16\,978+0=-17\,000$。与 BDS 相同，GPS 选取的两种不同的参考站非差基准整周模糊度之间的差异与流动站星间单差整周模糊度之间的差异相同，流动站星间单差整周模糊度可以将两种不同的参考站非差基准整周模糊度之间的差异吸收掉，使流动站最终的定位结果是相同的。因此，流动站的误差处理不受参考站非差基准整周模糊度选取影响。表 6.4 和表 6.5 中的其他卫星的流动站非差整周模糊度的处理过程与上述过程相同。

利用 6.2 中的 BDS/GNSS 多频非组合整周模糊度解算方法可以准确确定 B1、B2、L1 和 L2 频率的载波相位整周模糊度。图 6.5 为流动站利用 B1 频率载波相位进行实时高精度定位在 E、N 和 U 三个方向的定位结果与坐标准确值的差值。图 6.6 为流动站利用 L1 频率载波相位进行实时高精度定位在 E、N 和 U 三个方向的定位结果与坐标准确值的差值。图 6.7 为流动站利用 B1 和 L1 频率载波相位进行实时高精度定位在 E、N 和 U 三个方向的定位结果与坐标准确值的差值。

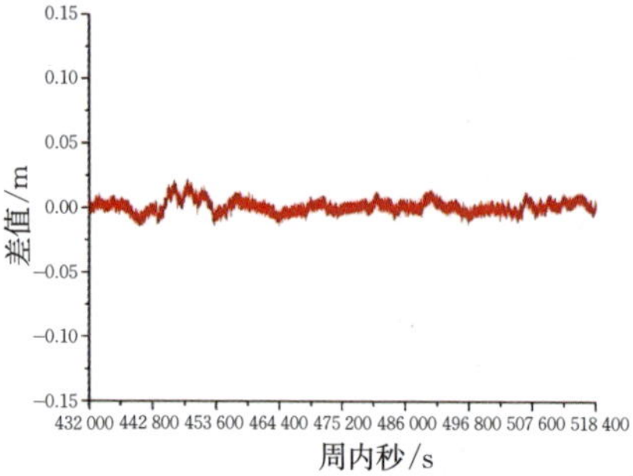

（a）E方向定位结果

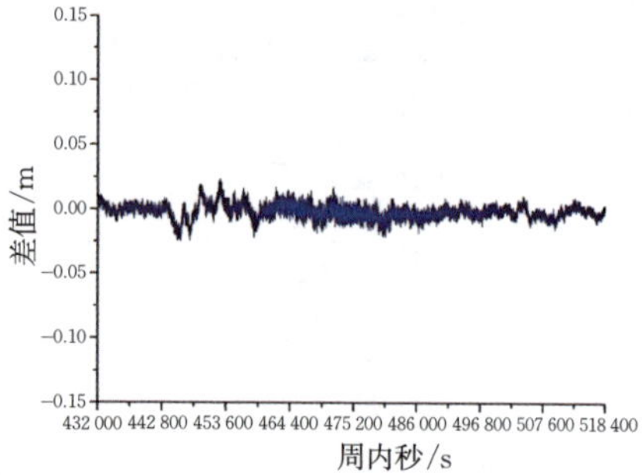

（b）N方向定位结果

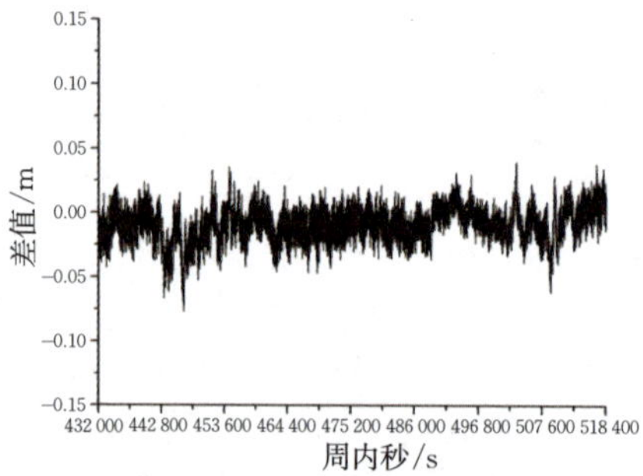

（c）U方向定位结果

图 6.5　流动站 BDS 定位结果

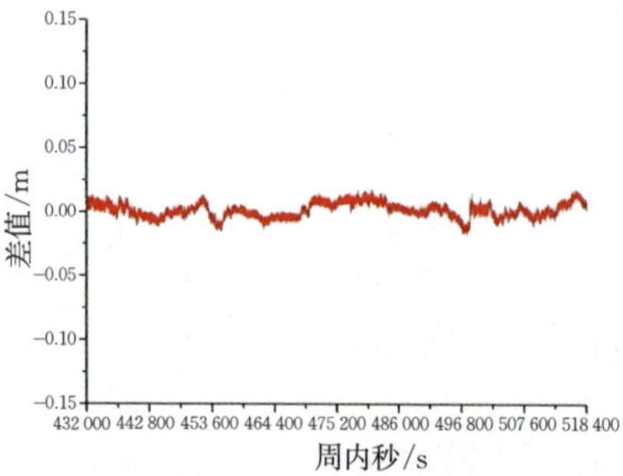

（a）E方向定位结果

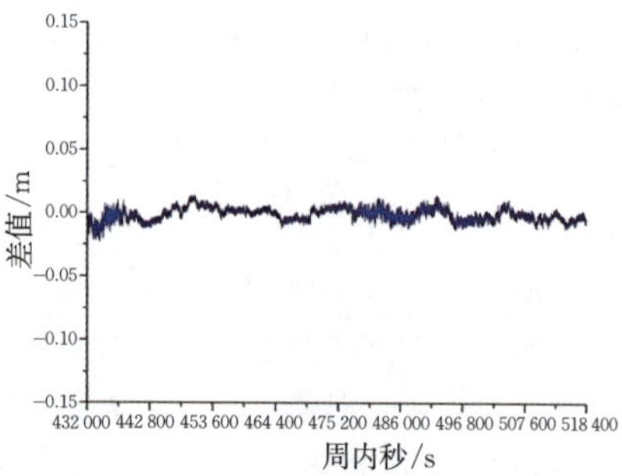

（b）N方向定位结果

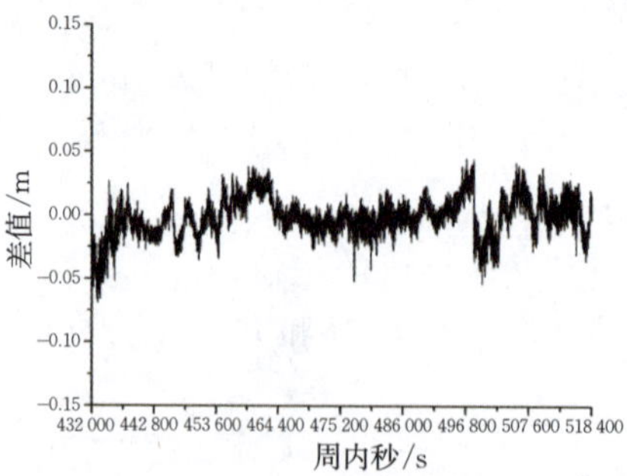

（c）U方向定位结果

图 6.6　流动站 GPS 定位结果

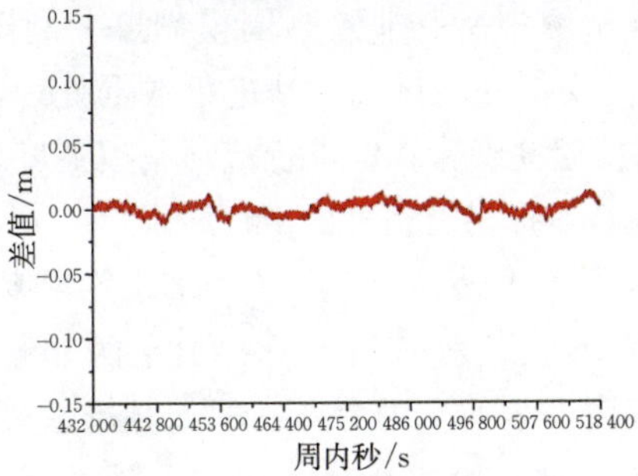

(a) E方向定位结果

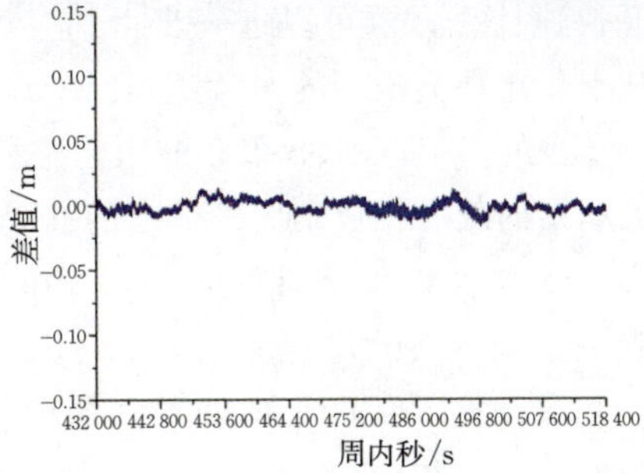

(b) N方向定位结果

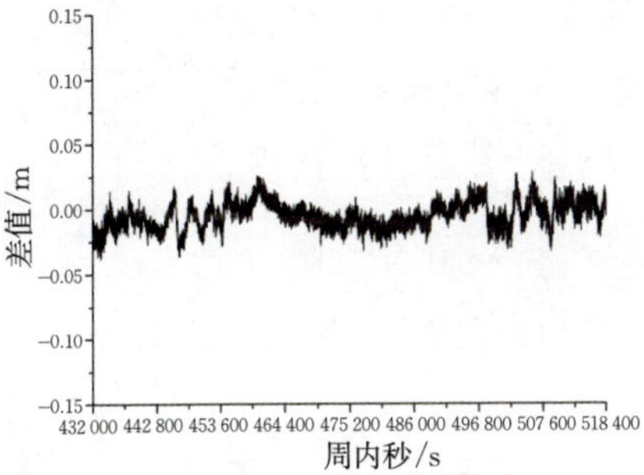

(c) U方向定位结果

图 6.7　流动站 BDS/GPS 定位结果

从图 6.5 至图 6.7 的定位结果可以发现，利用 5.2 中的基于非差观测模型的 BDS/GNSS 参考站间区域误差改正方法可以有效消除载波相位观测值中的观测误差。利用 6.2 中的 BDS、GPS 和 BDS/GNSS 网络 RTK 多频非组合整周模糊度解算方法可在 1 个历元内准确可靠地确定流动站整周模糊度，最终得到厘米级的定位精度。为了定量分析，计算图 6.5 至图 6.7 的 BDS、GPS 和 BDS/GPS 定位结果时间序列信息的 RMS，表 6.6 给出了 BDS、GPS 和 BDS/GPS 定位结果的 RMS。

表 6.6　定位结果的 RMS

RMS	E/m	N/m	U/m
BDS	0.005	0.006	0.016
GPS	0.006	0.005	0.015
BDS/GPS	0.005	0.005	0.011

3. BDS 三频与 GPS 双频非组合整周模糊度解算

该实验算例使用 4.7 中处理过的西南地区某省 CORS 网的 BDS/GPS 实测三频数据，参考站和流动站分布如图 4.13 所示，以测站 Station_A、Station_B 和 Station_C 为参考站，ROVER 为流动站。利用 4.4.2 中的方法进行参考站网间载波相位双差整周模糊度解算之后，利用 4.6 中的参考站网间非差整周模糊度实时单历元快速计算方法可以进一步得到参考站网中所有非差整周模糊度。利用 5.2 中的基于非差观测模型的参考站间区域误差改正方法对流动站进行数据处理，最后利用 6.2 中的 BDS/GNSS 多频非组合整周模糊度解算算法进行流动站模糊度处理，实现流动站的载波相位整周模糊度的准确固定，提供高精度的定位结果。

表 6.7 和表 6.8 分别给出了 5.3 中表 5.5 和表 5.7 对应的 BDS 各频率首个连续观测弧段内 Station_A、Station_B、Station_C 参考站上所有卫星的非差整周模糊度和流动站 ROVER 的非差整周模糊度。表 6.7 中参考站非差基准整周模糊度取为 0，表 6.8 中参考站非差基准整周模糊度取为非 0。

表 6.7　BDS 流动站整周模糊度(基准为 0)

PRN	参考站 Station_A			参考站 Station_B			参考站 Station_C			流动站 ROVER		
	B1	B2	B3	B1	B2	B3	B1	B2	B3	B1	B2	B3
C06	0	0	0	0	0	0	0	0	0	0	0	0
C01	0	0	0	−85	−92	−92	−43	−101	−106	5	79	14
C02	0	0	0	−6	9	10	−116	−39	−38	2	84	27
C03	0	0	0	−14	−12	−12	−103	−153	−138	11	87	36
C05	0	0	0	−34	−60	−67	8	−19	−30	−88	68	−15
C07	0	0	0	−2	8	4	−24	−54	−34	33	42	8
C08	0	0	0	400	524	501	24	34	28	−86	−38	60
C09	0	0	0	−127	−210	−210	−166	−292	−273	−38	78	24
C10	0	0	0	−30	−38	−37	−58	−82	−84	45	31	55
C13	0	0	0	−10	−9	−11	−93	−108	−110	−10	64	56

表 6.8　BDS 流动站整周模糊度(基准为非 0)

PRN	参考站 Station_A			参考站 Station_B			参考站 Station_C			流动站 ROVER		
	B1	B2	B3	B1	B2	B3	B1	B2	B3	B1	B2	B3
C06	25 160	25 164	25 165	25 162	25 166	25 168	25 166	25 163	25 166	0	0	0
C01	452	432	456	369	342	367	415	330	351	24 713	24 811	24 723
C02	234	254	222	230	265	235	124	214	185	24 928	24 994	24 970
C03	498	416	444	486	406	435	401	262	307	24 673	24 835	24 757
C05	673	663	666	641	605	602	687	643	637	24 399	24 569	24 484
C07	876	888	812	876	898	819	858	833	779	24 317	24 318	24 361
C08	112	143	214	514	669	718	142	176	243	24 962	24 983	25 011
C09	543	447	339	418	239	132	383	154	67	24 579	24 795	24 850
C10	871	554	721	843	518	687	819	471	638	24 334	24 641	24 499
C13	924	889	936	916	882	928	837	780	827	24 226	24 339	24 285

从表 6.7 和表 6.8 可以看到，选取不同参考站非差基准模糊度对流动站的非差整周模糊度影响较大。以卫星 C01 和卫星 C06 为例，选取 B1、B2 和 B3 频率，表 6.7 中 $N^1_{1,A}=0$、$N^6_{1,A}=0$、$N^1_{2,A}=0$、$N^6_{2,A}=0$、$N^1_{3,A}=0$、$N^6_{3,A}=0$，表 6.8 中

$N_{1,A}^{1}=452$、$N_{1,A}^{6}=25\,160$、$N_{2,A}^{1}=432$、$N_{2,A}^{6}=25\,164$、$N_{3,A}^{1}=456$、$N_{3,A}^{6}=25\,165$，两种不同的参考站非差基准整周模糊度之间的差异为 $452-251\,60-0+0=-24\,708$，$432-25\,164-0+0=-24\,732$，$456-25\,165-0+0=-24\,709$，流动站 C01-C06 的星间单差整周模糊度的差异为 $5-0-24\,713+0=-24\,708$，$79-0-24\,811+0=-24\,732$，$14-0-24\,723+0=-24\,709$。选取的两种不同的参考站非差基准整周模糊度之间的差异与流动站星间单差整周模糊度之间的差异相同，流动站星间单差整周模糊度可以将两种不同的参考站非差基准整周模糊度之间的差异吸收掉，使流动站最终的定位结果是相同的。因此，流动站的误差处理不受参考站非差基准整周模糊度选取影响。表 6.7 和表 6.8 中的其他卫星的流动站非差整周模糊度的处理过程与上述过程相同。

表 6.9 和表 6.10 分别给出了 5.3 中表 5.6 和表 5.8 对应的 GPS 各频率首个连续观测弧段内 Station_A、Station_B、Station_C 参考站上所有卫星的非差整周模糊度和流动站 ROVER 的非差整周模糊度。表 6.9 中参考站非差基准整周模糊度取为 0，表 6.10 中参考站非差基准整周模糊度取为非 0。

表 6.9　GPS 流动站整周模糊度(基准为 0)

PRN	参考站 Station_A		参考站 Station_B		参考站 Station_C		流动站 ROVER	
	L1	L2	L1	L2	L1	L2	L1	L2
G05	0	0	0	0	0	0	0	0
G02	0	0	−29	−25	−27	3	63	−6
G15	0	0	3	14	13	18	18	31
G18	0	0	−14	−14	20	37	20	37
G21	0	0	11	−13	38	41	38	41
G24	0	0	13	8	6	20	6	20
G26	0	0	−2	−19	14	50	45	37
G29	0	0	0	−7	7	20	10	46

表 6.10　GPS 流动站整周模糊度(基准为非 0)

PRN	参考站 Station_A		参考站 Station_B		参考站 Station_C		流动站 ROVER	
	L1	L2	L1	L2	L1	L2	L1	L2
G05	31 210	31 212	31 213	31 214	31 215	31 216	0	0
G02	432	444	406	421	410	451	30 841	30 762
G15	346	365	352	381	364	387	30 882	30 878
G18	876	889	865	877	901	930	30 354	30 360
G21	765	777	779	766	808	822	30 483	30 476
G24	541	524	557	534	552	548	30 675	30 708
G26	142	119	143	102	161	173	31 113	31 130
G29	671	631	674	626	683	655	30 549	30 627

从表 6.9 和表 6.10 可以看到，选取不同参考站非差基准模糊度对流动站的非差整周模糊度影响较大。以卫星 G02 和卫星 G05 为例，选取 L1 和 L2 频率，表 6.9 中 $N_{1,A}^{2}=0$、$N_{1,A}^{5}=0$、$N_{2,A}^{2}=0$、$N_{2,A}^{5}=0$，表 6.10 中 $N_{1,A}^{2}=432$、$N_{1,A}^{5}=31\,210$、$N_{2,A}^{2}=444$、$N_{2,A}^{5}=31\,212$。通过对比表 6.9 和表 6.10 可以发现，二者选取的参考站非差基准整周模糊度的关系为 $432-31\,210-0+0=-30\,778$，$444-31\,212-0+0=-30\,768$；流动站 G02-G05 的星间单差整周模糊度的差异为 $63-0-30\,841+0=-30\,778$，$-6-0-30\,762+0=-30\,768$；与 BDS 相同，GPS 选取的两种不同的参考站非差基准整周模糊度之间的差异与流动站星间单差整周模糊度之间的差异相同，流动站星间单差整周模糊度可以将两种不同的参考站非差基准整周模糊度之间的差异吸收掉，使流动站最终的定位结果是相同的。因此，流动站的误差处理不受参考站非差基准整周模糊度选取影响。表 6.9 和表 6.10 中的其他卫星的流动站非差整周模糊度的处理过程与上述过程相同。

图 6.8 给出了利用 6.2.1 中的 BDS 网络 RTK 流动站三频非组合整周模糊度方法准确确定 B1、B2 和 B3 频率的载波相位整周模糊度之后，流动站利用 B1 频率载波相位进行实时高精度定位在 E、N 和 U 三个方向的定位结果与坐标准确值的差值。图 6.9 给出了利用 6.2.1 中的 GPS 网络 RTK 流动站双频非组合整周模糊度方法准确确定 L1 和 L2 频率的载波相位整周模糊度之后，流动站利用 L1 频率载波相位进行实时高精度定位在 E、N 和 U 三个方向的定位结果与坐标准确值的差值。图 6.10 给出了利用 6.2.2 中的 BDS/GNSS 网络 RTK 流动站多频非组合整周模糊度方法准确确定 B1、B2、B3、L1 和 L2 频率的载波相位整周模糊度之后，流动站利用 B1 和 L1 频率载波相位进行实时高精度定位在 E、N 和 U 三个方向的定位结果与坐标准确值的差值。

从图 6.8 至图 6.10 的定位结果可以发现，利用 5.2 中的基于非差观测模型的 BDS/GNSS 参考站间区域误差改正方法可以有效消除载波相位观测值中的观测误差。利用 6.2 中的 BDS、GPS 和 BDS/GPS 网络 RTK 多频非组合整周模糊度解算方法可在 1 个历元内准确可靠地确定流动站整周模糊度，最终得到厘米级的定位精度。为了定量分析，计算图 6.8 至图 6.10 的 BDS、GPS 和 BDS/GPS 定位结果时间序列信息的 RMS，表 6.11 给出了 BDS、GPS 和 BDS/GPS 定位结果的 RMS。

表 6.11　定位结果的 RMS

RMS	E/m	N/m	U/m
BDS	0.006	0.010	0.030
GPS	0.009	0.012	0.018
BDS/GPS	0.007	0.010	0.022

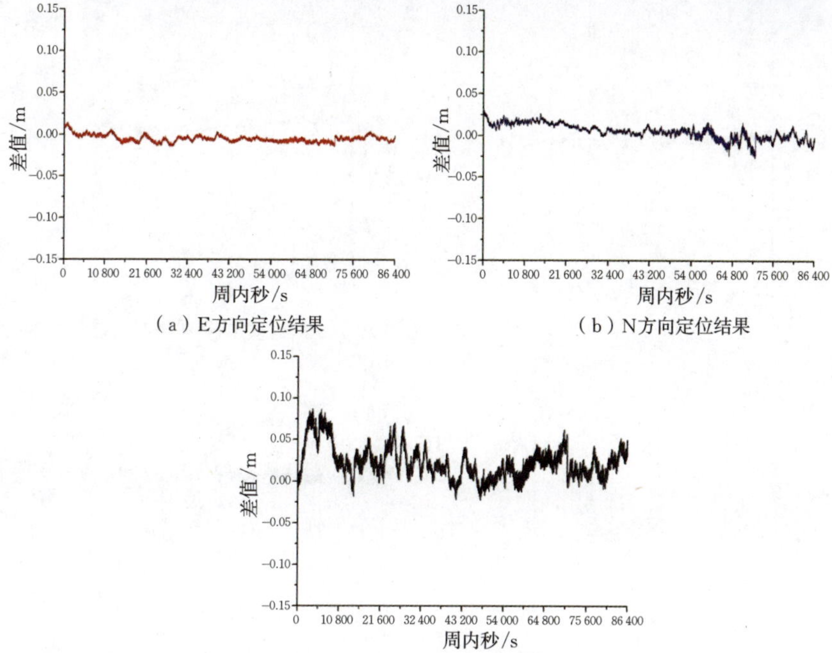

（a）E方向定位结果　（b）N方向定位结果

（c）U方向定位结果

图 6.8　流动站 BDS 定位结果

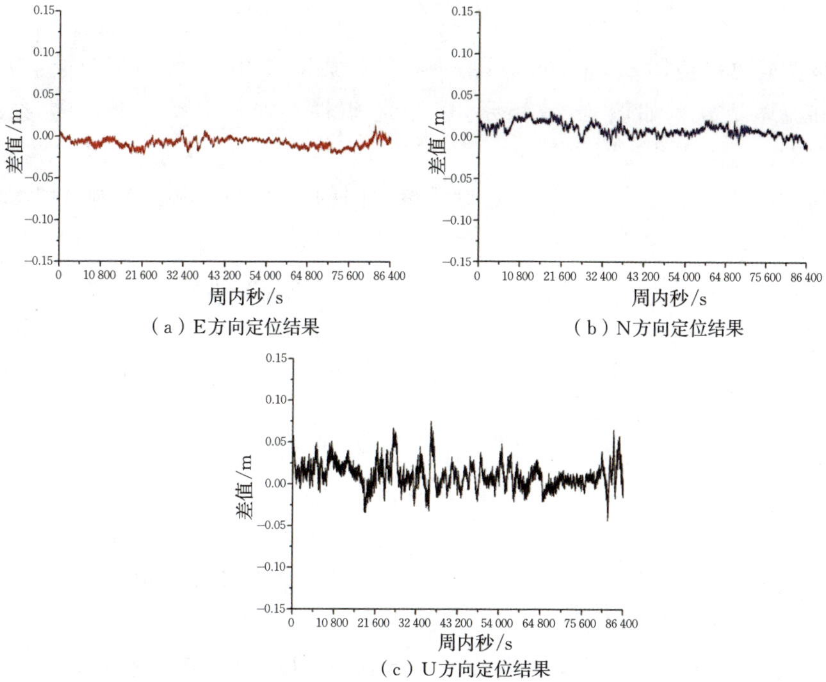

（a）E方向定位结果　（b）N方向定位结果

（c）U方向定位结果

图 6.9　流动站 GPS 定位结果

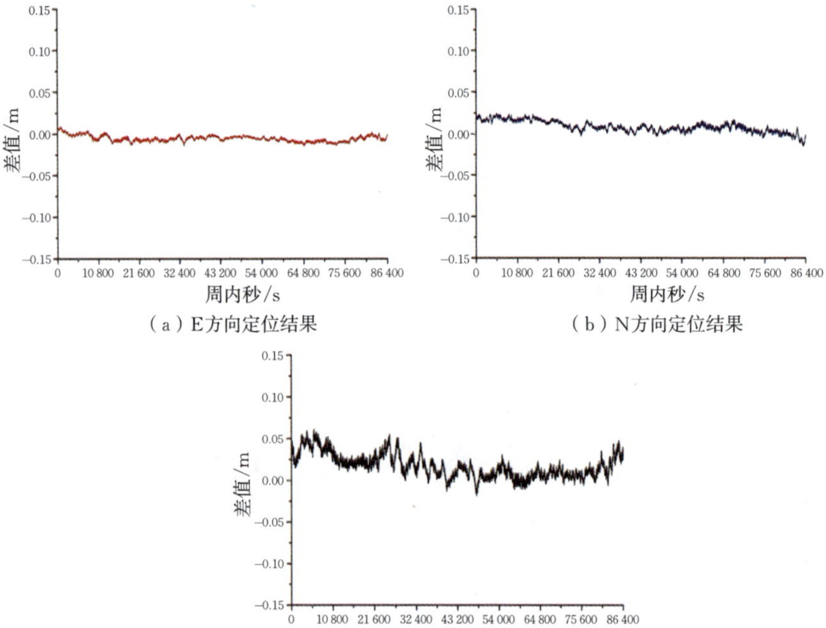

（a）E方向定位结果

（b）N方向定位结果

（c）U方向定位结果

图 6.10　流动站 BDS/GPS 定位结果

4. 长距离 GPS 双频非组合整周模糊度解算

该实验算例使用 4.7 中处理过的华东地区某省 CORS 网的 GPS 实测数据，参考站和流动站分布如图 4.26 所示，以测站 Sta_A、Sta_B 和 Sta_C 为参考站，ROVER 为流动站。利用 4.5 中的长距离 GPS 网络 RTK 参考站间低高度角卫星整周模糊度解算方法可以准确固定参考站网间的双差载波相位整周模糊度，之后利用 4.6 中提出的参考站网间非差整周模糊度实时单历元快速计算方法可以进一步得到参考站网中所有的非差整周模糊度。利用 5.2 中的基于非差观测模型的参考站间区域误差改正方法可以消除流动站载波相位观测值受到的观测误差，最后 6.2 中的网络 RTK 流动站多频非组合整周模糊度解算方法可以准确可靠地固定流动站的载波相位整周模糊度。

利用 4.5 中的长距离 GPS 网络 RTK 参考站间低高度角卫星整周模糊度解算方法可以准确确定 L1 和 L2 频率的载波相位整周模糊度。图 6.11 给出了利用 6.2.1 中的 GPS 网络 RTK 流动站双频非组合整周模糊度方法准确确定 L1 和 L2 频率的载波相位整周模糊度之后，流动站利用 L1 频率载波相位进行实时高精度定位在 E、N 和 U 三个方向的定位结果与坐标准确值的差值。

图 6.11 中的卫星截止高度角为 15°，从图中可以发现，流动站载波相位观测值的观测误差基本被消除。6.2.1 中的 GPS 网络 RTK 流动站双频非组合整周模糊

度方法可以准确可靠地确定流动站整周模糊度，最终得到厘米级的定位精度。将定位结果与坐标准确值的差值进行概率统计，可以得到 E、N 和 U 三个坐标分量方向差值的 RMS 分别为 0.023 1 m、0.013 2 m、0.035 2 m。表 6.12 给出了不同截止高度角条件下流动站 ROVER 定位结果与坐标准确值差值的 RMS、位置精度衰减因子(position dilution of precision, PDOP)和可用卫星个数，其中 PDOP 和可用卫星个数为观测时段内的平均值。从表 6.12 中可以看出，随着卫星截止高度角的增大，定位偏差的 RMS 和 PDOP 逐渐变大，可用卫星个数减少。若参考站网卫星高度角 25°以下的卫星的整周模糊度无法固定，将直接导致流动站的可用卫星个数过少、几何构型变差、定位结果偏大，这也说明进行参考站间低高度角卫星整周模糊度解算的必要性和重要性。

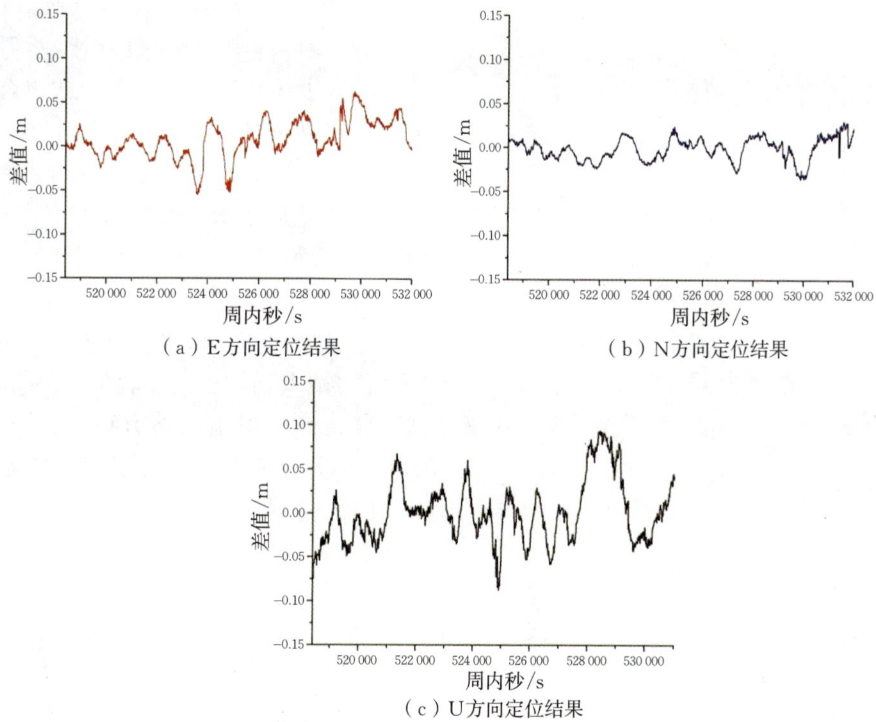

(a) E方向定位结果　(b) N方向定位结果

(c) U方向定位结果

图 6.11　流动站 GPS 定位结果

表 6.12　流动站定位结果 RMS、PDOP 和可用卫星个数

截止卫星高度角	E/m	N/m	U/m	PDOP	可用卫星个数
15°	0.023 1	0.013 2	0.035 2	2.26	7
20°	0.027 8	0.018 4	0.039 4	2.75	6
25°	0.027 3	0.019 8	0.040 5	3.19	6
30°	0.039 8	0.034 3	0.044 2	3.92	5

5. 动态 BDS/GNSS 多频非组合整周模糊度解算

为了验证 BDS/GNSS 网络 RTK 流动站实时动态定位的实际应用效果，采用阜新地区 CORS 网 2017 年 5 月 6 日的数据进行动态定位实验，参考站和流动站的采用间隔为 1 s。采用 4.4 和 4.6 中的方法进行参考站双差整周模糊度固定和非差整周模糊度单历元计算，进一步利用基于非差观测模型的参考站间区域误差改正方法对流动站进行数据处理，最后使用提出的多频非组合算法进行流动站整周模糊度固定，并按照 BDS/GPS 单系统、双系统进行流动站 RTK 定位。

1）实验 1

手持流动站接收机沿着足球场场地线行走，该足球场是南北偏东走向，首先在场地东南角静止观测数分钟，然后开始沿场地边线行走。利用多频非组合算法进行流动站 RTK 定位，根据流动站 BDS/GPS 单系统、双系统流动站 RTK 定位结果绘制足球场地图，如图 6.12 至图 6.14 所示。

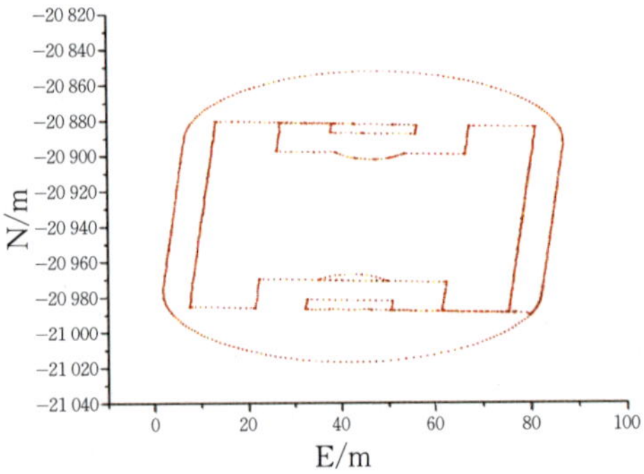

图 6.12 BDS 动态定位结果

由图 6.12 至图 6.14 可以看出，BDS、GPS 和 BDS/GPS 测出的球场图形基本一致。将 BDS、GPS 和 BDS/GPS 流动站 RTK 定位结果做差，图 6.15 为 BDS 与 GPS 流动站 RTK 定位结果在 E、N 和 U 三个坐标分量方向上的差值；图 6.16 为 BDS/GPS 与 GPS 流动站 RTK 定位结果在 E、N 和 U 三个坐标分量方向上的差值；图 6.17 为 BDS/GPS 与 BDS 流动站 RTK 定位结果在 E、N 和 U 三个坐标分量方向上的差值。

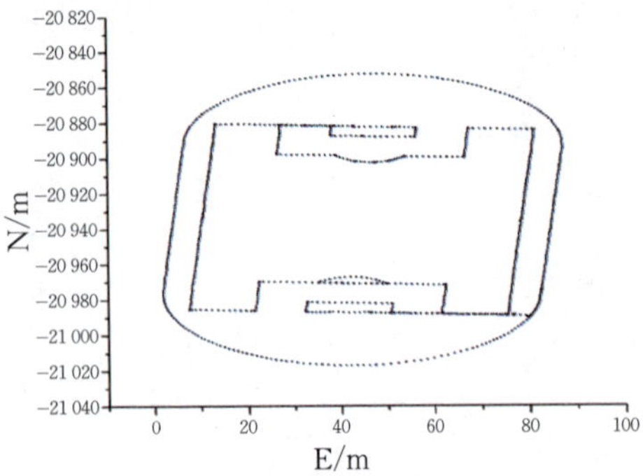

图 6.13 GPS 动态定位结果

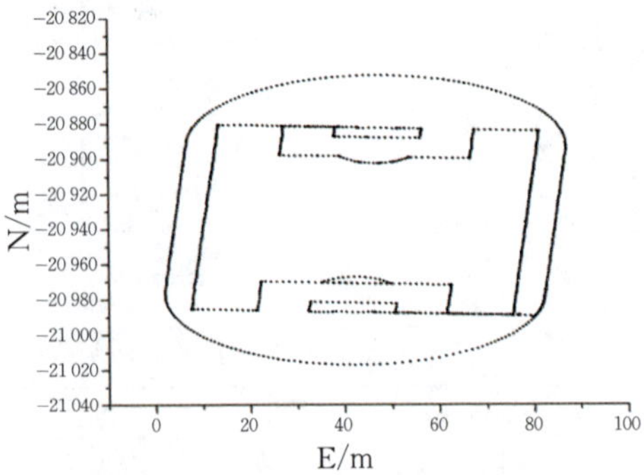

图 6.14 BDS/GPS 动态定位结果

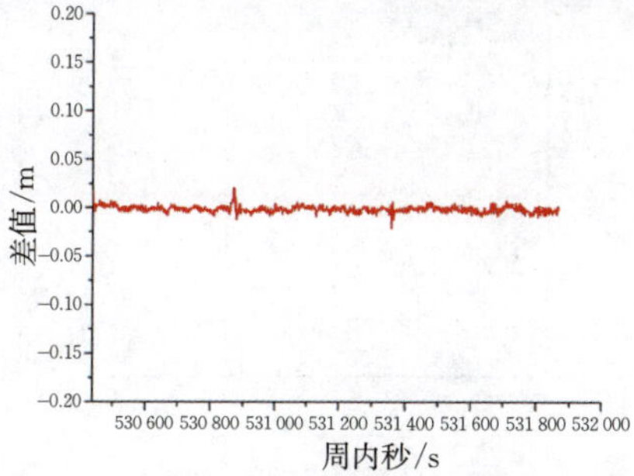

（a）E方向定位结果

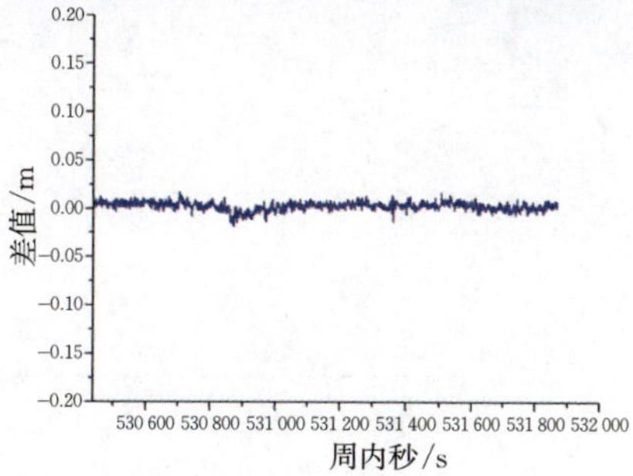

（b）N方向定位结果

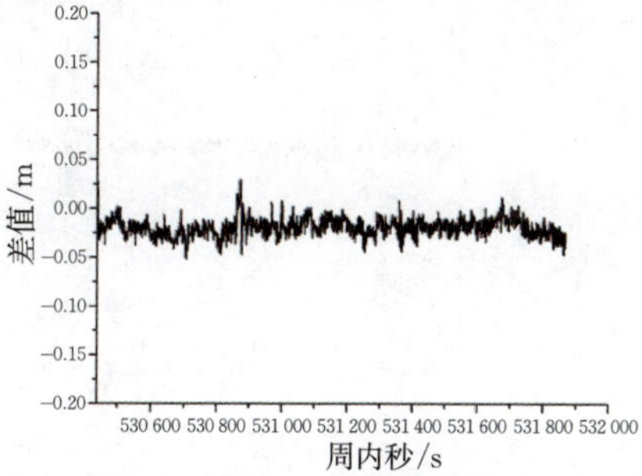

（c）U方向定位结果

图 6.15　流动站 BDS 与 GPS 定位结果差值

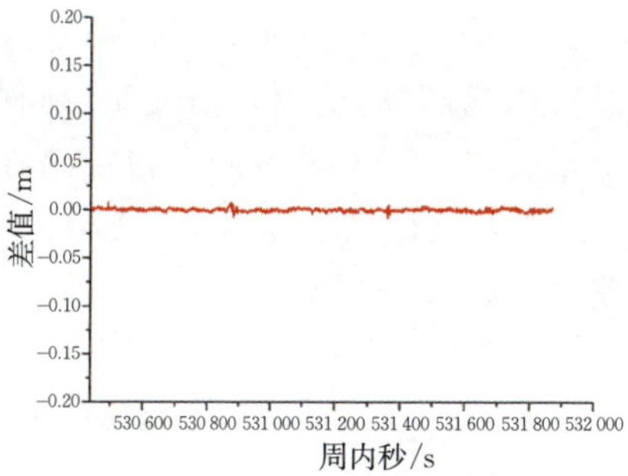

（a）E方向定位结果

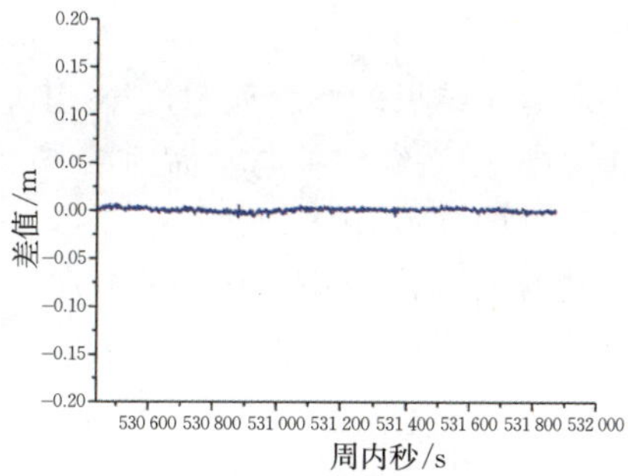

（b）N方向定位结果

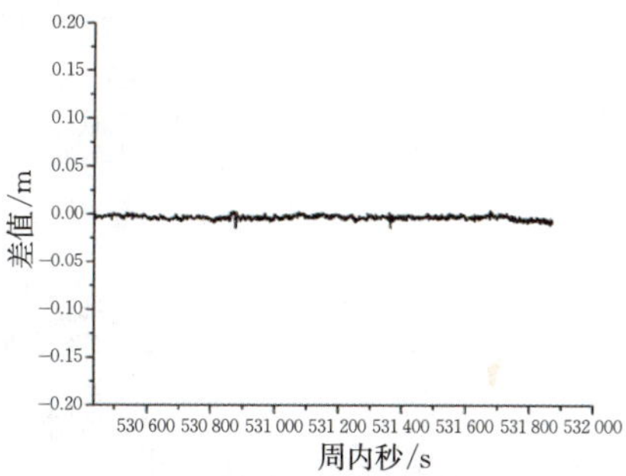

（c）U方向定位结果

图 6.16　流动站 BDS/GPS 与 GPS 定位结果差值

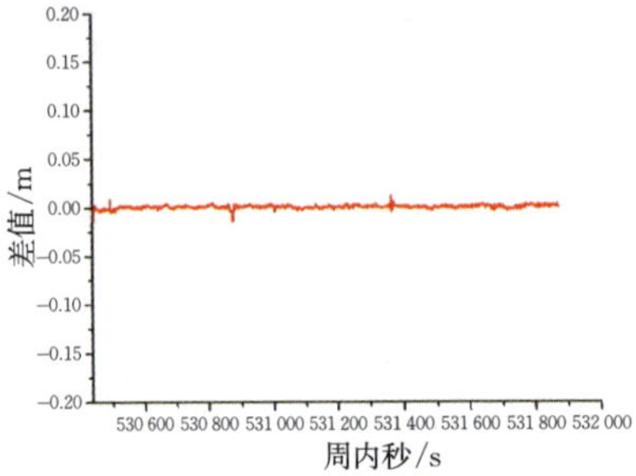

(a) E方向定位结果

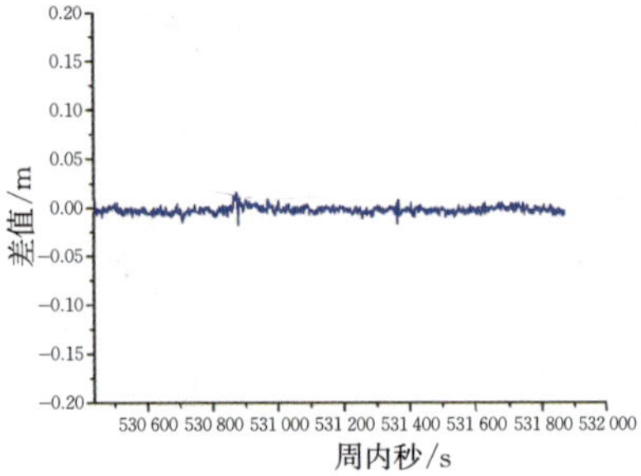

(b) N方向定位结果

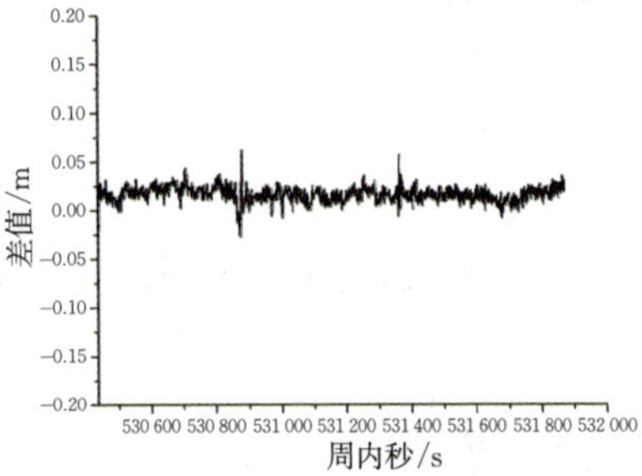

(c) U方向定位结果

图 6.17　流动站 BDS/GPS 与 BDS 定位结果差值

图 6.15 中定位结果的差值在三个方向的 RMS 分别为 E(0.003 m)、N(0.005 m)、U(0.021 m)。从图 6.15 可以看出,BDS 的 E 方向的定位结果与 GPS 的 E 方向定位结果的系统偏差最小,其差值均在毫米级,平面差值较小、高程差值稍大,U 方向的系统偏差与平面的系统偏差相反,BDS 和 GPS 的定位结果存在系统偏差。图 6.16 中 BDS/GPS 和 GPS 的定位结果也存在系统偏差,但其三个方向的差值相比于 BDS 和 GPS 的系统偏差要小,其三个方向的 RMS 分别为 E(0.002 m)、N(0.002 m)、U(0.004 m)。图 6.17 中 BDS/GPS 和 BDS 的定位结果的差值在三个方向的 RMS 分别为 E(0.002 m)、N(0.004 m)、U(0.018 m)。从图 6.15 至图 6.17 可以看出,BDS、GPS 和 BDS/GPS 的流动站 RTK 定位结果与用户轨迹形状非常一致。

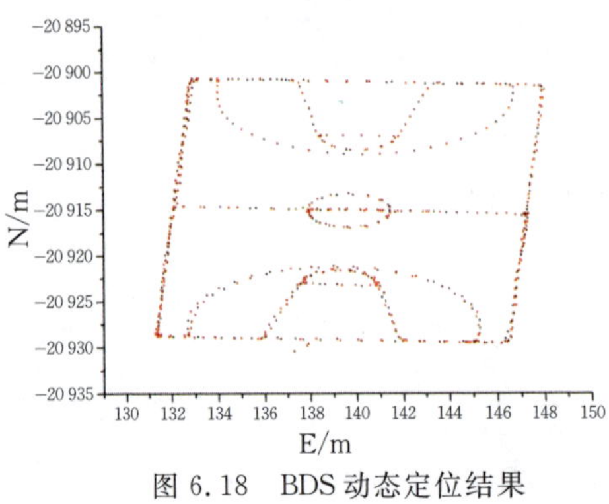

图 6.18　BDS 动态定位结果

2)实验 2

利用流动站接收机沿着篮球场场地线、中线、三分线和罚球线行走,该篮球场是南北偏东走向。利用多频非组合算法进行流动站定位,根据流动站 BDS/GPS 单系统、双系统流动站 RTK 定位结果绘制篮球场地图,如图 6.18 至图 6.20 所示。

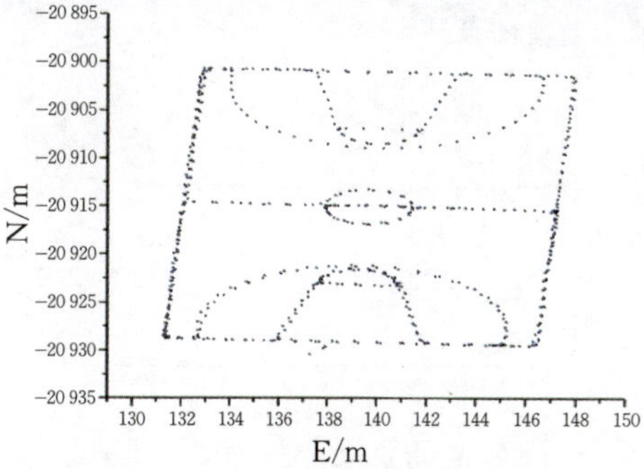

图 6.19　GPS 动态定位结果

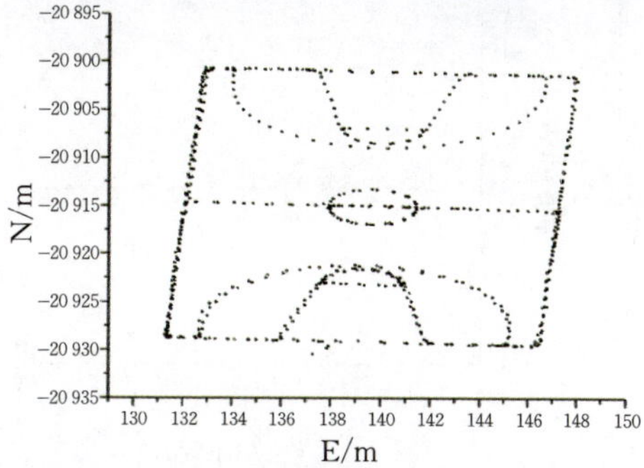

图 6.20　BDS/GPS 动态定位结果

由图 6.18 至图 6.20 可以看出，BDS、GPS 和 BDS/GPS 流动站 RTK 定位的球场图形基本一致。将 BDS、GPS 和 BDS/GPS 流动站 RTK 定位结果做差，图 6.21 为 BDS 与 GPS 流动站 RTK 定位结果在 E、N 和 U 三个坐标分量方向上的差值；图 6.22 为 BDS/GPS 与 GPS 流动站 RTK 定位结果在 E、N 和 U 三个坐标分量方向上的差值；图 6.23 为 BDS/GPS 与 BDS 流动站 RTK 定位结果在 E、N 和 U 三个坐标分量方向上的差值。

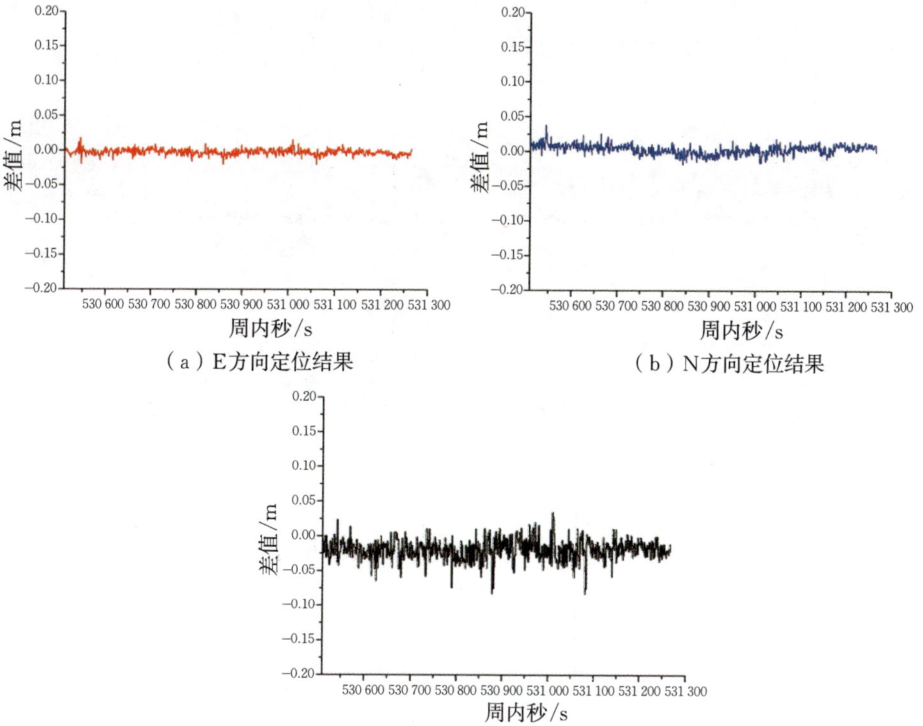

（a）E方向定位结果　（b）N方向定位结果　（c）U方向定位结果

图 6.21　流动站 BDS 与 GPS 定位结果差值

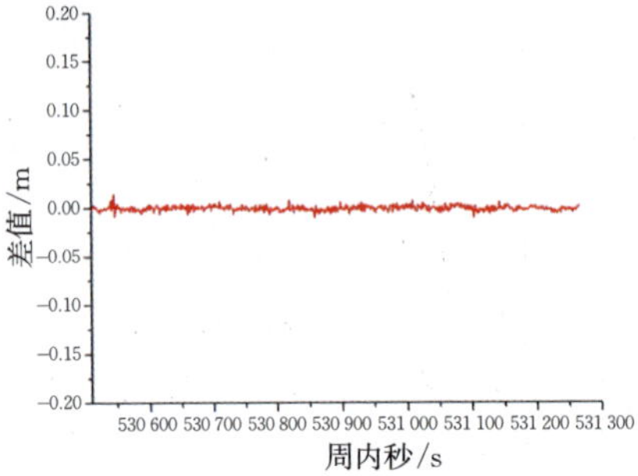

（a）E方向定位结果

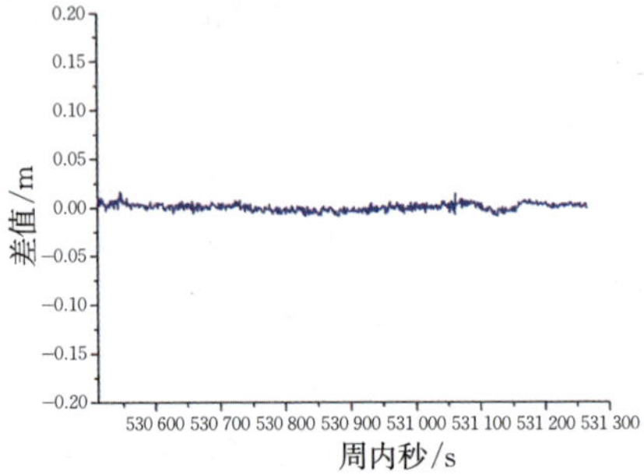

（b）N方向定位结果

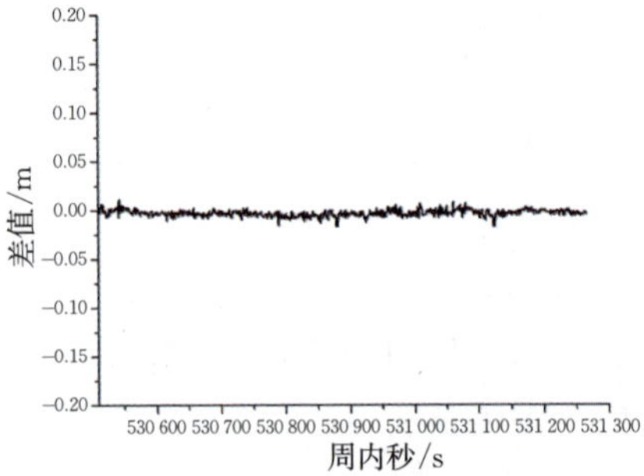

（c）U方向定位结果

图 6.22　流动站 BDS/GPS 与 GPS 定位结果差值

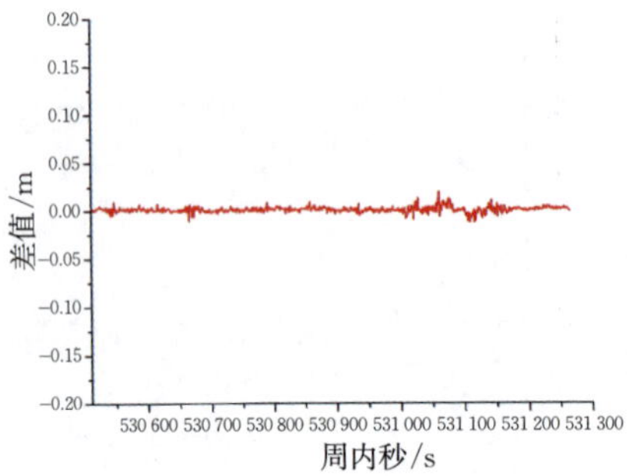

（a）E方向定位结果

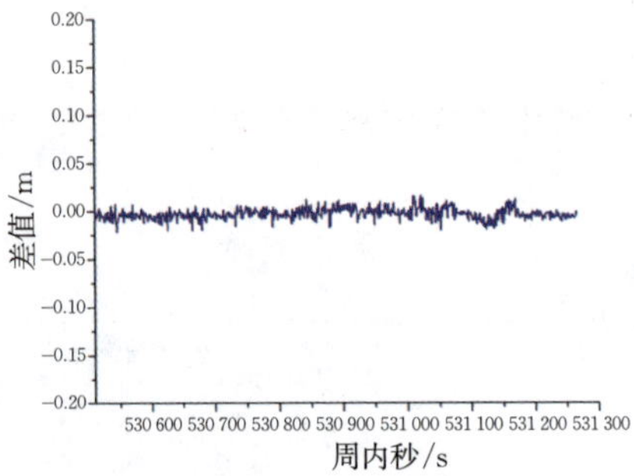

（b）N方向定位结果

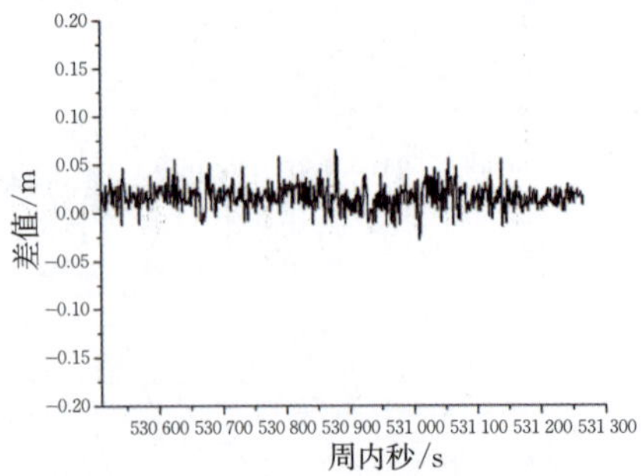

（c）U方向定位结果

图 6.23　流动站 BDS/GPS 与 BDS 定位结果比较差值

从图 6.21 可以看出，BDS 和 GPS 流动站 RTK 定位结果的差值在三个方向的 RMS 分别为 E(0.005 m)、N(0.008 m)、U(0.024 m)。从图 6.21 中可以看出，BDS 和 GPS 的定位结果存在系统偏差，并且 U 方向的系统偏差大于平面的系统偏差，E 方向定位结果的系统偏差小于 N 方向和 U 方向定位结果的系统偏差。BDS 的 E 方向的定位结果与 GPS 的 E 方向定位结果的系统偏差最小。图 6.22 中 BDS/GPS 和 GPS 流动站 RTK 定位结果也存在系统偏差，其三个方向的 RMS 分别为 E(0.003 m)、N(0.004 m)、U(0.005 m)，其三个方向的差值相比于 BDS 和 GPS 的系统偏差要小。图 6.23 中 BDS/GPS 和 BDS 流动站 RTK 定位结果的差值在三个方向的 RMS 分别为 E(0.003 m)、N(0.006 m)、U(0.020 m)。从图 6.21 至图 6.23 可以看出，BDS、GPS 和 BDS/GPS 流动站 RTK 定位结果与用户轨迹形状非常一致。

从以上动态实验结果可证明提出的基于非差观测模糊的 BDS/GNSS 网络 RTK 算法的正确性和可靠性，也说明目前 BDS 网络 RTK 定位算法已经具有很好的稳定性和实际工作能力，所以 BDS 网络 RTK 方法测得的流动站轨迹形状与 GPS 系统相同，系统偏差也在厘米级水平。

本书系统地研究了基于非差观测模型的 BDS/GNSS 网络 RTK 算法，主要包括 BDS/GNSS 网络 RTK 的基础理论、BDS/GNSS 网络 RTK 中的观测误差影响及处理策略、BDS/GNSS 参考站间多频整周模糊度确定方法、BDS/GNSS 参考站网非差整周模糊度单历元快速确定、基于非差观测模型的 BDS/GNSS 区域误差改正方法、BDS/GNSS 网络 RTK 流动站多频非组合整周模糊度确定。最后通过 BDS/GNSS 实测数据对本书研究的算法进行了实验验证，证明其具有很好的可用性。本书的主要研究成果有：

(1)研究了一种 BDS 网络 RTK 参考站三频整周模糊度确定方法，该方法利用 MW 组合观测值及严格的模糊度固定标准确定 B2、B3 超宽巷整周模糊度。实验算例展示了在数个历元内实现超宽巷整周模糊度的准确固定，模糊度固定成功率为 99.99%。将固定的超宽巷整周模糊度与其他宽巷整周模糊度的线性关系作为约束条件，避免直接利用噪声较大的超宽巷组合观测值对参数估计的影响，然后估计宽巷整周模糊度和大气延迟误差参数，并搜索确定宽巷整周模糊度。由于解算宽巷整周模糊度的数学模型综合利用了所有卫星的观测值进行模糊度解算，加之宽巷整周模糊度之间的线性关系对观测方程的强约束，实验算例中的双差宽巷模糊度可在数个历元内准确确定宽巷整周模糊度。利用宽巷整周模糊度构造三频整周模糊度之间的整数线性关系，将整数线性关系代入载波相位整周模糊度参数估计观测模型中，然后利用搜索算法可在数个历元内准确确定三频整周模糊度。

(2)在 BDS 参考站三频整周模糊度确定方法的基础上，进一步研究了 GPS 参考站间双频整周模糊度的确定方法和 BDS/GNSS 参考站间多频整周模糊度的确定方法。相比于 BDS，GPS 的信号质量和接收设备更完善，利用 BDS/GPS 实测数据，根据 GPS 宽巷长波长和严格的模糊度固定标准可在数个历元内确定 L1、L2 宽巷整周模糊度，其固定成功率为 99.99%。在 BDS/GPS 双差宽巷整周模糊度固定之后，进一步利用本书方法确定 B1 和 L1 双差整周模糊度，BDS 单系统条件下 B1 双差整周模糊度的固定成功率为 98.49%，GPS 单系统条件下 L1 双差整周模糊度的固定成功率为 99.30%，BDS/GPS 条件下 B1 和 L1 双差整周模糊度的固定成功率分别为 98.62% 和 99.31%。

(3)针对长距离 GPS 参考站间低高度角卫星整周模糊度固定不准确的问题，研究了一种长距离 GPS 网络 RTK 参考站间低高度角卫星整周模糊度解算方法。利用多历元 GPS 双频观测值，同时考虑整周模糊度固定的卫星大气延迟误差及宽巷整周模糊度与载波相位整周模糊度的线性约束条件，进一步确定低高度角卫星的双频载波相位整周模糊度。实验算例中该方法可以准确固定卫星截止高度角 15°以上的卫星宽巷整周模糊度和原始频率整周模糊度，二者可在数个历元内实现整周模糊度的准确固定，模糊度固定成功率分别为 99.99% 和 94.76%。实验结果表明，长距离 GPS 网络 RTK 参考站间低高度角卫星的整周模糊度准确固定可增加网络 RTK 流动站的可用卫星个数和几何构型强度，获得 1～2 cm 的平面定位精度。

(4)研究了一种参考站网间非差整周模糊度单历元快速计算方法。根据参考站网双差整周模糊度与非差整周模糊度的组合关系，利用双差整周模糊度、参考站和卫星的非差基准模糊度可以实现参考站网当前历元所有非差整周模糊度单历元准确计算。该方法中非差基准整周模糊度可以预先给出，并且其值可任取。

(5)在参考站网间非差整周模糊度确定之后，建立了参考站网覆盖范围内高精度 BDS/GNSS 非差观测模型，克服了传统双差模型的网络 RTK 带来的测站和卫星间的相关性。进一步利用基于非差观测模型的 BDS/GNSS 参考站间区域误差改正方法进行流动站误差处理，恢复流动站模糊度的整数特性。BDS/GNSS 的非差观测模型中选取的不同的参考站非差基准整周模糊度之间的差异可以被流动站整周模糊度吸收，流动站最终的定位结果是相同的，流动站的误差处理不受参考站非差基准整周模糊度选取影响。

(6)为了避免观测值间线性组合放大噪声和逐级模糊度固定的计算冗余等问题，研究了一种 BDS/GNSS 网络 RTK 流动站多频非组合整周模糊度解算方法，将各系统、各频率的载波相位观测值同时进行参数估计，之后搜索并确定整周模糊度。由于多频整周模糊度之间的线性关系的约束，实验算例中流动站可实现瞬时多频整周模糊度固定，实现了 BDS/GPS 单系统、双系统融合的高精度定位，BDS

网络 RTK 流动站在 E、N、U 方向的定位精度分别为 0.009 m、0.012 m 和 0.018 m，GPS 网络 RTK 流动站的定位精度分别为 0.006 m、0.010 m 和 0.030 m，BDS/GPS 网络 RTK 流动站的定位精度分别为 0.007 m、0.010 m 和 0.022 m。使用动态实测数据进行算法的动态综合实验，进一步证明了多频非组合整周模糊度解算方法的正确性和可用性。

参考文献

陈小明. 1997. 高精度 GPS 动态定位的理论与实践[D]. 武汉:武汉测绘科技大学.

高星伟. 2002. GPS/GLONASS 网络 RTK 的算法研究与程序实现[D]. 武汉:武汉大学.

高星伟，过静珺，程鹏飞，等. 2012. 基于时空系统统一的北斗与 GPS 融合定位 [J]. 测绘学报，41(5):743-748.

高星伟，刘经南，葛茂荣. 2002. 网络 RTK 基准站间基线单历元模糊度搜索方法[J]. 测绘学报，31(2):305-309.

高旺，高成发，潘树国，等. 2015. 北斗三频宽巷组合网络 RTK 单历元定位方法 [J]. 测绘学报，44(6):641-648.

葛茂荣，刘经南. 1996. GPS 定位中对流层折射估计研究[J]. 测绘学报，25(4):285-291.

郭海荣，何海波，李金龙，等. 2011. 北斗中长基线厘米级 RTK 定位主要误差估计及消弱策略[C]//第二届中国卫星导航学术年会电子文集.

黄丁发，李成钢，袁林果，等. 2007. GPS/VRS 实时网络改正数生成算法研究[J]. 测绘学报，36(3):256-261.

李博峰，沈云中，周泽波. 2009. 中长基线三频 GNSS 模糊度的快速算法[J]. 测绘学报，38(4):296-301.

李金龙. 2014. 北斗/GPS 多频实时精密定位理论与算法[D]. 南京:信息工程大学.

李星星. 2013. GNSS 精密单点定位及非差模糊度快速确定方法研究[D]. 武汉:武汉大学.

李征航，黄劲松. 2016. GPS 测量与数据处理[M]. 武汉:武汉大学出版社.

刘基余. 1993. 全球定位系统原理及其应用[M]. 北京:测绘出版社.

刘经南，陈俊勇，张燕平，等. 1999. 广域差分 GPS 原理和方法[M]. 北京:测绘出版社.

刘经南，刘晖. 2003. 连续运行卫星定位服务系统—城市空间数据的基础设施[J]. 武汉大学学报(信息科学版)，28(3):259-264.

罗孝文，欧吉坤. 2007. 中长基线 GPS 网络 RTK 模糊度快速解算的一种新方法[J]. 武汉大学学报(信息科学版)，32(2):156-159.

吕伟才，高井祥，张书毕，等. 2014. 宽巷约束的网络 RTK 基准站间模糊度固定方法 [J]. 中国矿业大学学报(自然科学版)，43(5):933-937.

施闯，赵齐乐，李敏，等. 2012. 北斗卫星导航系统的精密定轨与定位研究[J]. 中国科学:地球科学，42(6):854-861.

唐卫明. 2006. 大范围长距离 GNSS 网络 RTK 技术研究及软件实现[D]. 武汉:武汉大学.

涂锐. 2011. GPS 单频精密单点定位与区域电离层模型研究[D]. 长安:长安大学.

魏子卿，葛茂荣. 1988. GPS 相对定位的数学模型[M]. 北京:测绘出版社.

吴星华，吕振业，JOEL V，等. 徕卡最新主辅站技术在昆明市 GPS 参考站网中的应用[J]. 现代测绘，2005(S1):256-263.

杨元喜，李金龙，王爱兵，等. 2014. 北斗区域卫星导航系统基本导航定位性能初步评估[J]. 中

注:部分参考文献因年代久远，信息缺失，仅给出著者、题名等信息。

国科学:地球科学,44(1):72-81.

叶世榕. 2002. GPS非差相位精密单点定位理论与实现[D]. 武汉:武汉大学.

张明. 2015. BDS/GPS长距离网络RTK关键技术研究[D]. 武汉:武汉大学.

周乐韬, 黄丁发, 袁林果, 等. 2007. 网络RTK参考站间模糊度动态解算的卡尔曼滤波算法研究[J]. 测绘学报, 36(1):37-42.

祝会忠. 2012. 基于非差误差改正数的长距离单历元GNSS网络RTK算法研究[D]. 武汉:武汉大学.

祝会忠, 刘经南, 唐卫明, 等. 2012a. 长距离网络RTK参考站间双差模糊度快速解算算法[J]. 武汉大学学报(信息科学版), 37(6):67-71.

祝会忠, 刘经南, 唐卫明, 等. 2012b. 长距离网络RTK基准站间整周模糊度单历元确定方法[J]. 测绘学报, 41(3):359-365.

祝会忠, 徐爱功, 高猛, 等. 2016. BDS网络RTK中距离参考站整周模糊度单历元解算方法[J]. 测绘学报, 45(1):50-57.

ABIDIN H. 1993. On the Construction of the Ambiguiting Searching Space for On-the-fly Ambiguiting Resolution[J]. Navigation, 40(3):321-338.

BLOCK H. 1978. An Easily Implemented Algorithm for the Tropospheric Range Correction [J]. Journal of Geophysical Research Atmospheres, 83(B4):1825-1828.

CARCANAGUE S, JULIEN O, VIGNEAU W, et al, 2011. Undifferenced Ambiguity Resolution Applied to RTK [C]//Proceedings of the ION GNSS 2011 Meeting, September 20-23, Portland, Oregon:663-678.

CHEN D, 1994. Development of Fast Ambiguity Search Filtering (FASF) Method for GPS Carrier Phase Ambiguity Resolution[D]. Calgary: University fo Calgary.

COLLINS P, LAHAYE F, HÉROUX P, et al, 2008. Precise Point Positioning with Ambiguity Resolution Using the Decoupled Clock Model[C]//21st International Technical Meeting of the Satellite Division of the Institute of Navigation, ION GNSS, (3):1549-1556.

DAI L, WANG J, RIZOS C, et al, 2003. Predicting Atmospheric Biases for Real-time Ambiguity Resolution in GPS/GLONASS Reference Station Networks[J]. Journal of Geodesy, 76(11): 617-628.

EULER H, LANDAU H, 1992. Fast GPS Ambiguity Resolution On-the-fly for Real-time Ambiguity Resolution[C]//Sixth International Geodetic Symposium On Satellite Positioning, Columbus: Defense Mapping Agency.

FREI E, BEUTLER G, 1990. Rapid Static Positioning Based on the Fast Ambiguity Resolution Approach "FARA": Theory and First Results [J]. Manuscripta Geodaetica, 15(6):325-356.

GAO Y, LI Z, MCLELLAN J F, 1997. Carrier Phase Based Regional Area Differential GPS for Decimeter-Level Positioning and Navigation[C]//The 10th International Technical Meeting of the Satellite Division of the Institute of Navigation, Kansas City, MO.

GE M, GENDT G, ROTHACHER M, 2008. Resolution of GPS Carrier-phase Ambiguities in Precise Point Positioning (PPP) with Daily Observations [J]. Journal of Geodesy, 82(7):389-

399.

GE M, ZOU X, DICK G, et al, 2010. An Alternative Network RTK Approach Based On Undifferenced Observation Corrections[C]//ION GNSS.

HAN S, 1997. Carrier Phase-Based Long-Range GPS Kinematic Positioning[D]. Sydney: the University of New South Wales.

HAN S, RIZOS C, 1996. GPS Network Design and Error Mitigation for Real-Time Continuous Array Monitoring Systems[C]//The 9th International Technical Meeting of the Satellite Division of The Institute of Navigation (ION GPS), Kansas City, MO: 1827-1836.

HATCH R, 1991. Instantaneous Ambiguity Resolution[C]// Schwarz K P, Lachapelle G (eds) Kinematic Systems in Geodesy, Surveying, and Remote Sensing, International Association of Geodesy Symposia, vol 107. Springer, New York.

HATCH R, EULER H, 1994. Comparison of Several AROF Kinematic Techniques [C]//The 7th International Technical Meeting of the Satellite Division of The Institute of Navigation (ION GPS 1994), Salt Lake City, UT, September 1994: 363-370.

HERN M, JUAN J, SANZ J, et al, 2000. Application of Ionospheric Tomography to Real-time GPS Carrier-phase Ambiguities Resolution, at Scales of 400-1000 km and With High Geomagnetic Activity[J]. Geophysical Research Letters, 27(13): 2009-2012.

HEROUX P, KOUBA J, 2001. GPS Precise Point Positioning Using IGS Orbit Products[J]. KIS2001, Calgary.

HOPFIELD H, 1969. Two-quartic Tropospheric Refractivity Profile for Correcting Satellite Data [J]. Journal of Geophysical Research Atmospheres, 74(18): 4487-4499.

HU G, ABBEY D, CASTLEDEN N, et al, 2005. An Approach for Instantaneous Ambiguity Resolution for Medium- to Long-range Multiple Reference Station Networks [J]. GPS Solution, 9(1): 1-11.

KLOBUCHAR J, 1987. Ionospheric Time-delay Algorithm for Single-frequency GPS Users. [J]. IEEE Transactions on Aerospace and Electronic System, 23(3), 325-331.

KRUEGER A, MINZNER R, 1976. A Mid-latitude Ozone Model for the 1976 U. S Standard Atmosphere[J]. Journal of Geophysical Research Atmospheres, 81(24), 4477-4481.

LANDAU H, ULRICH V, CHEN X, 2002. Virtual Reference Station Systems [J]. Journal of Global Positioning Systems, 1(2): 137-143.

LAURICHESSE, D, 2011. The CNES Real-time PPP with Undifferenced Integer Ambiguity Resolution Demonstrator [C]//The 24th International Technical Meeting of the Satellite Division of The Institute of Navigation (ION GNSS 2011), Portland, OR, September 2011: 654-662.

LAURICHESSE D, MERCIER F, 2007. Integer Ambiguity Resolution on Undifferenced GPS Phase Measurements and its Application to PPP[C]// International Technical Meeting of the Satellite Division of the Institute of Navigation, 2007: 839-848.

LI B, SHEN Y, FENG Y, et al, 2015. GNSS Ambiguity Resolution with Controllable Failure

Rate for Long Baseline Network RTK[J]. Journal of Geodesy, 89(6):607-635.

LI X, GE M, DOUSA J, et al, 2014. Real-time Precise Point Positioning Regional Augmentation for Large GPS Reference Networks[J]. GPS Solutions, 18(1):61-71.

LI X, ZHANG X, GE M, 2011. Regional Reference Network Augmented Precise Point Positioning for Instantaneous Ambiguity Resolution[J] Journal of Geodesy,85(3): 151-158.

SAASTAMOINEN J,1973. Contributions to the Theory of Atmospheric Refraction[J]. Bulletin géodésique,(107):13-34.

SUN H, CANNON M E, MELGARD T E,1999. Real-Time GPS Reference Network Carrier Phase Ambiguity Resolution[C]//The 1999 National Technical Meeting of The Institute of Navigation, San Diego, CA, January 1999: 193-199.

TEUNISSEN P,1995. The Least-squares Ambiguity Decorrelation Adjustment: AMethod for Fast GPS Integer Ambiguity Estimation [J]. Journal of Geodesy, 70(6):65-82.

WANNINGER L,1995. Improved Ambiguity Resolution by Regional Differential Modelling of the Ionosphere[C]//The 8th International Technical Meeting of the Satellite Division of The Institute of Navigation (ION GPS 1995), Palm Springs, CA, September 1995:55-62.

WEBSTER I, KLEUSBERG A,1992. Regional Modeling of Ionosphere for Single Frequency Users of Global Positioning System[C]//The 6th International GeodeticSymp. on Satellite Positioning, Columbus, Ohio.

WU J, WU S, HAJJ G, et al,1993. Effects of Antenna Orientation on GPS Carrier Phase[J]. ManusciptaGeodaetica, 18(2):91-98.

WUBBENA G, BAGGE A, SEEBER G, et al,1996. Reducing Distance Dependent Errors for Real-Time Precise DGPS Applications by Establishing Reference Station Networks[C]//The 9th International Technical Meeting of the Satellite Division of The Institute of Navigation (ION GPS 1996), Kansas City, MO, September 1996:1845-1852.

WUBBENA G, SCHMITZ M, BAGGE A,2005. PPP-RTK: Precise Point Positioning Using State-Space Representation in RTK Networks[C]//Proceedings of the 18th International Technical Meeting of the Satellite Division of The Institute of Navigation (ION GNSS 2005), Long Beach, CA, September 2005:2584-2594.

ZHANG B,TEUNISSEN PJG,ODIJK D,2011. A Novel Un-differenced PPP-RTK Concept [J]. The Journal of Navigation, 64(s1): 180-191.

ZOU X, GE M, TANG W, et al,2013. URTK: Undifferenced Network RTK Positioning [J]. GPS Solution, 17(3):283-293.